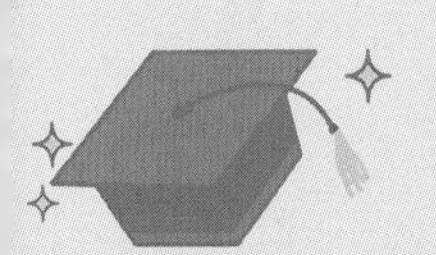

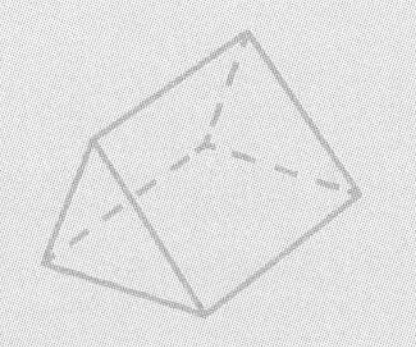

1학년 1학기

교과셈

책을 내면서

연산은 교과 학습의 시작

효율적인 교과 학습을 위해서 반복 연습이 필요한 연산은 미리 연습되는 것이 좋습니다. 교과 수학을 공부할 때 새로운 개념과 생각하는 방법에 집중해야 높은 성취도를 얻을 수 있습니다. 새로운 내용을 배우면서 반복 연습이 필요한 내용은 학생들의 생각을 방해하거나 학습 속도를 늦추게 되어 집중해야 할 순간에 집중할 수 없는 상황이 되어 버립니다. 이 책은 교과 수학 공부를 대비하여 공부할 때 최고의 도움이 되도록 했습니다.

원리와 개념을 익히고 반복 연습

원리와 개념을 익히면서 연습을 하면 계산력뿐만 아니라 상황에 맞는 연산 방법을 선택할 수 있는 힘을 키울 수 있고, 교과 학습에서 연산과 관련된 원리 학습을 쉽게 이해할 수 있습니다. 숫자와 기호만 반복하는 경우에 수 연산 관련 문제가 요구하는 내용을 파악하지 못하여 계산은 할 줄 알지만 식을 세울 수 없는 경우들이 있습니다. 수학은 결과 뿐 아니라 과정도 중요한 학문입니다.

사칙 연산을 넘어 반복이 필요한 전 영역 학습

사칙 연산이 연습이 제일 많이 필요하긴 하지만 도형의 공식도 연산이 필요하고, 대각선의 개수를 구할 때나 시간을 계산할 때도 연산이 필요합니다. 전통적인 연산은 아니지만 계산력을 키우기 위한 반복 연습이 필요합니다. 이 책은 학기별로 반복 연습이 필요한 전 영역을 공부하도록 하고, 어떤 식을 세워서 해결해야 하는지 이해하고 연습하도록 원리를 이해하는 과정을 다루고 있습니다.

다양한 접근 방법

수학의 풀이 방법이 한 가지가 아니듯 연산도 상황에 따라 더 합리적인 방법이 있습니다. 한 가지 방법만 반복하는 것은 수 감각을 키우는데 한계를 정해 놓고 공부하는 것과 같습니다. 반복 연습이 필요한 내용은 정확하고, 빠르게 해결하기 위한 감각을 키우는 학습입니다. 그럴수록 다양한 방법을 익히면서 공부해야 간결하고, 합리적인 방법으로 답을 찾아낼 수 있습니다.

올바른 연산 학습의 시작은 교과 학습의 완성도를 높여 줍니다. 교과셈을 통해서 효율적인 수학 공부를 할 수 있도록 하세요.

지은이 천종현

1. 교과셈 한 권으로 교과 전 영역 기초 완벽 준비!

사칙 연산을 포함하여 반복 연습이 필요한 교과 전 영역을 다룹니다.

2. 원리의 이해부터 실전 연습까지!

원리의 이해부터 실전 문제 풀이까지 쉽고 확실하게 학습할 수 있습니다.

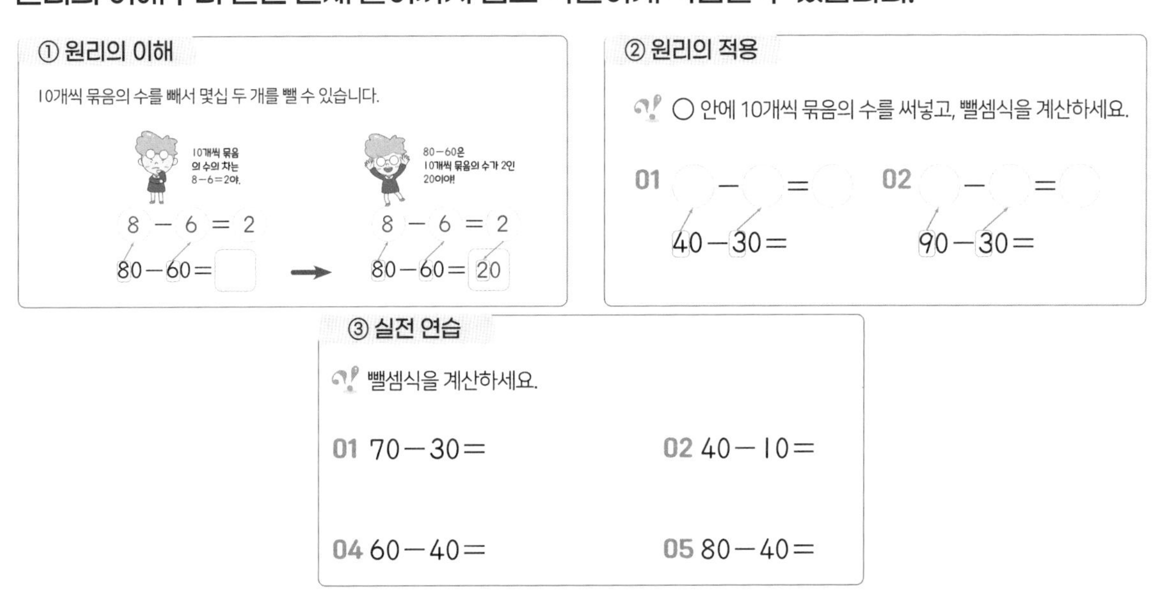

3. 다양한 연산 방법 연습!

다양한 연산 방법을 연습하면서 수를 다루는 감각도 키우고,
상황에 맞춘 더 정확하고 빠른 계산을 할 수 있도록 하였습니다.

뺄셈을 하더라도 두 가지 방법 모두 배우면 더 빠르고 정확하게 계산할 수 있어요!

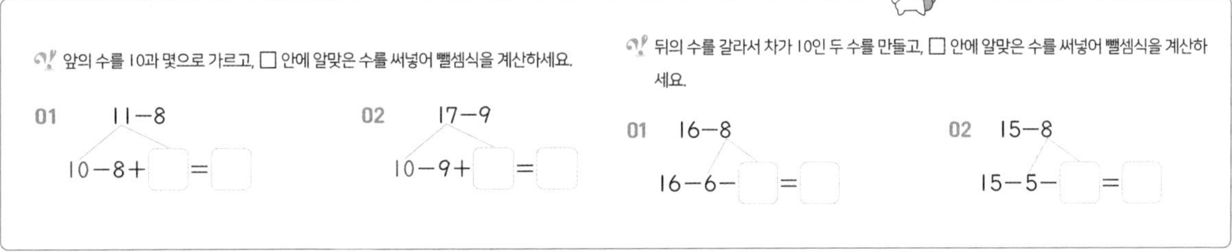

교과셈이 추천하는

학습 계획

한 권의 교재는 32개 강의로 구성

한 개의 강의는 두 개 주제로 구성

매일 한 강의씩, 또는 한 개 주제씩 공부해 주세요.

매일 한 개 강의씩 공부한다면 32일 완성 과정

복습을 하거나, 빠르게 책을 끝내고 싶은 아이들에게 추천합니다.

매일 한 개 주제씩 공부한다면 64일 완성 과정

하루 한 장 꾸준히 하고 싶은 아이들에게 추천합니다.

성취도 확인표, 이렇게 확인하세요!

교과셈 6학년 1학기

2 PART

소수의 나눗셈

차시별로 정답률을 확인하고, 성취도에 ○표 하세요.

80% 이상 맞혔어요. 60%~80% 맞혔어요. 60% 이하 맞혔어요.

차시	단원	성취도
8	몫이 소수인 자연수의 나눗셈 세로셈	
9	몫이 소수인 자연수의 나눗셈 세로셈 연습	
10	몫이 소수인 자연수의 나눗셈 이해	
11	(소수)÷(자연수) 세로셈	
12	(소수)÷(자연수) 세로셈 연습 1	
13	(소수)÷(자연수) 세로셈 연습 2	
14	(소수)÷(자연수) 이해	
15	소수의 나눗셈 어림하기	
16	소수의 나눗셈 연습 1	
17	소수의 나눗셈 연습 2	

속도보다는 정확도가 중요하고, 정확도보다는 꾸준한 학습이 중요합니다! 꾸준히 할 수 있도록 하루 학습량을 적절하게 설정하여 꾸준히, 그리고 더 정확하게 풀면서 마지막으로 학습 속도도 높여 주세요!

채점하고 정답률을 계산해 성취도 확인표에 표시해 주세요. 복습할 때 정답률이 낮은 부분 위주로 하시면 됩니다. 한 장에 10분을 목표로 진행합니다. 단, 풀이 속도보다는 정답률을 높이는 것을 목표로 하여 학습을 지도해 주세요!

교과셈 1학년 1학기

연계 교과

단원	연계 교과 단원	학습 내용
Part **1** 9까지의 수	1학년 1학기 · 1단원 9까지의 수	· 9까지의 수와 0 · 수의 순서, 순서를 나타내는 수 POINT 수와 숫자의 개념을 정확하게 아는 것이 연산의 시작입니다.
Part **2** 모으기, 가르기	1학년 1학기 · 3단원 덧셈과 뺄셈	· 9까지의 모으기와 가르기 · 여러 가지 모으기와 가르기 POINT 다양한 모으기, 가르기를 하면서 모으기, 가르기 연습을 확실하게 하고, 덧셈과 뺄셈의 기초를 튼튼하게 하도록 했습니다.
Part **3** 덧셈과 뺄셈	1학년 1학기 · 3단원 덧셈과 뺄셈 1학년 2학기 · 4단원 덧셈과 뺄셈(2)	· 덧셈 알기와 덧셈식의 계산 · 뺄셈 알기와 뺄셈식의 계산 · 세 수의 덧셈, 뺄셈 POINT 덧셈과 뺄셈의 개념을 알고, 연산이 필요한 상황을 이해한 후 덧셈, 뺄셈을 충분히 연습할 수 있도록 했습니다.
Part **4** 받아올림과 받아내림의 기초	1학년 1학기 · 5단원 50까지의 수	· 10 모으기와 가르기 · 10과 몇 모으기와 가르기 · 10을 이용한 모으기와 가르기 POINT 10이 넘어가는 모으기, 가르기를 하면 이어 세어야 하는 수가 커지기 때문에 아이들이 어려워합니다. 이에 대비해 10이 넘어가는 가르기, 모으기를 10과 몇의 모으기, 10과 몇으로 가르기로 바꾸어 생각할 수 있도록 했습니다. 2학기 받아올림 있는 덧셈, 받아내림 있는 뺄셈의 예비 학습이 됩니다.

교과셈

자세히 보기

원리의 이해

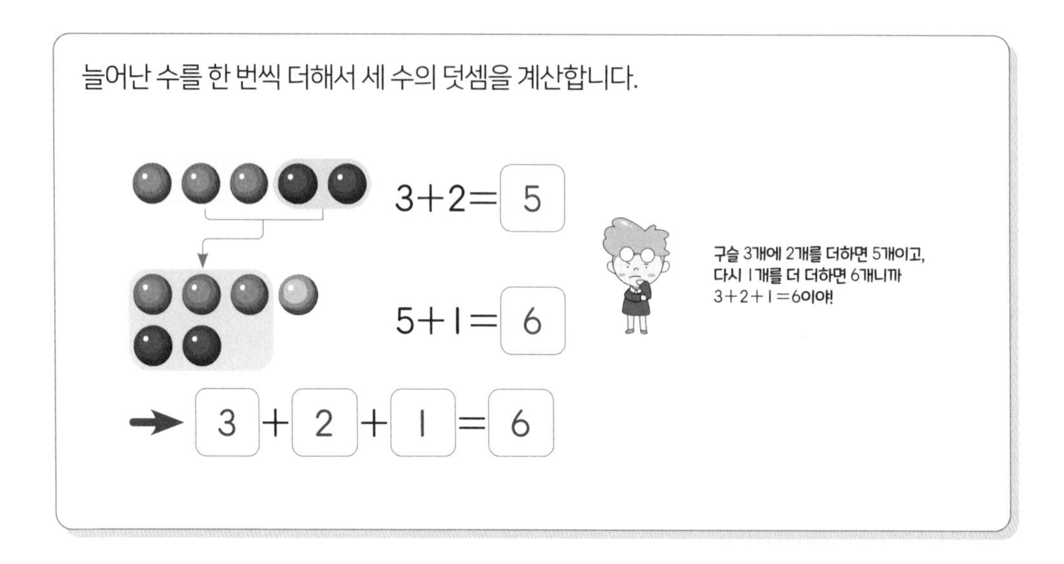

식뿐만 아니라 그림도 최대한 활용하여 개념과 원리를 쉽게 이해할 수 있도록 하였습니다. 또한 캐릭터의 설명으로 원리에서 핵심만 요약했습니다.

단계화된 연습

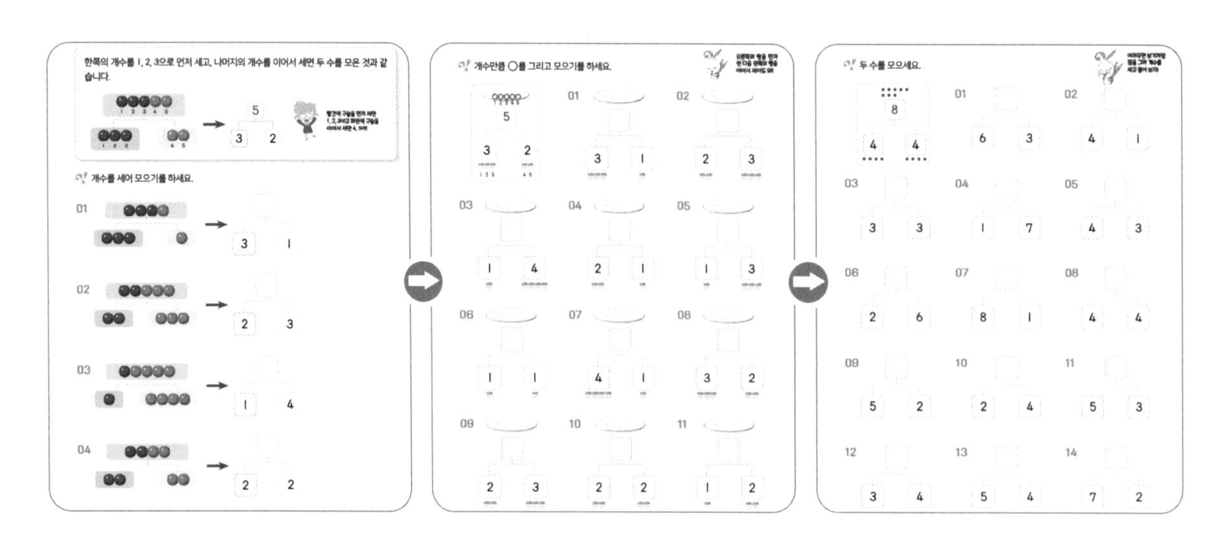

처음에는 원리에 따른 연산 방법을 따라서 연습하지만, 풀이 과정을 단계별로 단순화하고, 실전 연습까지 이어집니다.

초등 1학년 1학기

다양한 연습

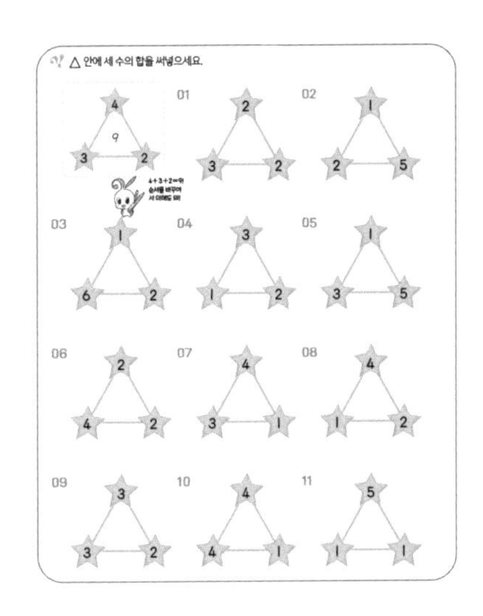

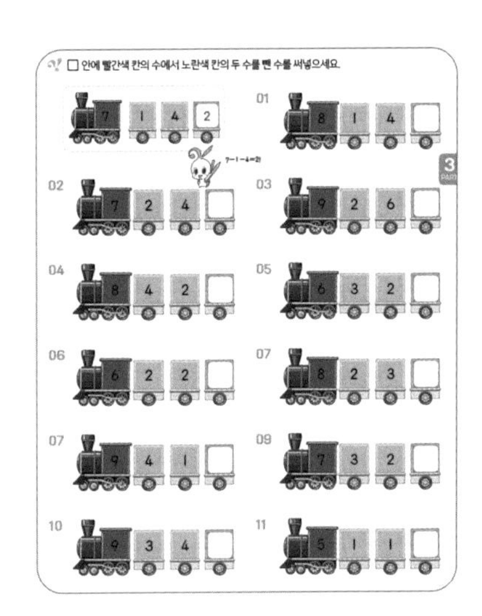

전형적인 형태의 연습 문제 위주로 집중 연습을 하지만 여러 형태의 문제도 다루면서 지루함을 최소화하도록 구성했습니다.

교과 확인

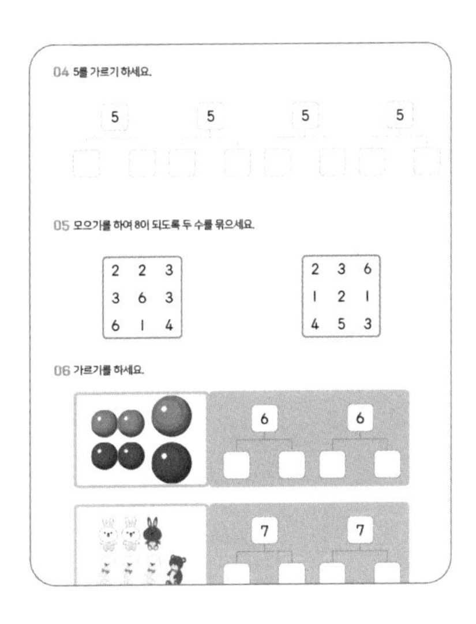

교과 유사 문제를 통해 성취도도 확인하고 교과 내용의 흐름도 파악합니다.

재미있는 퀴즈

학년별 수준에 맞춘 알쏭달쏭 퀴즈를 풀면서 주위를 환기하고 다음 단원, 다음 권을 준비합니다.

교과셈

전체 단계

단계	Part	내용
1-1	Part 1	9까지의 수
	Part 2	모으기, 가르기
	Part 3	덧셈과 뺄셈
	Part 4	받아올림과 받아내림의 기초
1-2	Part 1	100까지의 수
	Part 2	두 자리 수 덧셈, 뺄셈의 기초
	Part 3	(몇)+(몇)=(십몇)
	Part 4	(십몇)−(몇)=(몇)
2-1	Part 1	두 자리 수의 덧셈
	Part 2	두 자리 수의 뺄셈
	Part 3	덧셈과 뺄셈의 관계
	Part 4	곱셈
2-2	Part 1	곱셈구구
	Part 2	곱셈식의 □ 구하기
	Part 3	길이의 계산
	Part 4	시각과 시간의 계산
3-1	Part 1	덧셈과 뺄셈
	Part 2	나눗셈
	Part 3	곱셈
	Part 4	길이와 시간의 계산
3-2	Part 1	곱셈
	Part 2	나눗셈
	Part 3	분수
	Part 4	들이와 무게
4-1	Part 1	각도
	Part 2	곱셈
	Part 3	나눗셈
	Part 4	규칙이 있는 계산
4-2	Part 1	분수의 덧셈과 뺄셈
	Part 2	소수의 덧셈과 뺄셈
	Part 3	다각형의 변과 각
	Part 4	가짓수 구하기와 다각형의 각
5-1	Part 1	자연수의 혼합 계산
	Part 2	약수와 배수
	Part 3	약분과 통분, 분수의 덧셈과 뺄셈
	Part 4	다각형의 둘레와 넓이
5-2	Part 1	수의 범위와 어림하기
	Part 2	분수의 곱셈
	Part 3	소수의 곱셈
	Part 4	평균 구하기
6-1	Part 1	분수의 나눗셈
	Part 2	소수의 나눗셈
	Part 3	비와 비율
	Part 4	직육면체의 부피와 겉넓이
6-2	Part 1	분수의 나눗셈
	Part 2	소수의 나눗셈
	Part 3	비례식과 비례배분
	Part 4	원주와 원의 넓이

9까지의 수

❗ 차시별로 정답률을 확인하고, 성취도에 ○표 하세요.

80% 이상 맞혔어요. 60%~80% 맞혔어요. 60% 이하 맞혔어요.

차시	단원	성취도
1	9까지의 수와 0	
2	수의 순서	
3	순서를 나타내는 수	
4	9까지의 수 종합 연습	

수를 순서대로 세면 점점 커지고, 거꾸로 세면 점점 작아집니다.

A 하나씩 세어서 몇인지 구해요

0부터 9까지의 수를 여러 가지 방법으로 나타낼 수 있습니다.

0	1	2	3	4	5	6	7	8	9
□□□□□ □□□□	■□□□□ □□□□	■■□□□ □□□□	■■■□□ □□□□	■■■■□ □□□□	■■■■■ □□□□	■■■■■ ■□□□	■■■■■ ■■□□	■■■■■ ■■■□	■■■■■ ■■■■
영	일	이	삼	사	오	육	칠	팔	구
	하나	둘	셋	넷	다섯	여섯	일곱	여덟	아홉

수만큼 되도록 ○를 그리세요.

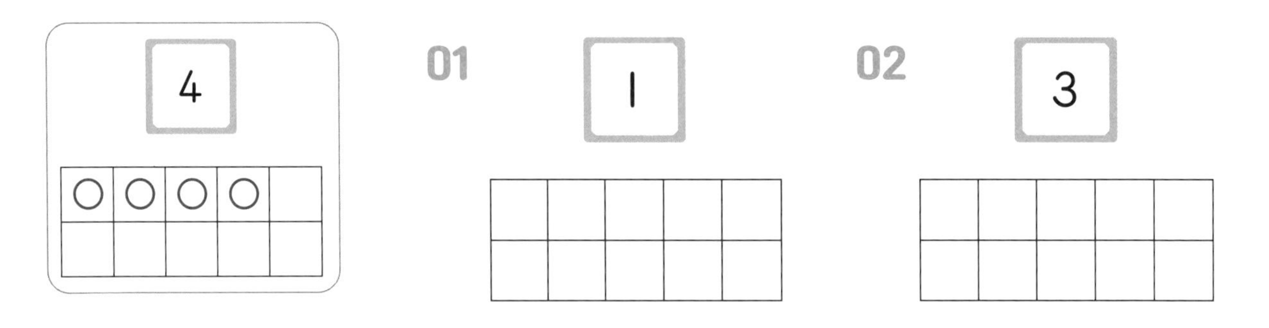

4 ○○○○

01 1

02 3

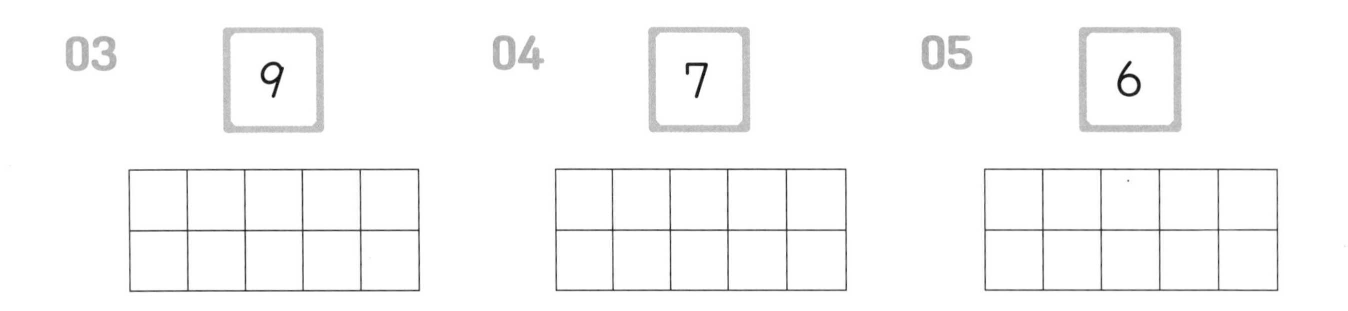

03 9

04 7

05 6

06 2

07 8

08 5

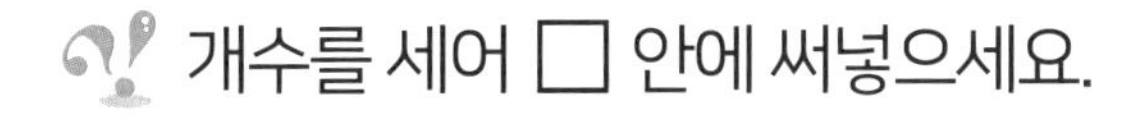

1 PART

개수를 세어 □ 안에 써넣으세요.

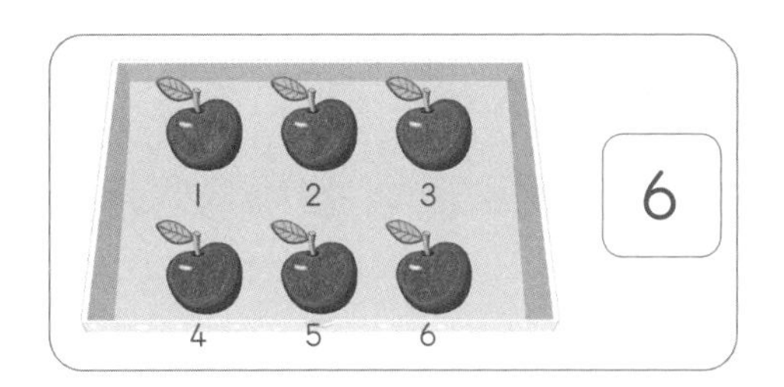

01 

1, 2, 3으로
하나씩 세면서
몇인지 찾아봐!

02 

03 

04 

05 

06 

07 

9까지의 수와 0

01 B 수를 나타내는 말을 찾아요

개수를 세어 □ 안에 써넣고 알맞은 말에 모두 ○표 하세요.

8

오 육 칠 (팔) 구

넷 다섯 여섯 일곱 (여덟)

01 

□

사 오 육 칠 팔

다섯 여섯 일곱 여덟 아홉

02 

□

삼 사 오 육 칠

둘 셋 넷 다섯 여섯

03 

□

오 육 칠 팔 구

셋 넷 다섯 여섯 일곱

04 

□

일 이 삼 사 오

넷 다섯 여섯 일곱 여덟

05 

□

오 육 칠 팔 구

다섯 여섯 일곱 여덟 아홉

수를 읽은 말과 같은 수를 □ 안에 써넣고 수만큼 되도록 ○를 그리세요.

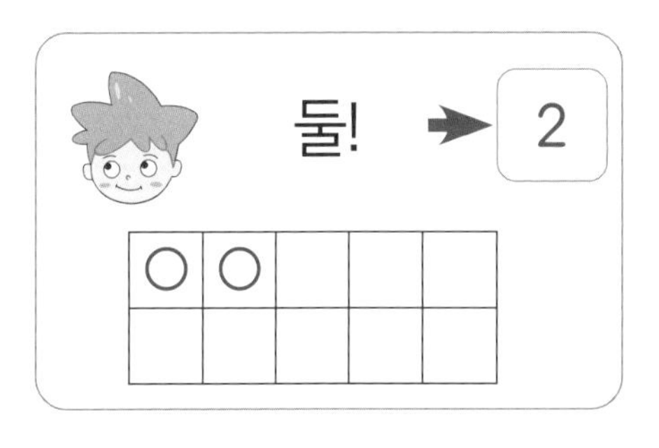

01 

02 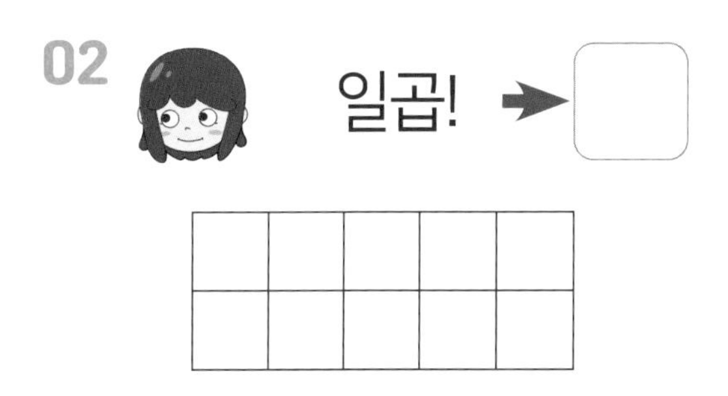

03 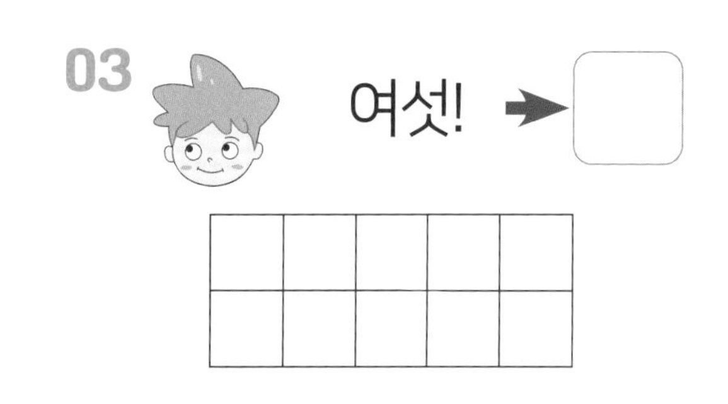

04 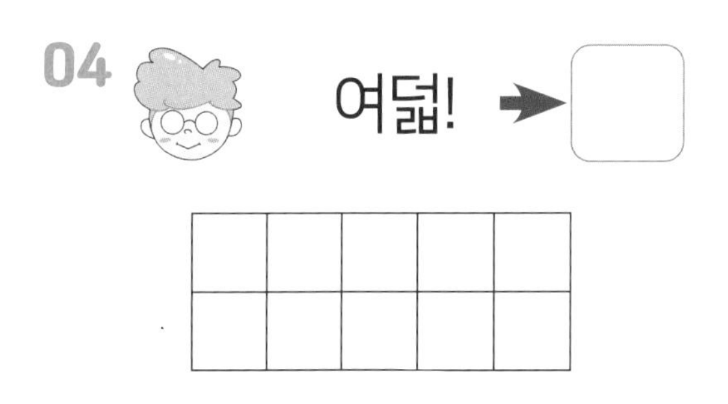

05 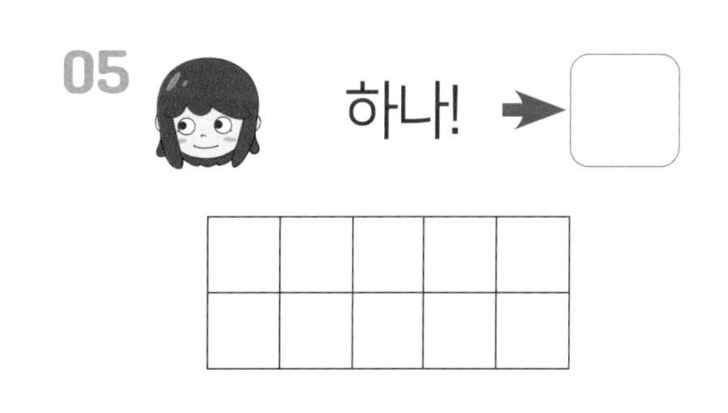

06 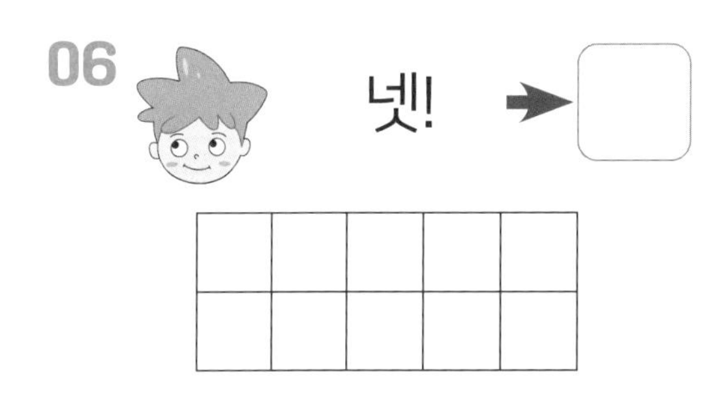

07 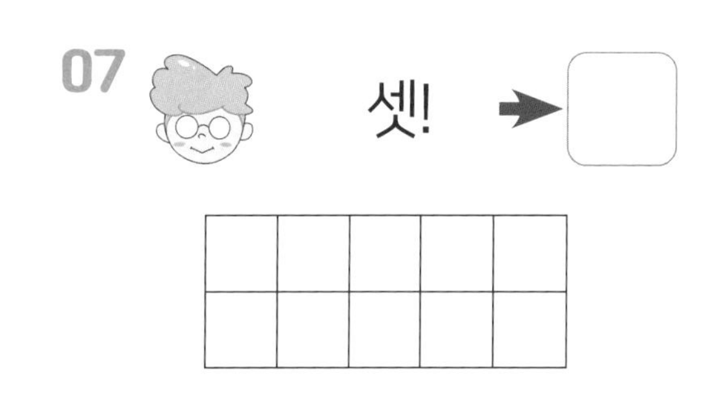

수의 순서

02 A 1개씩 늘리다 보면 수를 순서대로 센 것과 같아요

1부터 9까지 수를 순서대로 쓰면 1, 2, 3, 4, 5, 6, 7, 8, 9입니다.

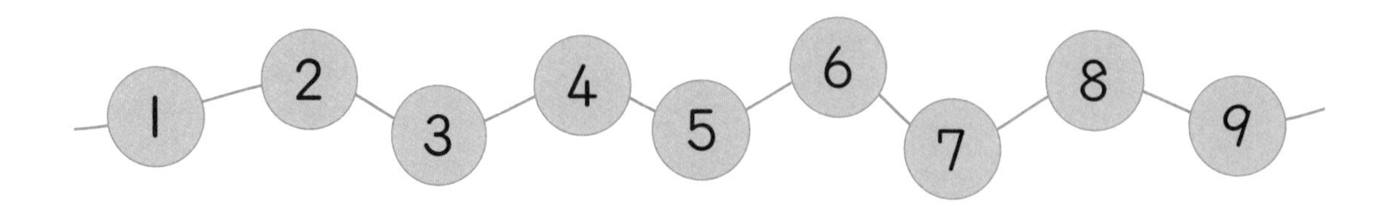

구슬이 1개씩 늘어납니다. 알맞게 ○를 그리고 □ 안에 알맞은 수를 써넣으세요.

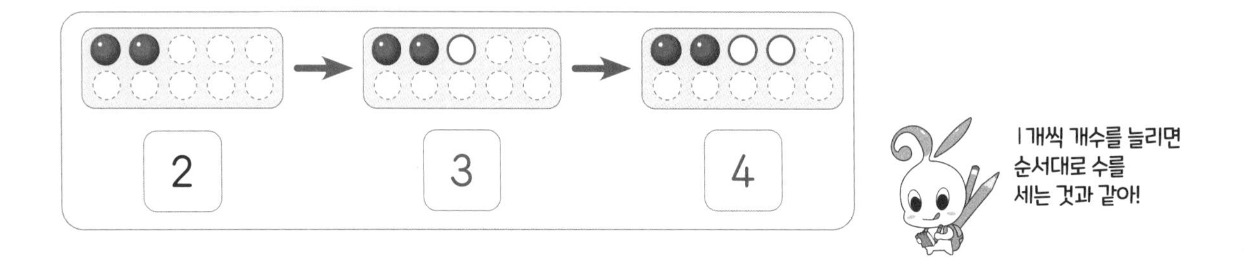

01

4 → □ → □

02

3 → □ → □ → □

03

6 → □ → □ → □

순서대로 수를 쓰고 있습니다. □ 안에 알맞은 수를 써넣으세요.

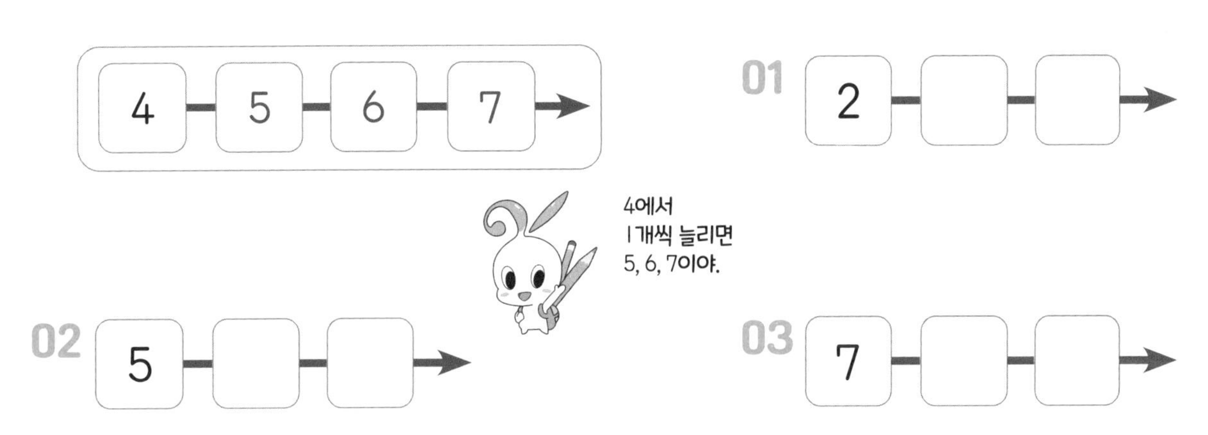

08 1 - □ - □ - □ →

09 6 - □ - □ - □ →

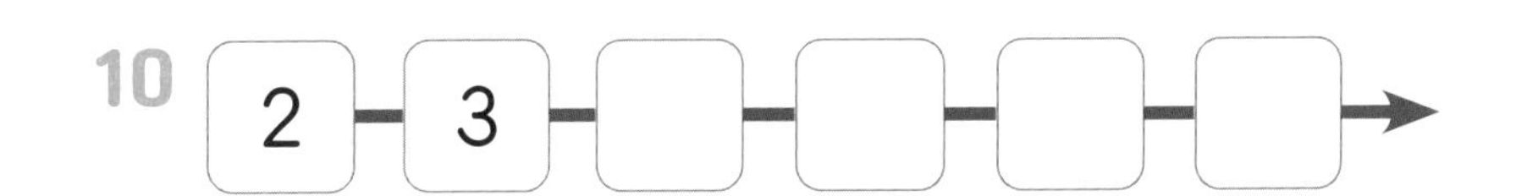

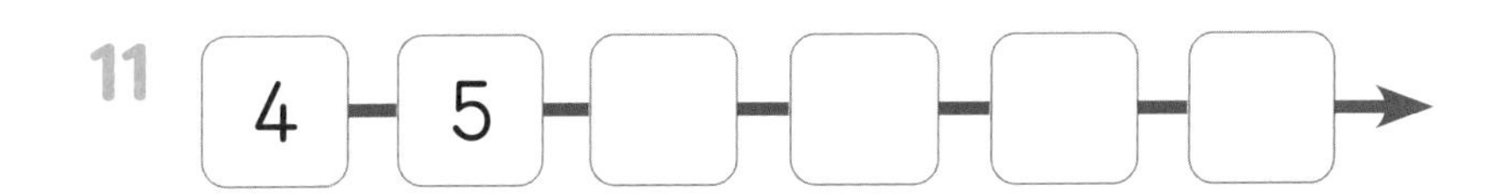

02 B 1개씩 줄이다 보면 수를 거꾸로 센 것과 같아요

9부터 1까지 수를 거꾸로 쓰면 9, 8, 7, 6, 5, 4, 3, 2, 1입니다.

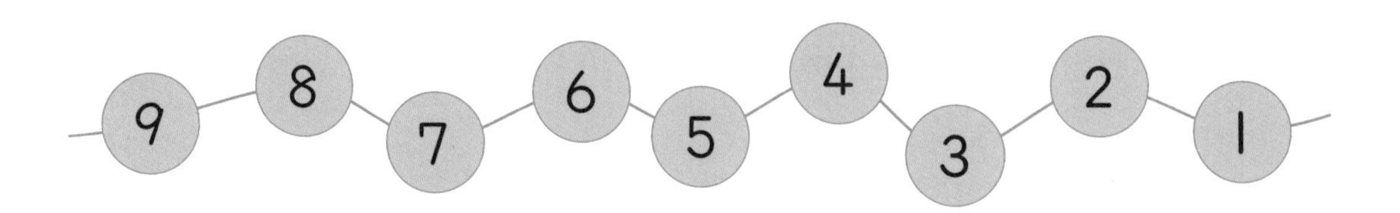

초콜릿을 1개씩 먹습니다. 초콜릿을 1개씩 지우고 □ 안에 알맞은 수를 써넣으세요.

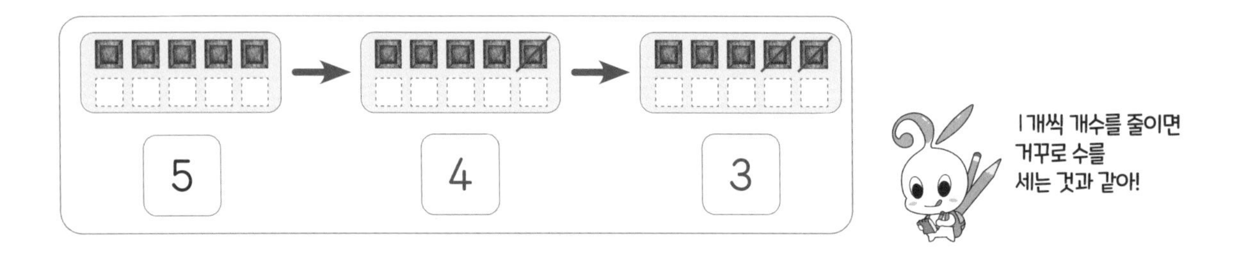

01

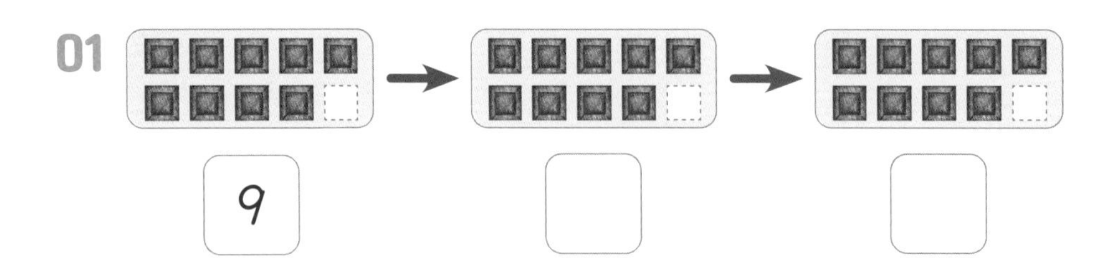

02

6 → □ → □ → □

03

8 → □ → □ → □

거꾸로 수를 쓰고 있습니다. □ 안에 알맞은 수를 써넣으세요.

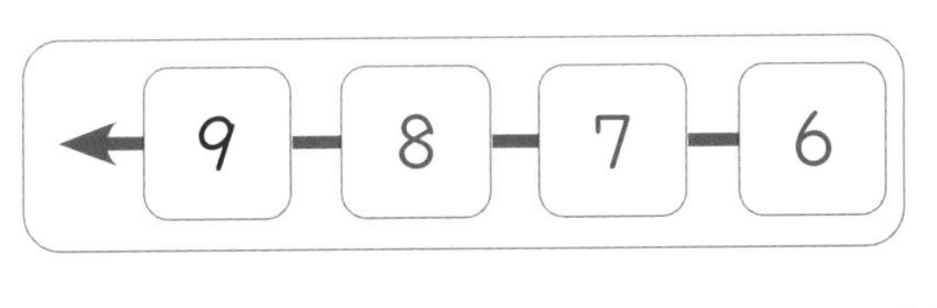

9에서
1개씩 줄이면
8, 7, 6이야.

01
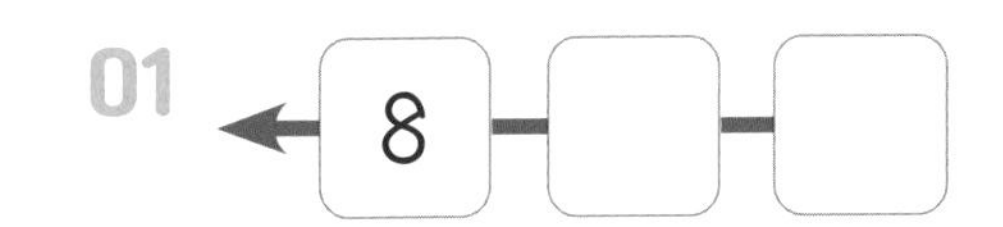

02
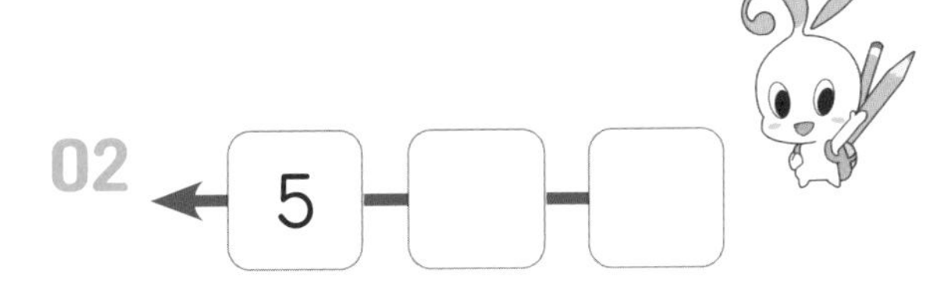

03

04
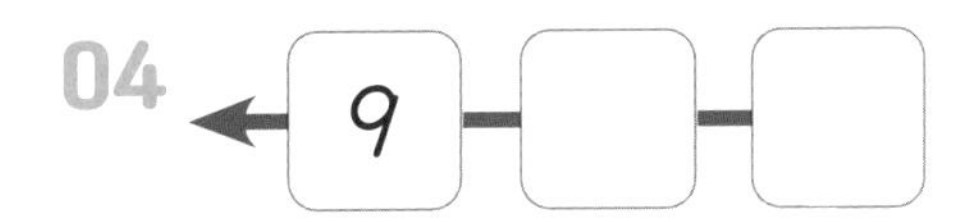

05
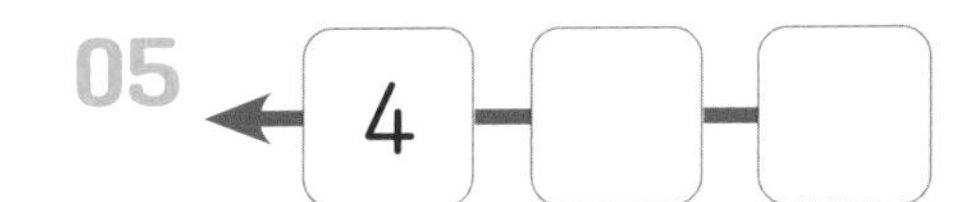

06
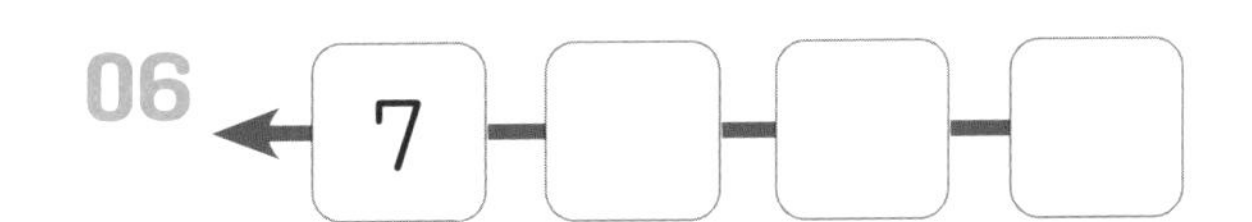

07
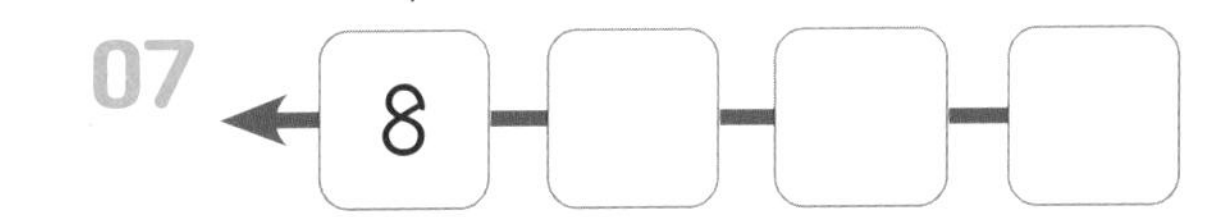

08
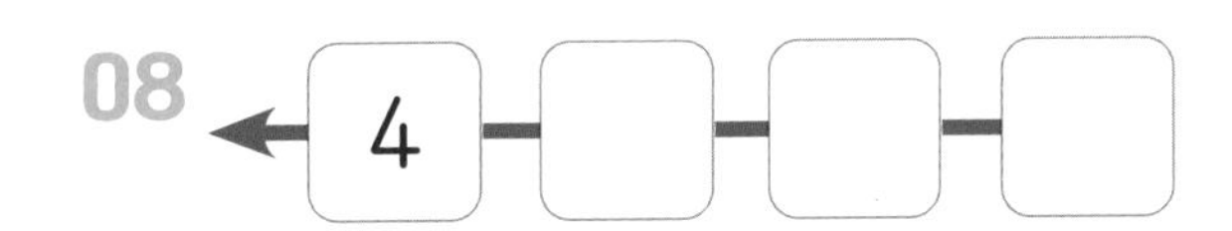

09
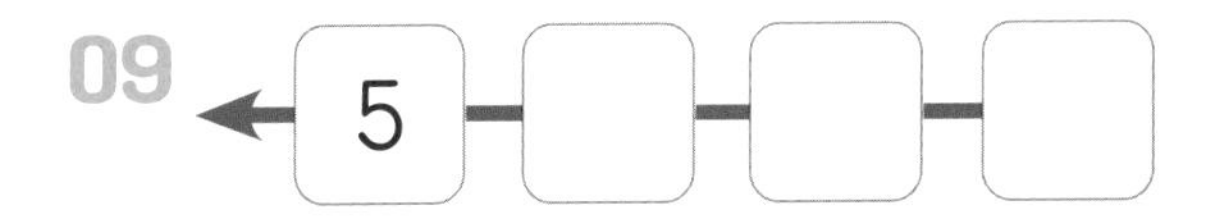

10
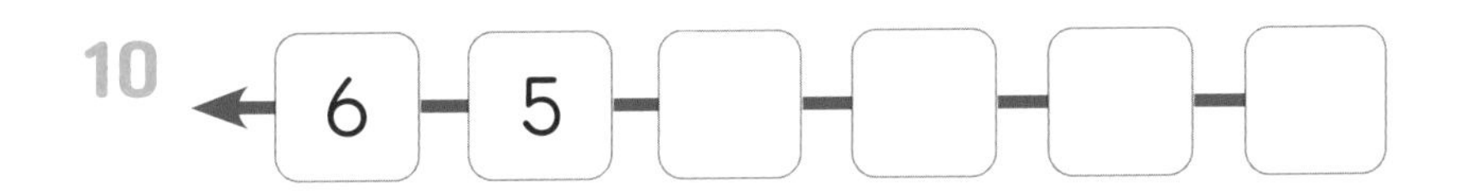

11
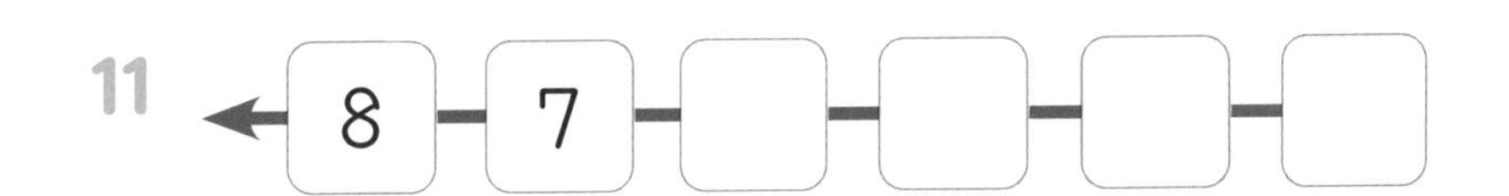

순서를 나타내는 수

03 A □개까지 세었으면 마지막에 센 것이 □번째예요

먼저 오는 것부터 첫째, 둘째, 셋째로 셀 수 있습니다.

[순서]	첫째	둘째	셋째	넷째	다섯째	여섯째	일곱째	여덟째	아홉째
[수]	1	2	3	4	5	6	7	8	9

왼쪽부터 알맞게 표시하세요.

4 ☑☑☑☑□□□□□ 넷째 □□□☑□□□□□

4개를 표시하면 마지막에 표시한 것이 넷째야.

01 7 □□□□□□□□□ 일곱째 □□□□□□□□□

02 8 □□□□□□□□□ 여덟째 □□□□□□□□□

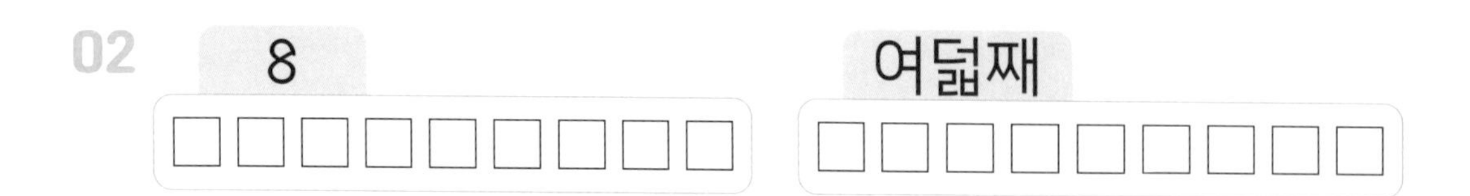

03 5 □□□□□□□□□ 다섯째 □□□□□□□□□

04 3 □□□□□□□□□ 셋째 □□□□□□□□□

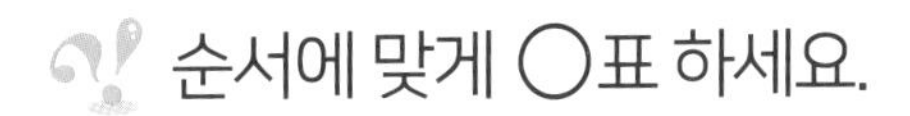

일단 왼쪽을 보지 않고 풀어 볼까?

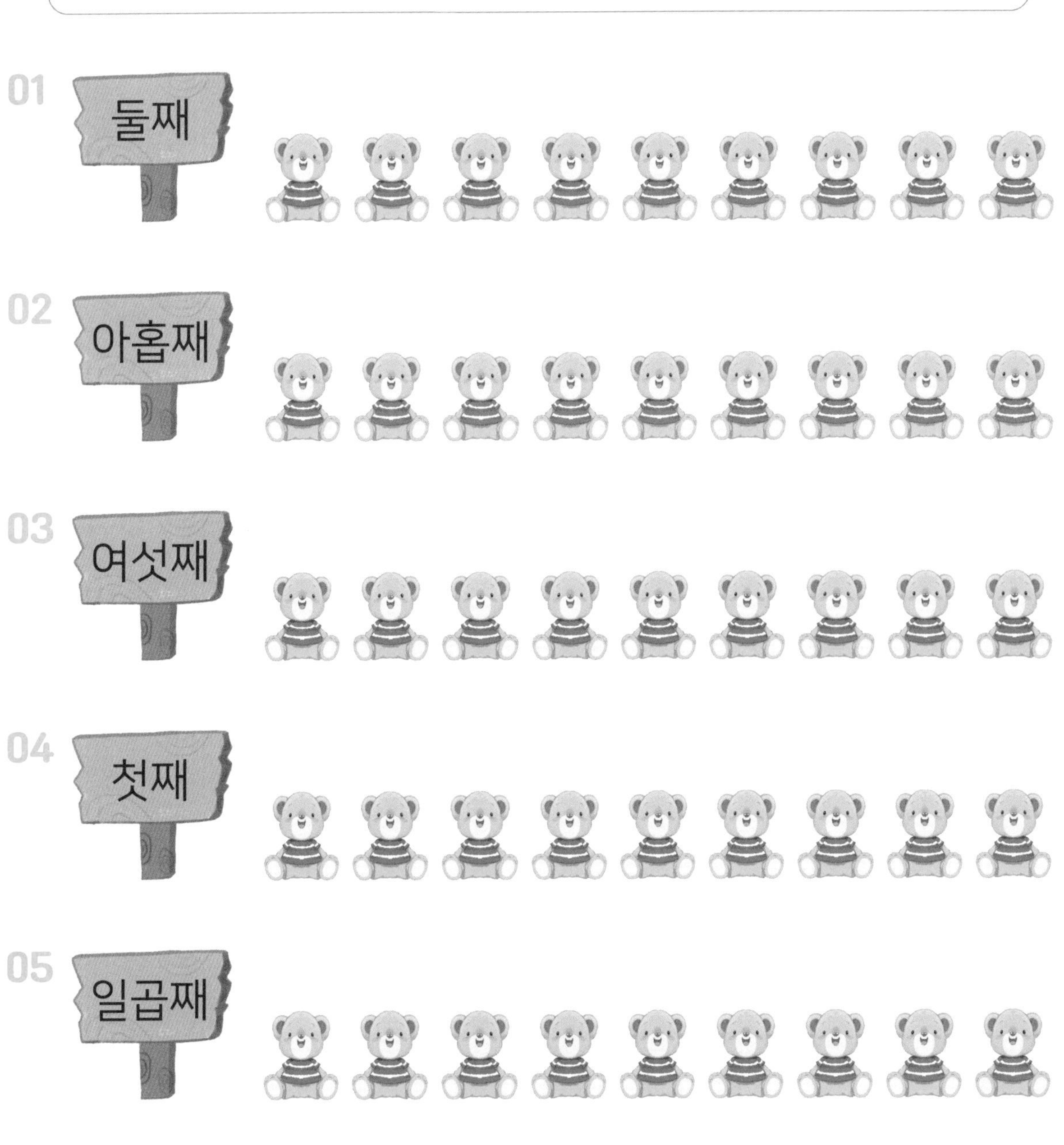

03 B 어떤 방향으로 세는지 먼저 봐야 해요

똑같은 위치에 있어도 세는 방향에 따라 몇째인지 달라집니다.

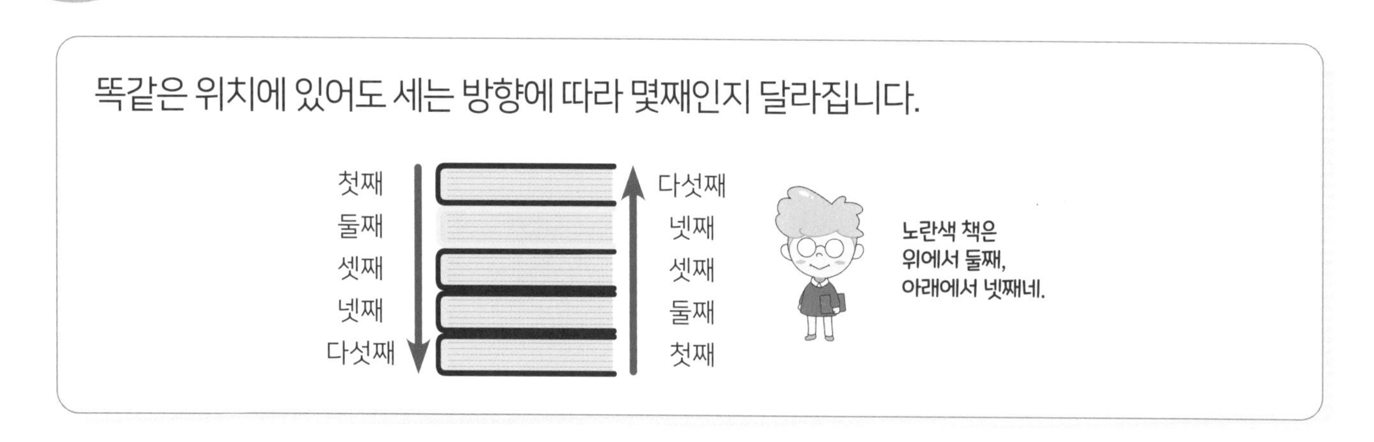

빨간색 구슬은 왼쪽에서 몇째이고 오른쪽에서 몇째일까요? □ 안에 알맞은 말을 써넣으세요.

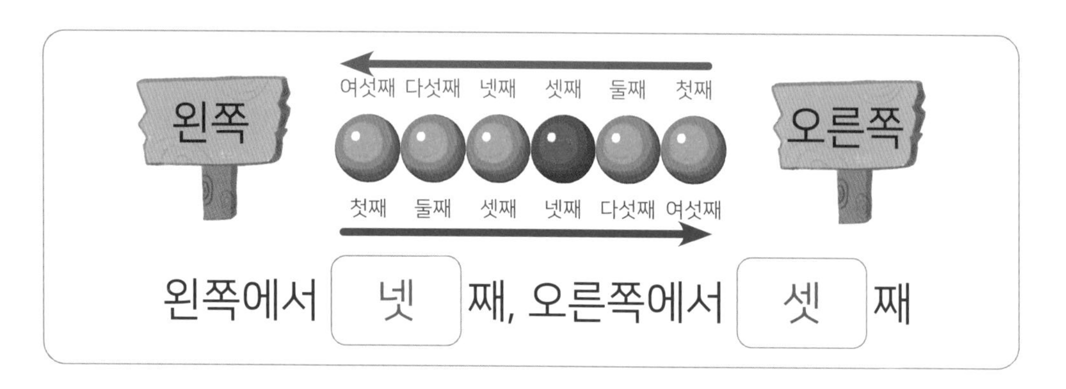

왼쪽에서 [넷]째, 오른쪽에서 [셋]째

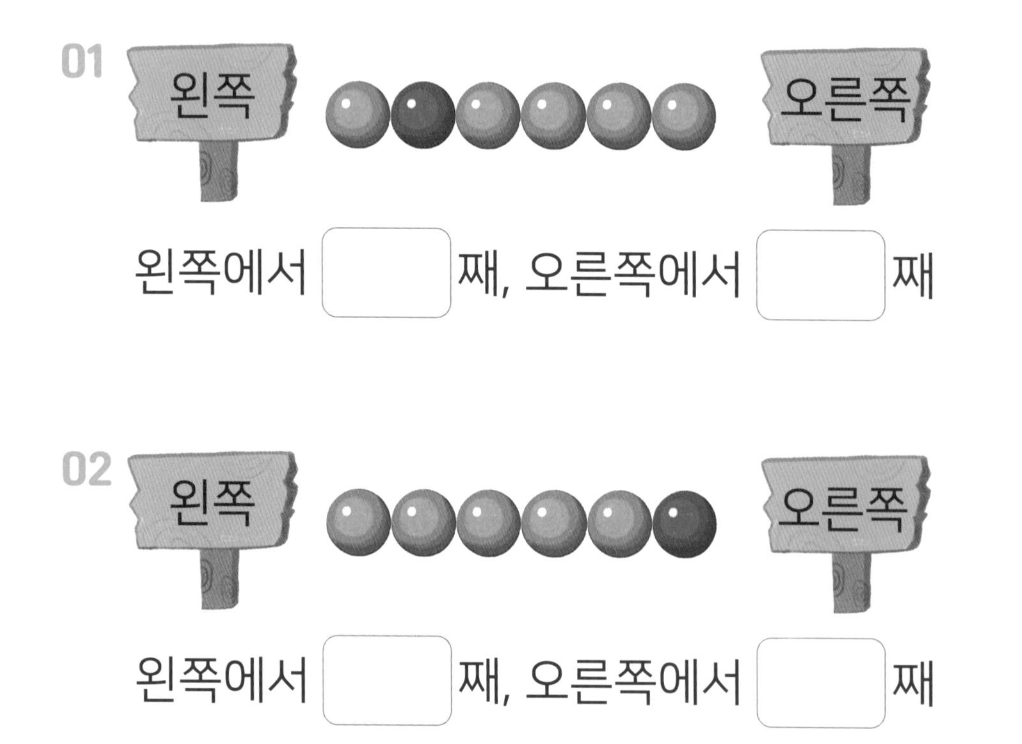

01 왼쪽에서 □째, 오른쪽에서 □째

02 왼쪽에서 □째, 오른쪽에서 □째

색칠한 칸은 왼쪽에서 몇째이고 오른쪽에서 몇째일까요? □ 안에 알맞은 말을 써넣으세요.

01 왼쪽 □□□■□□□□□ 오른쪽

왼쪽에서 □ 째, 오른쪽에서 □ 째

02 왼쪽 □□□□□□■□□ 오른쪽

왼쪽에서 □ 째, 오른쪽에서 □ 째

03 왼쪽 ■□□□□□□□□ 오른쪽

왼쪽에서 □ 째, 오른쪽에서 □ 째

04 왼쪽 □□■□□□□□□ 오른쪽

왼쪽에서 □ 째, 오른쪽에서 □ 째

05 왼쪽 □□□□■□□□□ 오른쪽

왼쪽에서 □ 째, 오른쪽에서 □ 째

06 왼쪽 □□□□□□□■□ 오른쪽

왼쪽에서 □ 째, 오른쪽에서 □ 째

04 Ⓐ 9까지의 수 연습 문제를 풀어요

순서에 맞게 □ 안에 수나 말을 써넣으세요.

01

1	2	3	□	5	6	□	□	9

02

9	8	□	6	□	4	3	□	1

03

□	이	삼	□	오	□	칠	□	구

04

구	팔	□	육	□	□	삼	이	일

05

□	둘	셋	□	다섯	□	일곱	□	아홉

06

□	여덟	□	여섯	□	넷	셋	□	하나

07

하나	□	□	□	다섯	□	일곱	여덟	아홉

앞에서 셋째에 있는 수는 □ 입니다.

5는 뒤에서 □ 째에 있는 수입니다.

뒤에서 넷째에 있는 수는 □ 입니다.

1은 뒤에서 □ 째에 있는 수입니다.

앞에서 다섯째에 있는 수는 □ 입니다.

7은 앞에서 □ 째에 있는 수입니다.

뒤에서 여덟째에 있는 수는 □ 입니다.

9는 앞에서 □ 째에 있는 수입니다.

이런 문제를 다루어요

01 □ 안에 알맞은 수를 써넣으세요.

내가 가진 사과의 수는 5야.
사과 하나를 먹으면 내가 가진 사과는
□보다 □ 작은 수인 □가 돼.

02 둘 중 더 큰 수에 ○표, 더 작은 수에 △표 하세요.

4 7	8 3	5 9

03 수만큼 □를 칠하고, 더 큰 수에 ○표 하세요.

3									
5									

04 □ 안에 알맞은 수를 써넣고 이으세요.

(가위)	3	하나	오
(연필)	□	둘	이
(풀)	□	셋	일
(지우개)	□	넷	사
(펜)	□	다섯	삼

05 수진이는 아홉살입니다. 수진이의 나이만큼 초에 ○표 하세요.

06 □ 안에 알맞은 수를 써넣으세요.

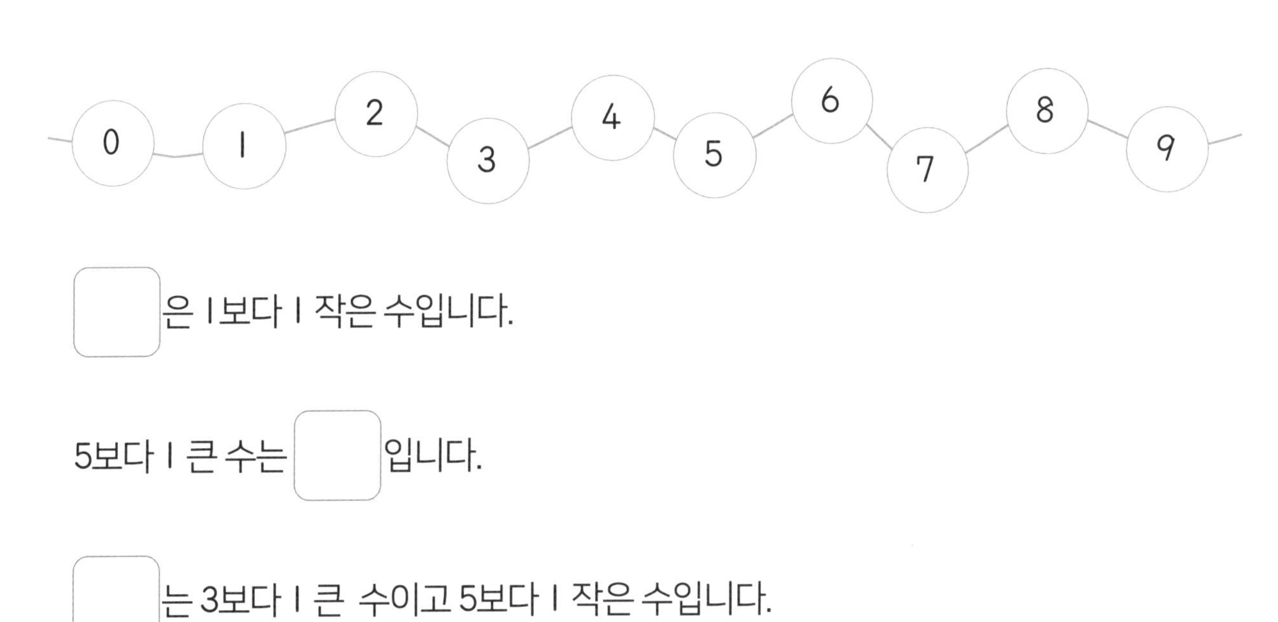

□은 1보다 1 작은 수입니다.

5보다 1 큰 수는 □입니다.

□는 3보다 1 큰 수이고 5보다 1 작은 수입니다.

07 왼쪽부터 알맞게 색칠하세요.

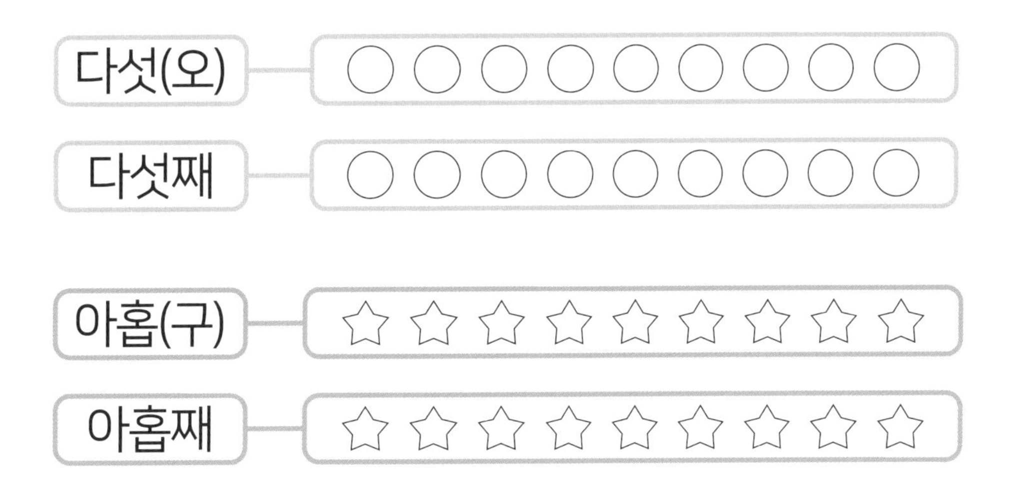

Quiz Quiz Part 1

다른 부분은 몇 개일까?

두 개의 그림은 비슷해 보이지만 자세히 보면 조금씩 다른 부분이 있습니다. 다른 부분을 모두 찾고, □ 안에 몇 군데가 다른지 그 개수를 써넣으세요.

□ 군데가 다릅니다.

모으기, 가르기

차시별로 정답률을 확인하고, 성취도에 O표 하세요.

80% 이상 맞혔어요. 60%~80% 맞혔어요. 60% 이하 맞혔어요.

차시	단원	성취도
5	9까지의 모으기	
6	모으기 연습	
7	9까지의 가르기	
8	가르기 연습	
9	세 수의 모으기, 가르기	
10	여러 가지 모으기와 가르기	
11	모으기, 가르기 종합 연습	

수를 이어 세면서 모으기도 할 수 있고, 가르기도 할 수 있습니다.

9까지의 모으기

05 Ⓐ 시작은 5개까지 가볍게 모아 봐요

한쪽의 개수를 1, 2, 3으로 먼저 세고, 나머지의 개수를 이어서 세면 두 수를 모은 것과 같습니다.

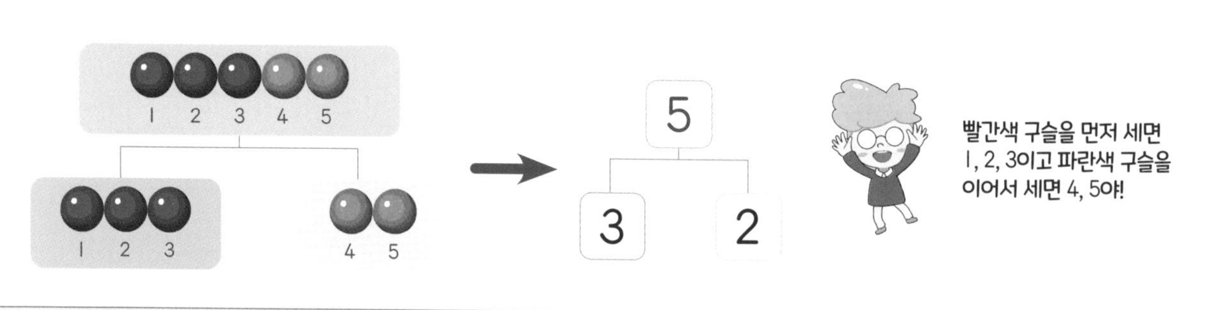

개수를 세어 모으기를 하세요.

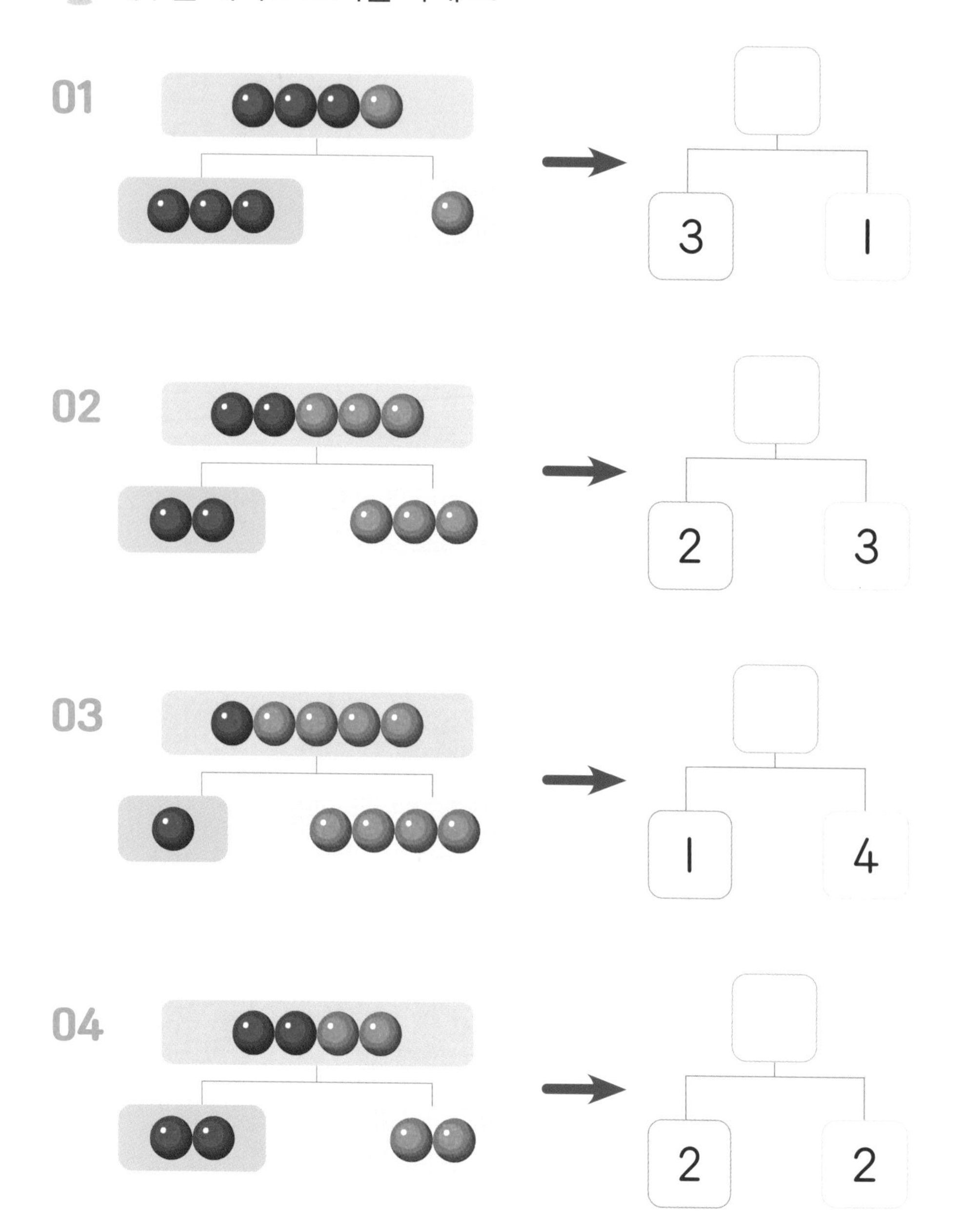

오른쪽의 빵을 먼저 센 다음 왼쪽의 빵을 이어서 세어도 돼!

개수만큼 ○를 그리고 모으기를 하세요.

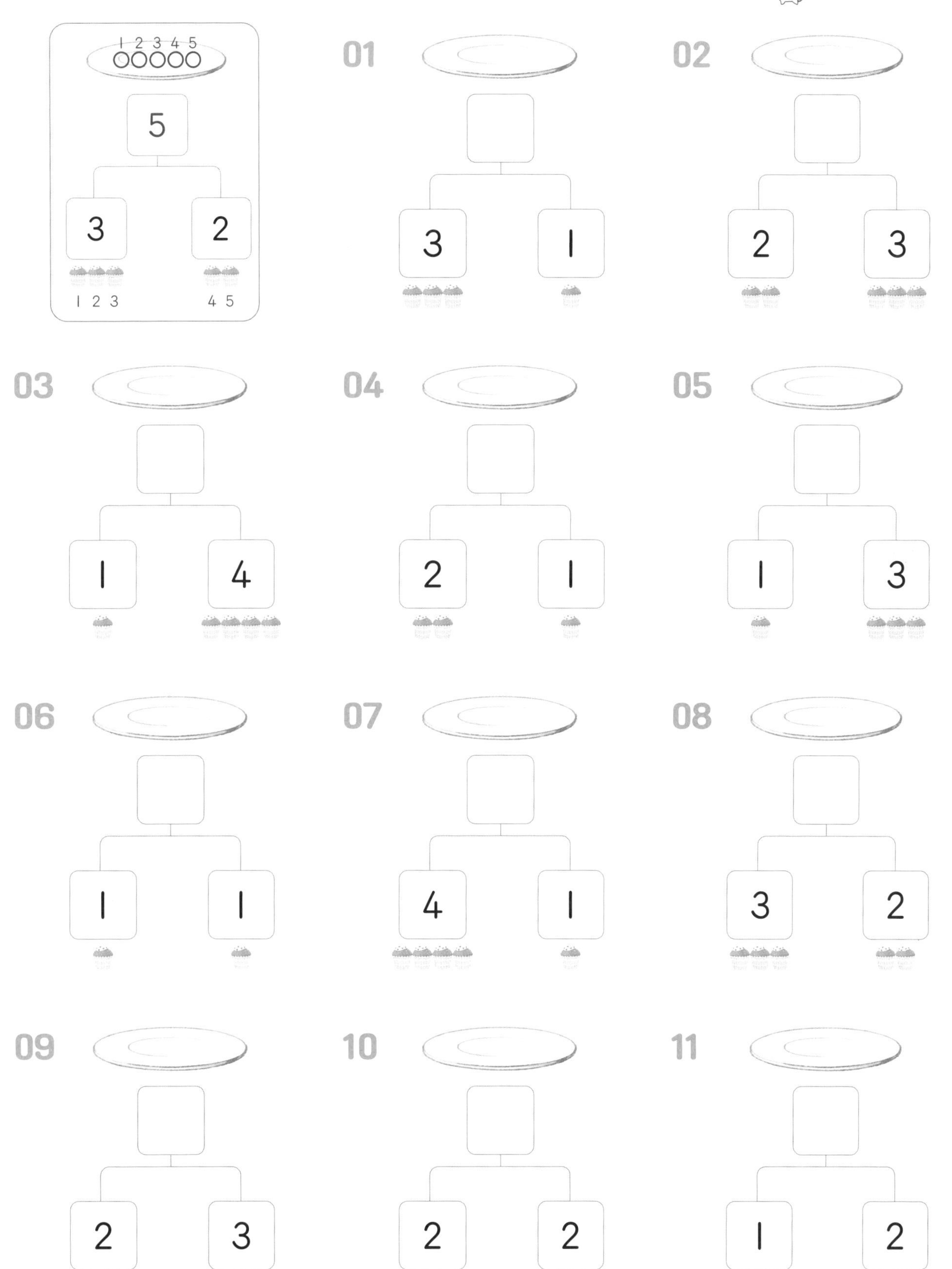

2 PART

05 B

9까지의 모으기

9까지의 수 모으기도 해 볼까요?

개수를 세어 모으기를 하세요.

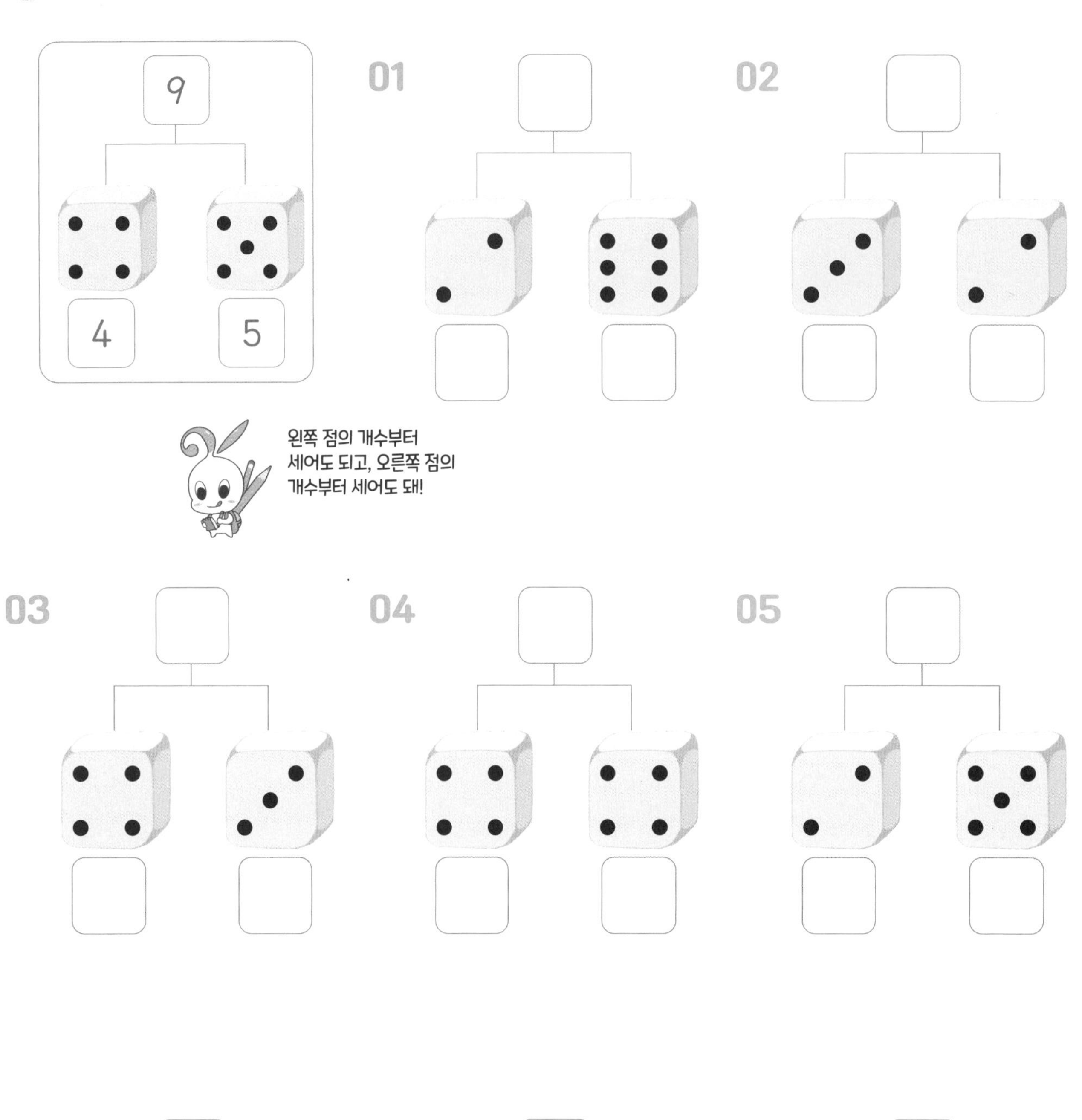

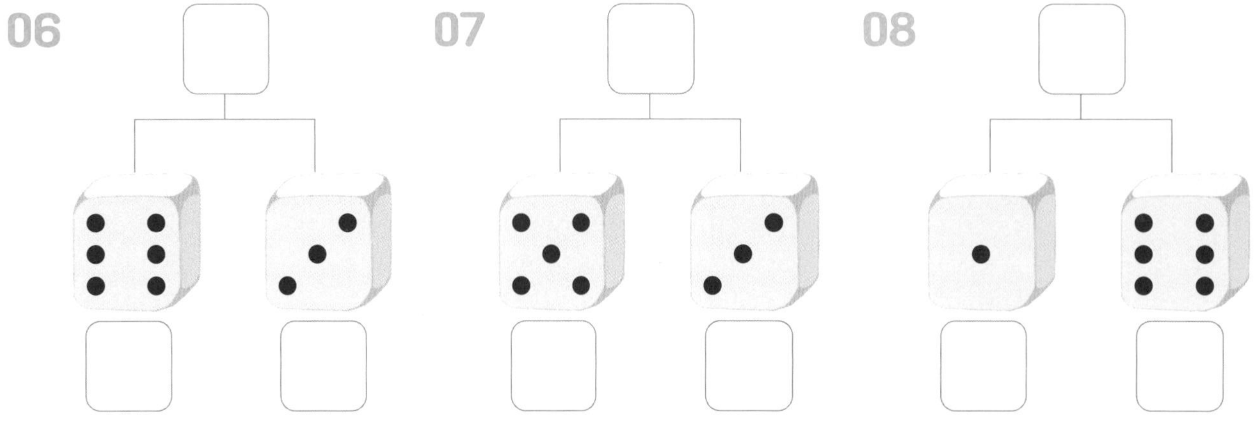

공부한 날 : 월 일

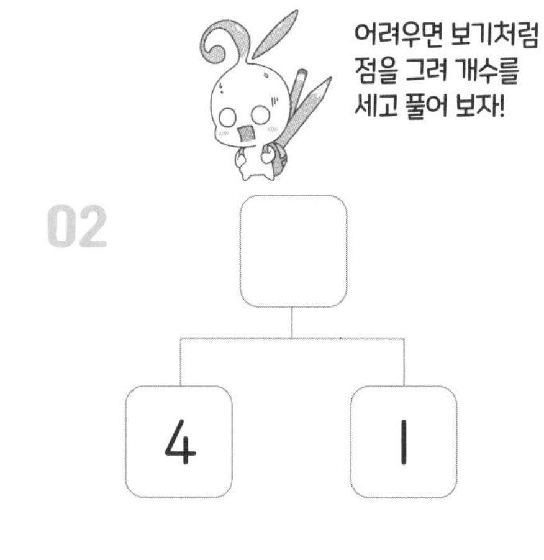

두 수를 모으세요.

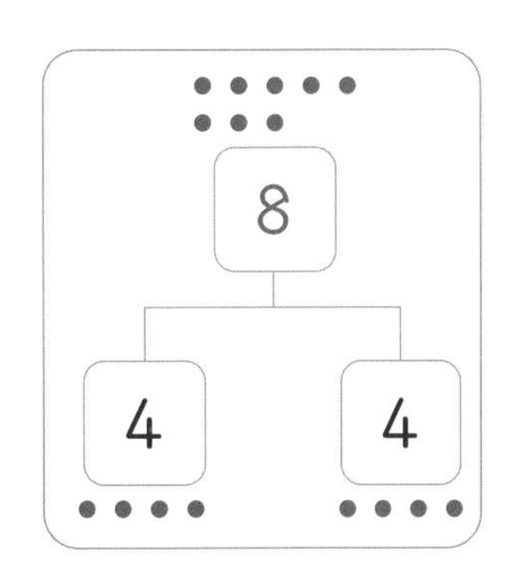

01
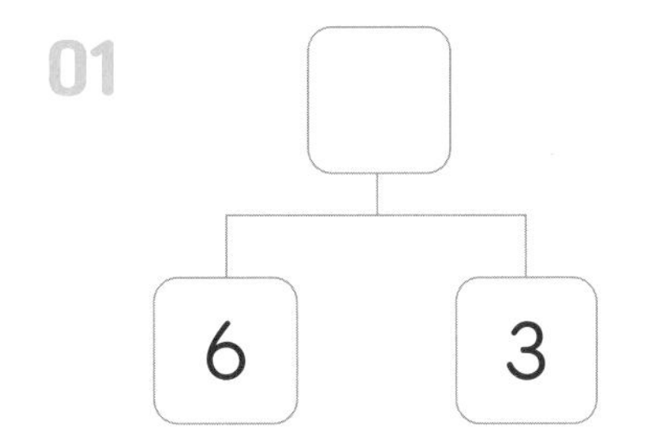

02

4
1

03
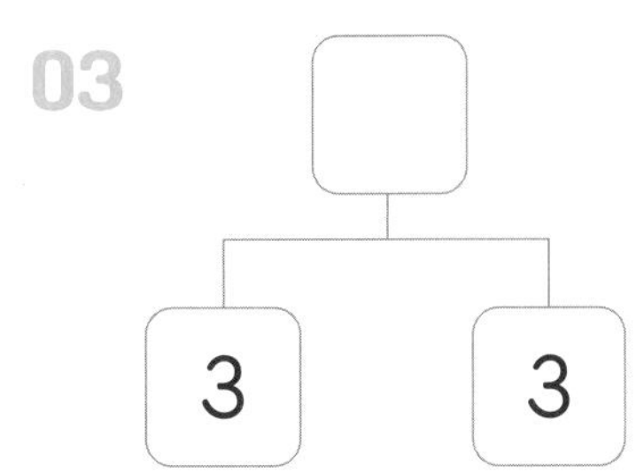

04
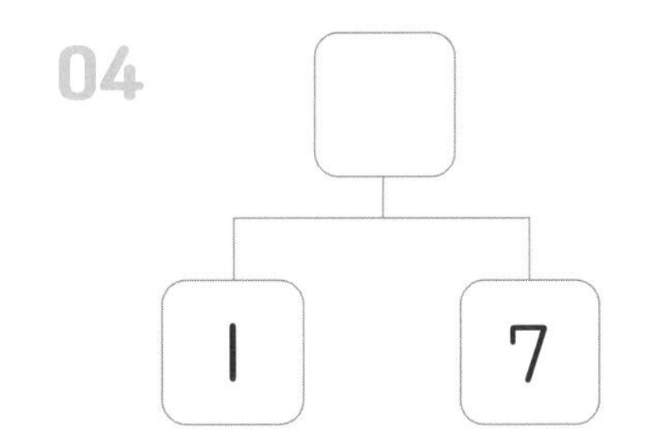

05
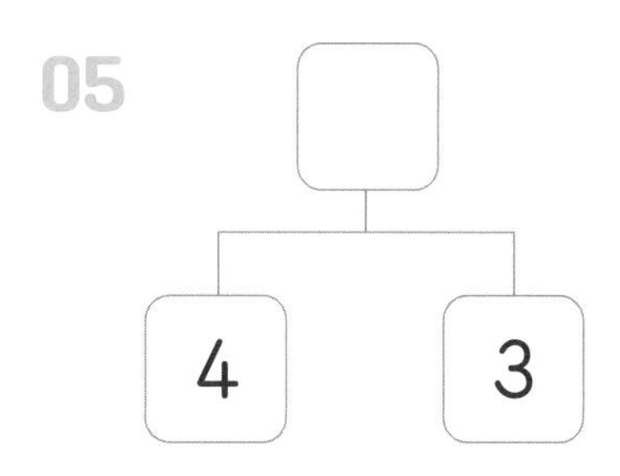

06
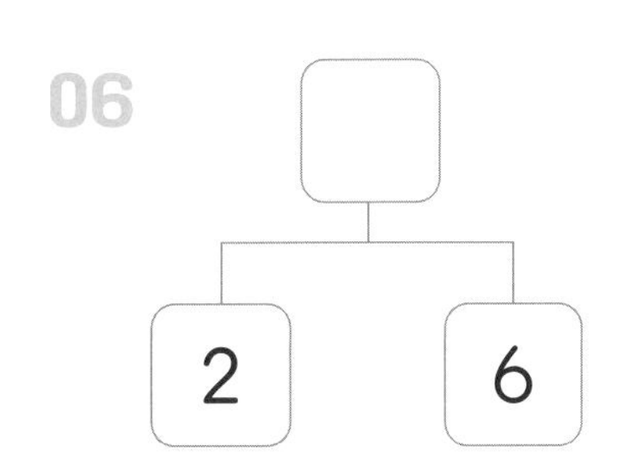

07
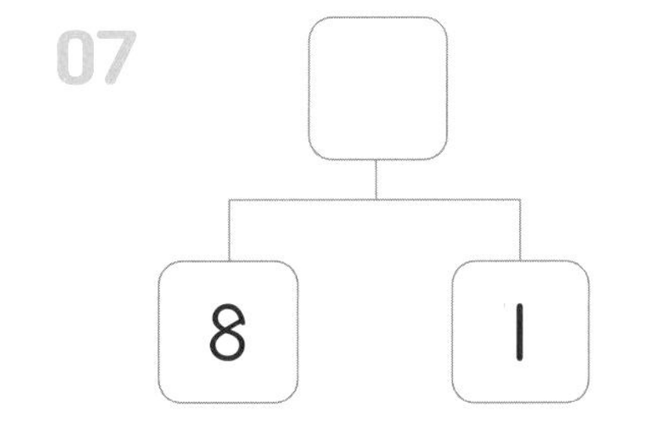

08
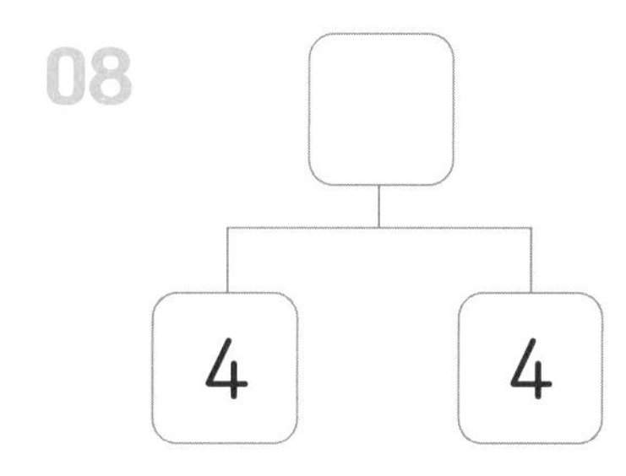

09
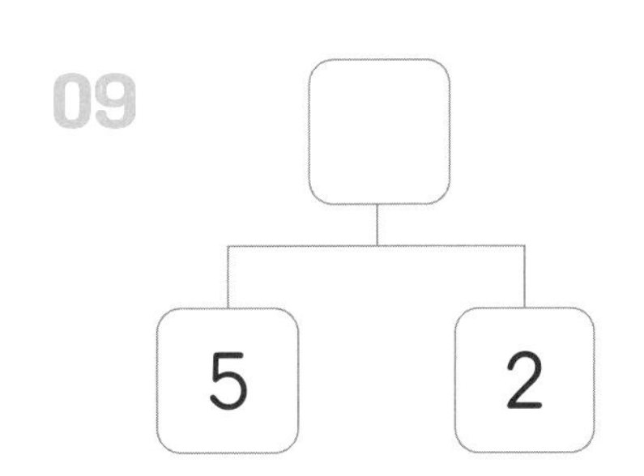

10
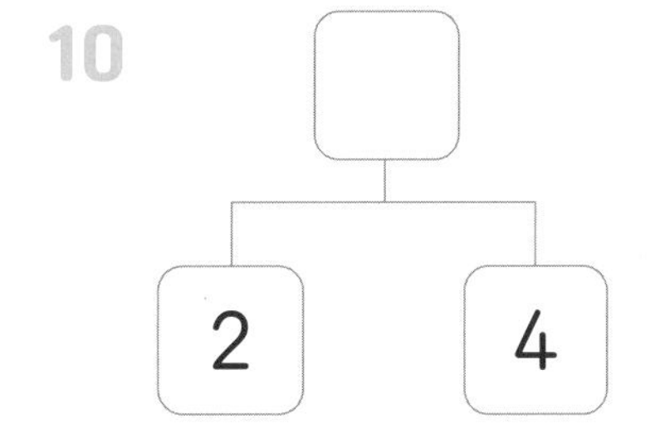

11
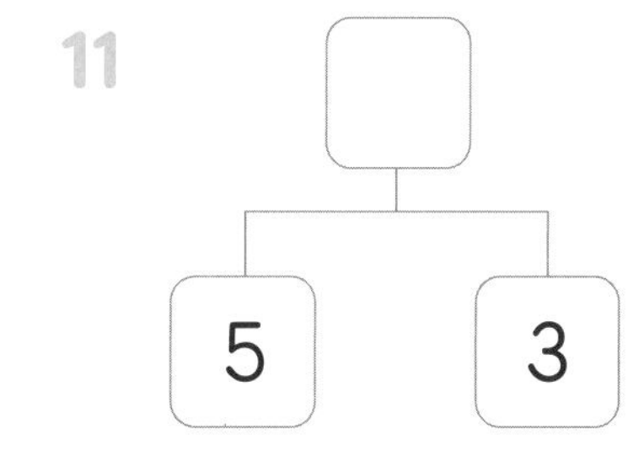

12
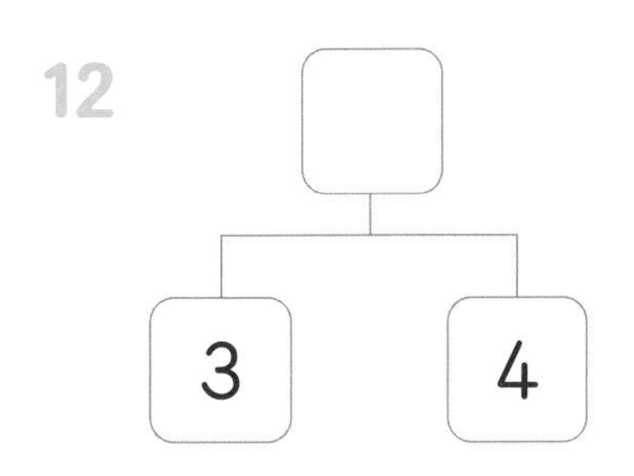

13
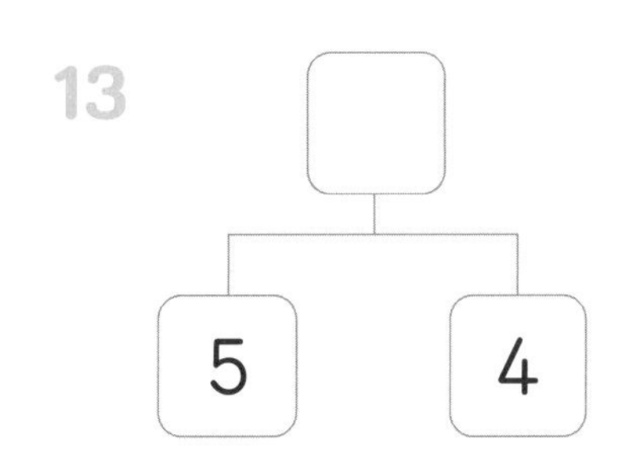

14
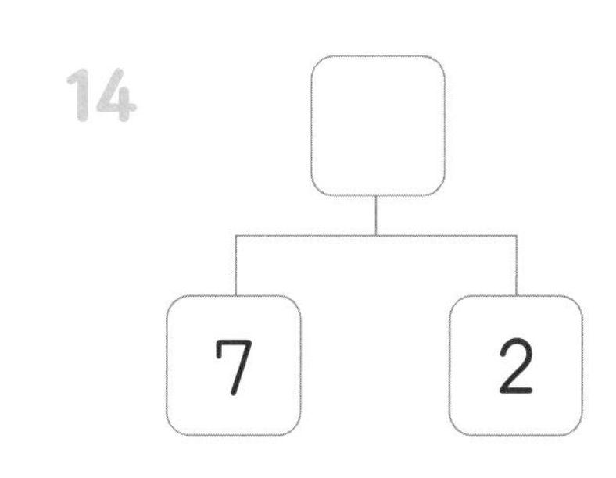

06 A 모으기 연습
수만 보고 모아 봐요

두 수를 모으세요.

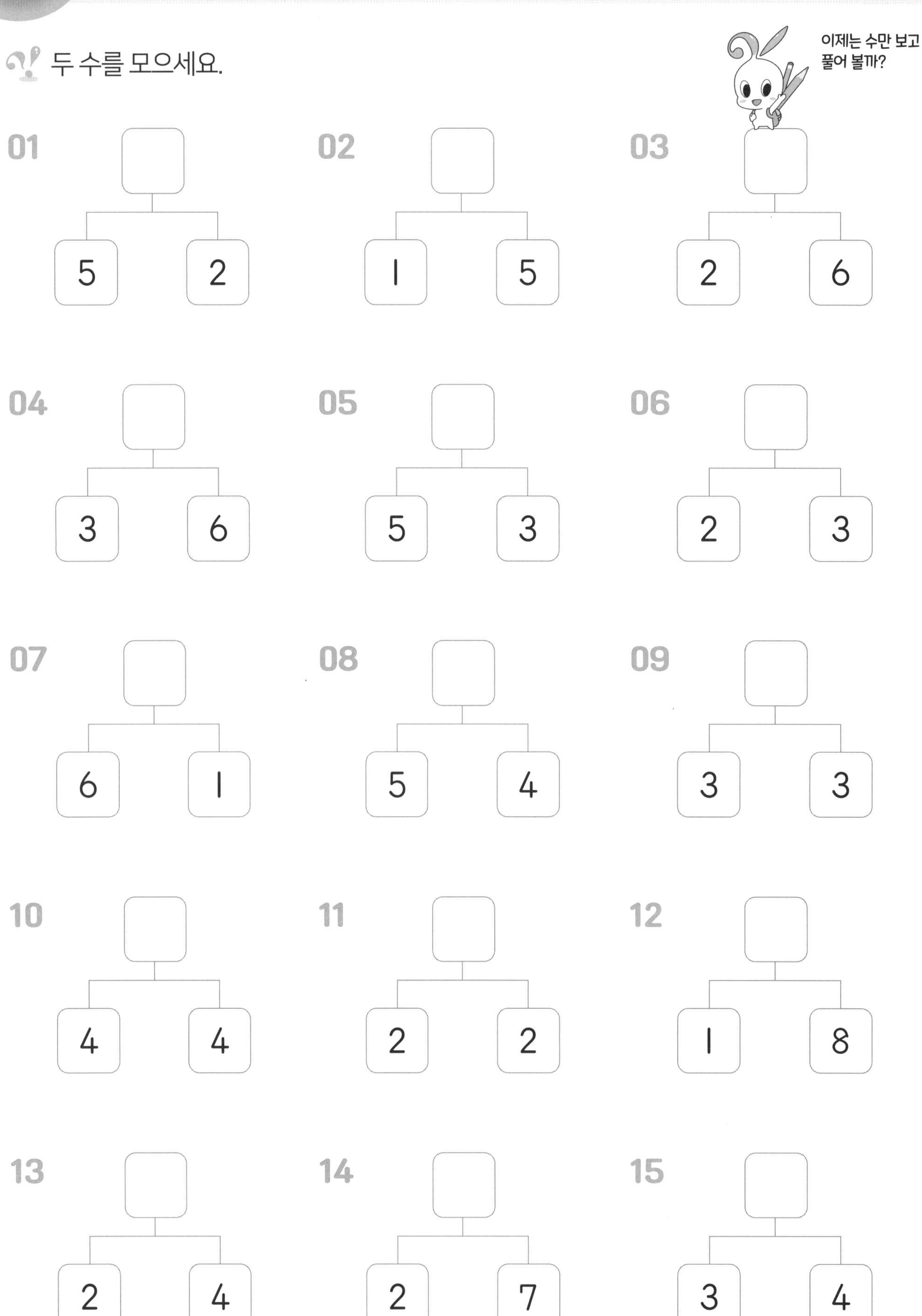

묶음 안의 수를 모으고, □ 안에 모은 수를 써넣으세요.

01

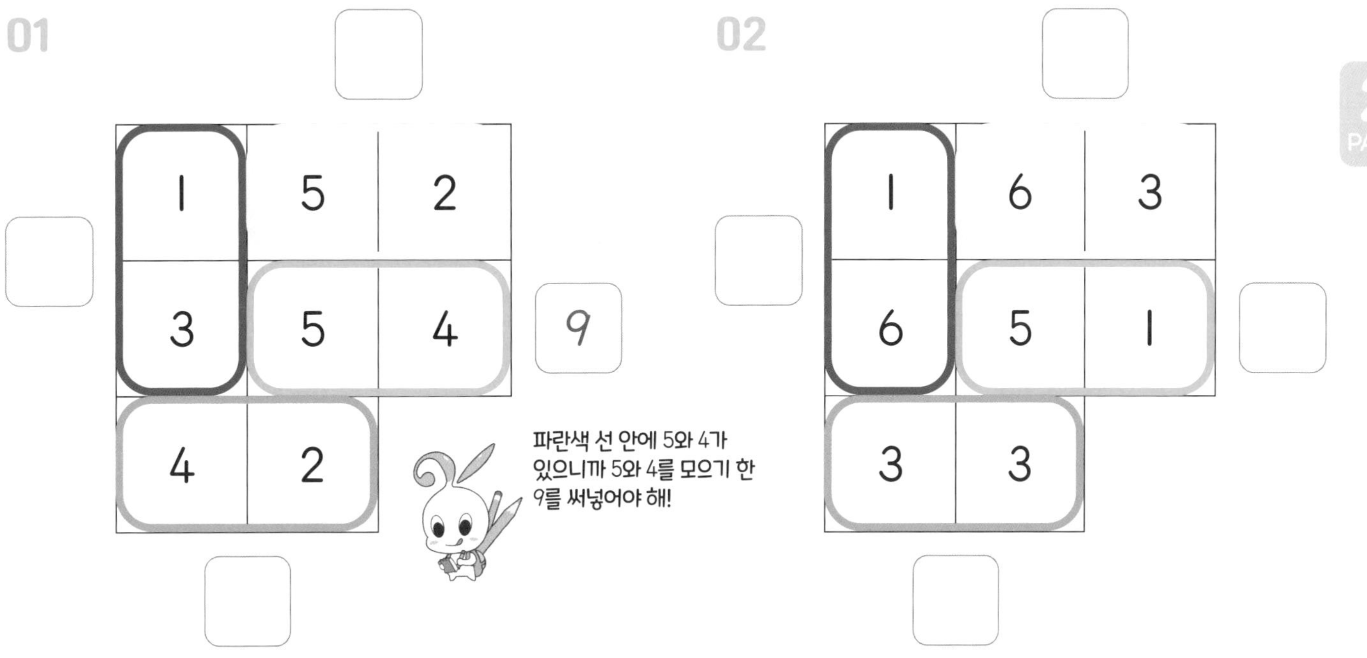

03

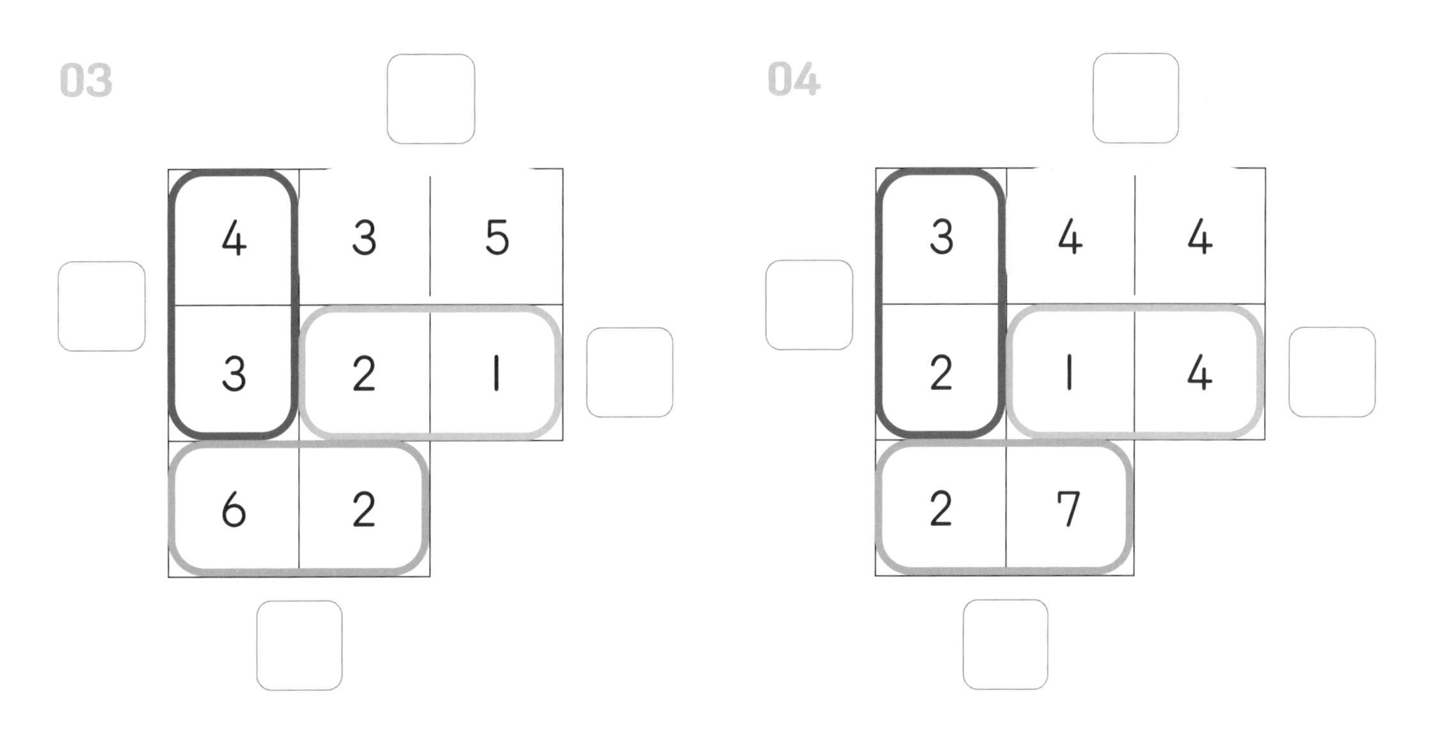

모으기 연습

06 B 모으기를 한 번 더 연습해요

두 수를 모으세요.

01 3 5

02 2 3

03 6 3

04 5 4

05 5 2

06 4 4

07 2 4

08 7 2

09 3 3

10 1 3

11 3 4

12 1 7

13 6 2

14 2 1

15 4 3

두 수를 모으세요.

02
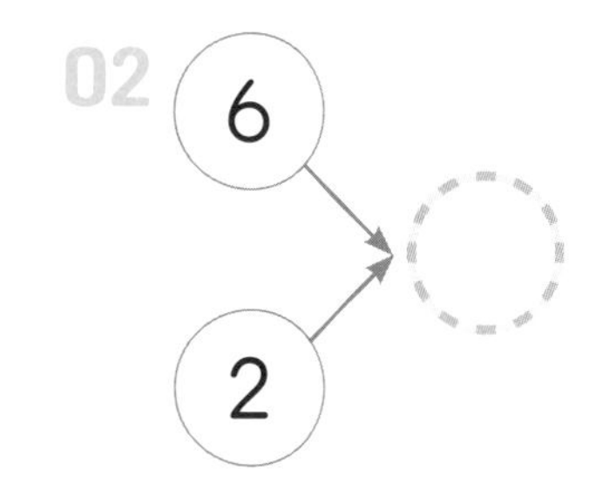

03
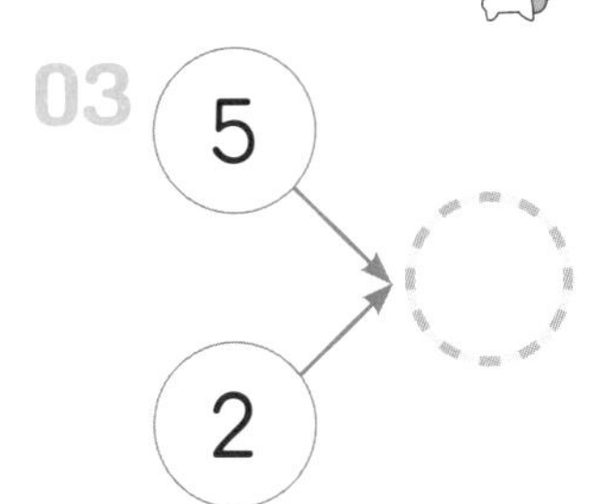

04
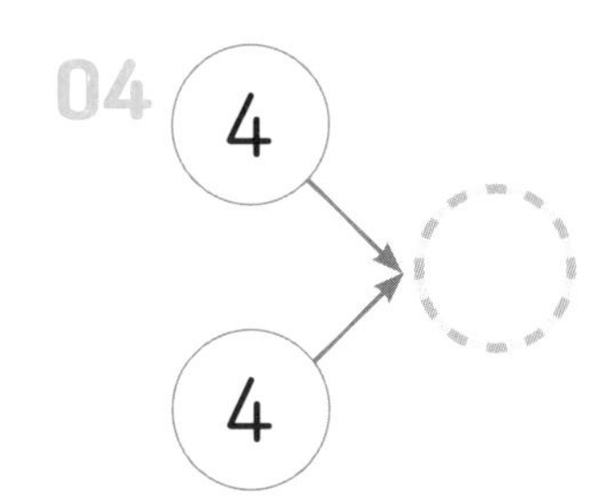

05
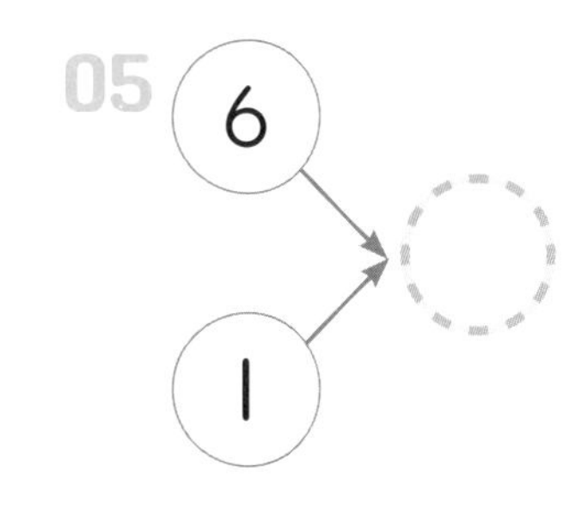

06
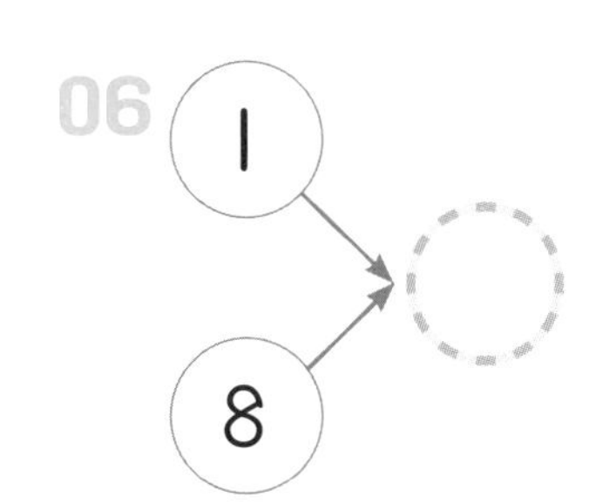

07
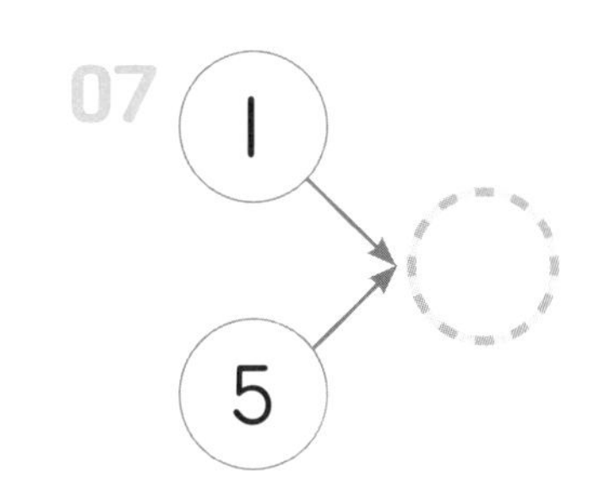

08
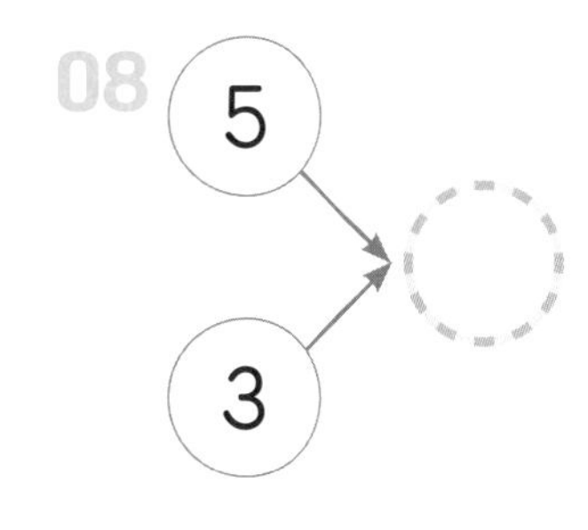

09
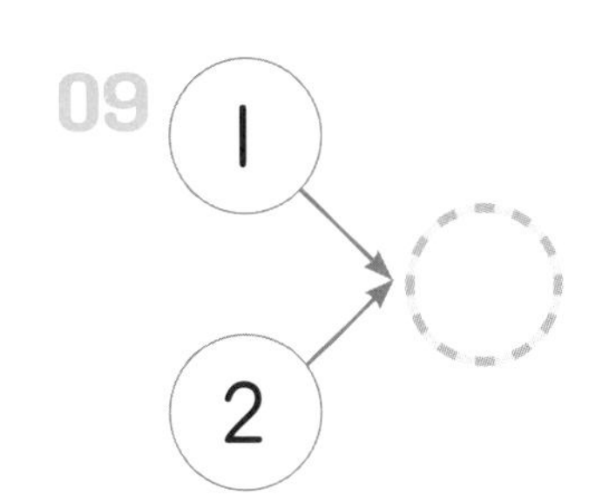

10
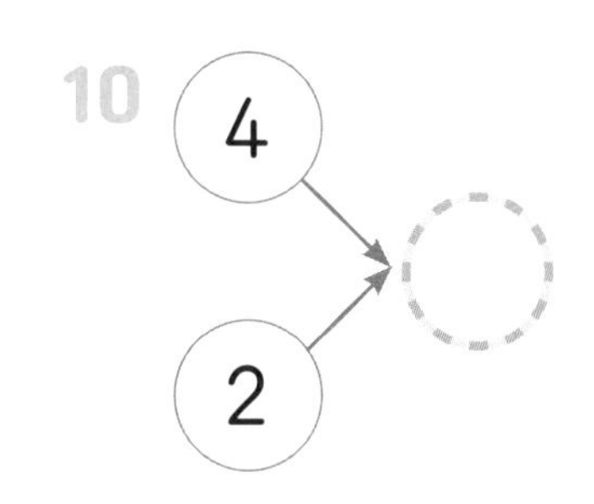

11
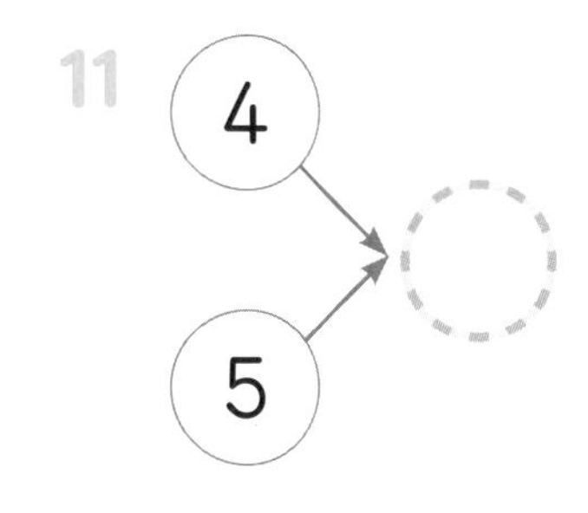

12
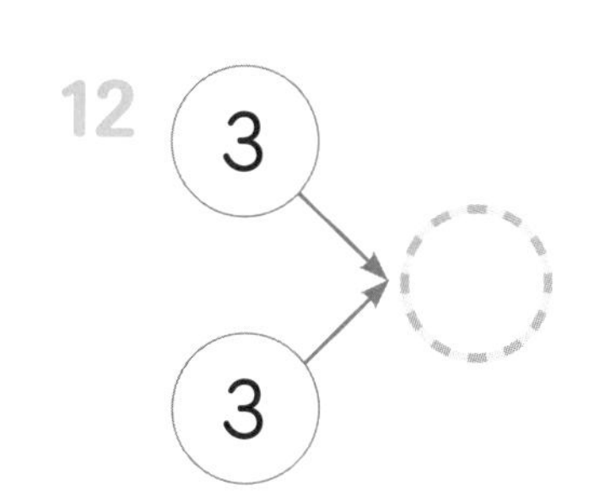

13
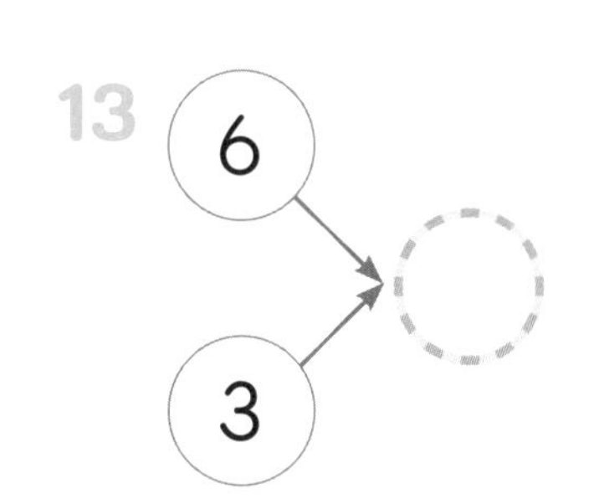

14
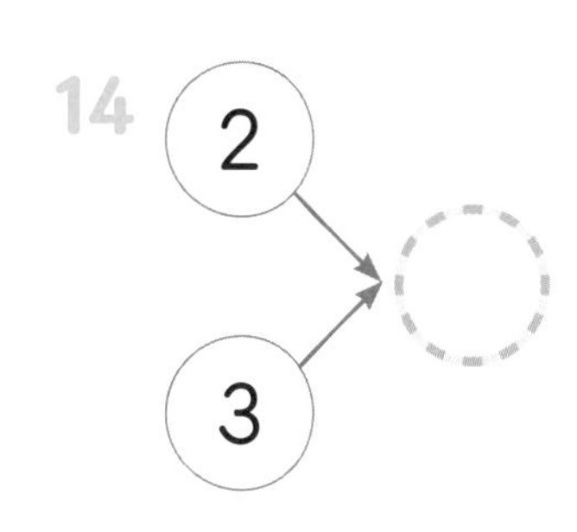

07 A 5까지의 수 가르기부터 해봐요

한쪽의 개수를 1, 2, 3으로 먼저 세고, 나머지의 개수를 다시 1, 2로 세어 두 수로 가를 수 있습니다.

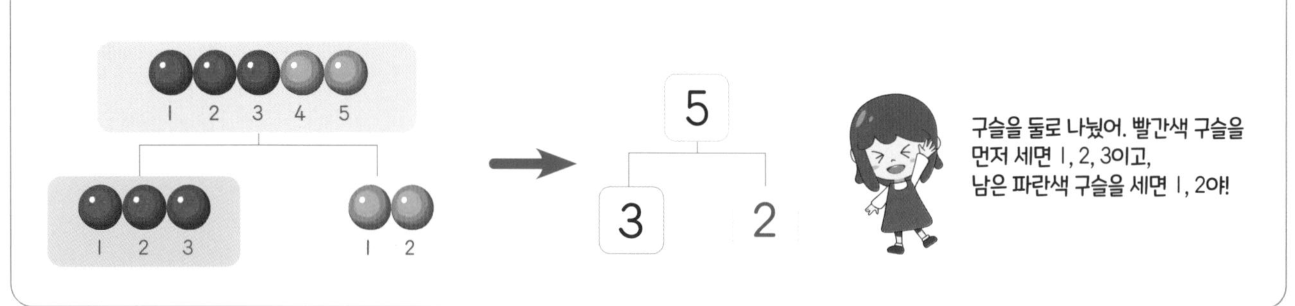

개수를 세어 가르기를 하세요.

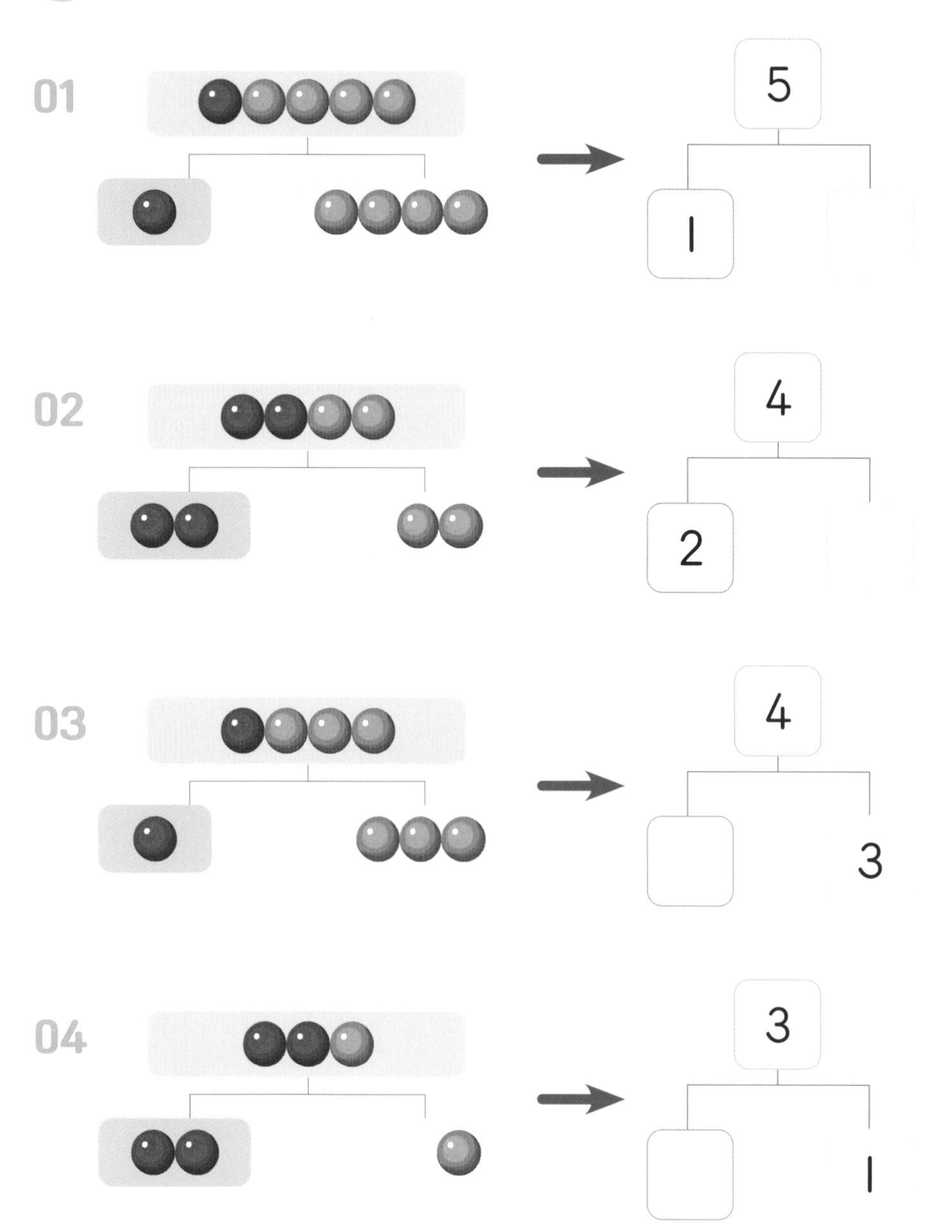

개수만큼 ○를 그리고 가르기를 하세요.

B 9까지의 수 가르기도 해 볼까요?

개수를 세어 가르기를 하세요.

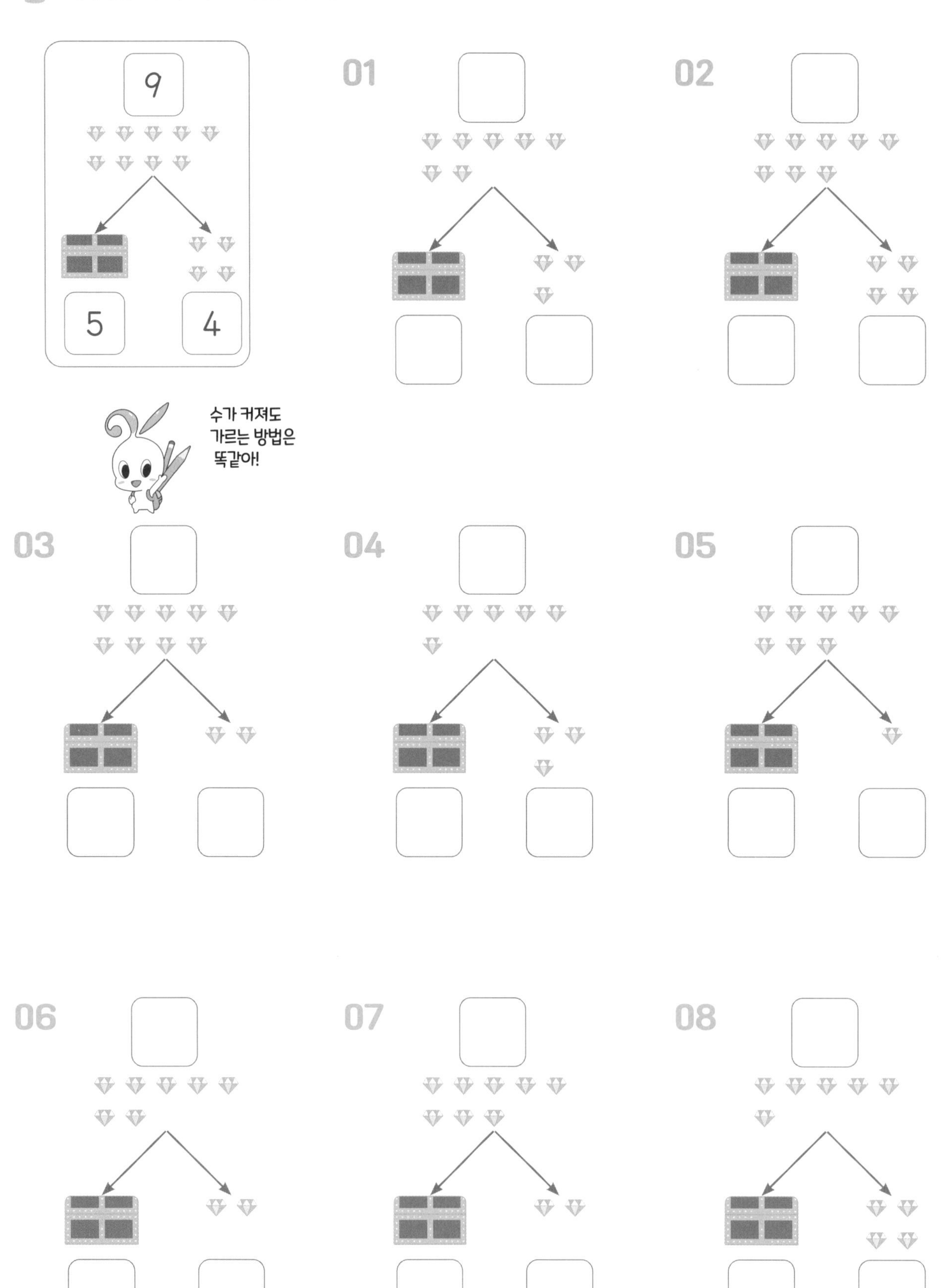

공부한 날 : 월 일

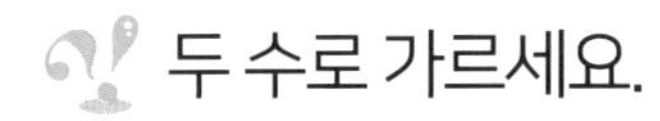

두 수로 가르세요.

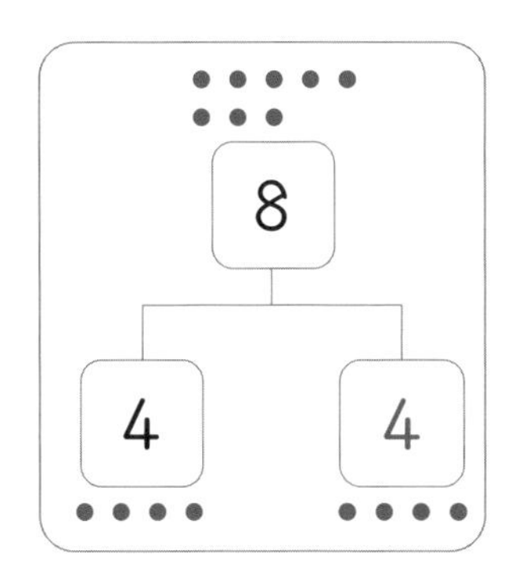

01
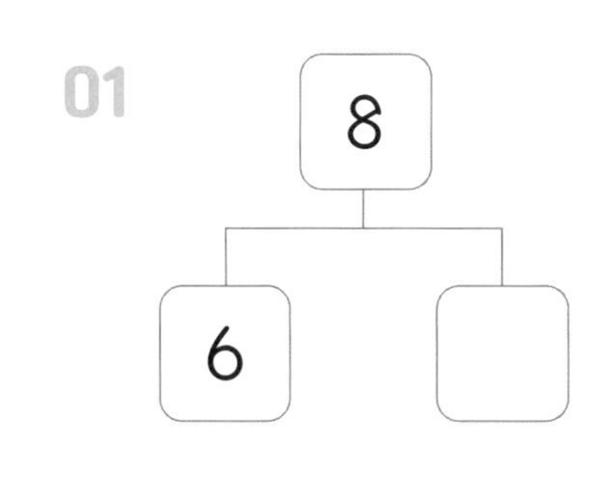

02
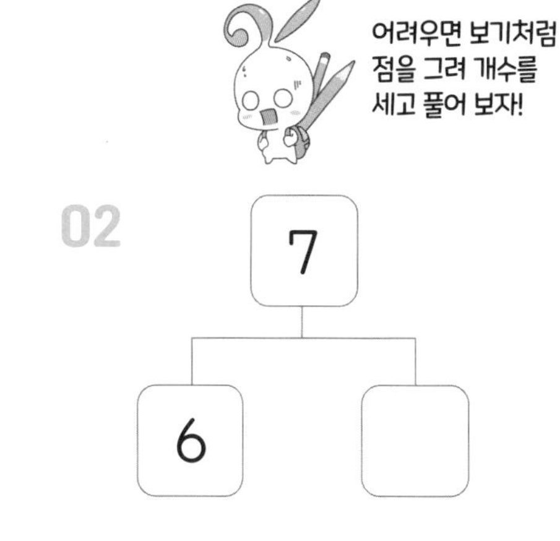

03
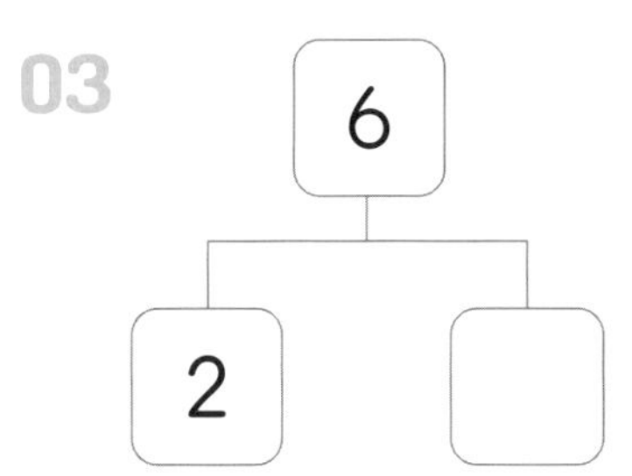

04
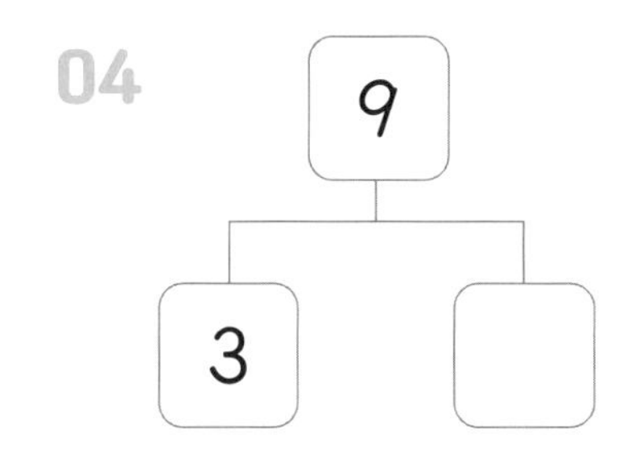

05
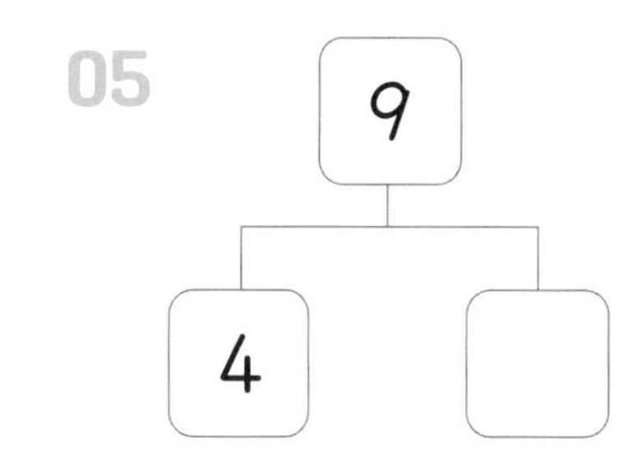

06
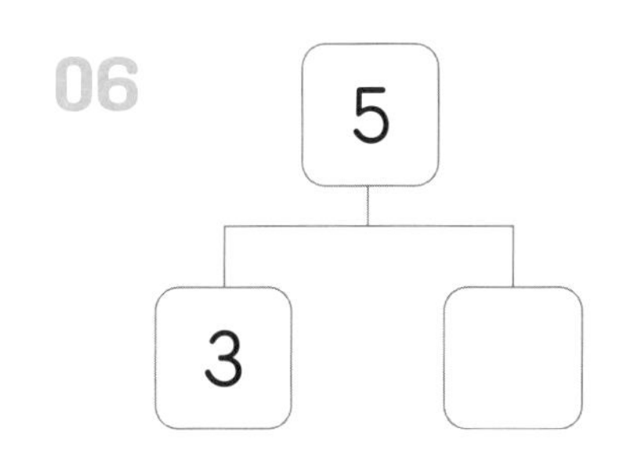

07
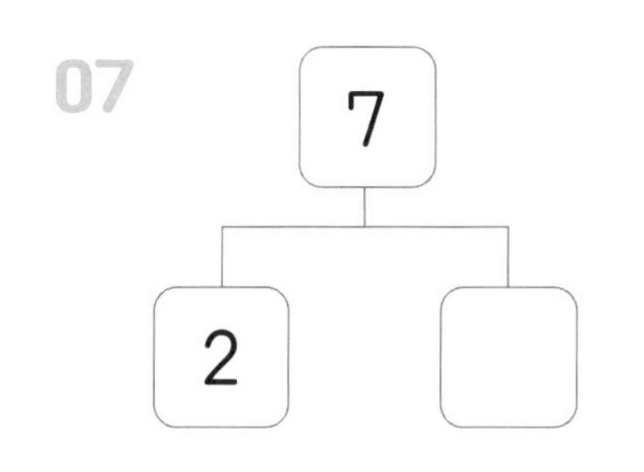

08
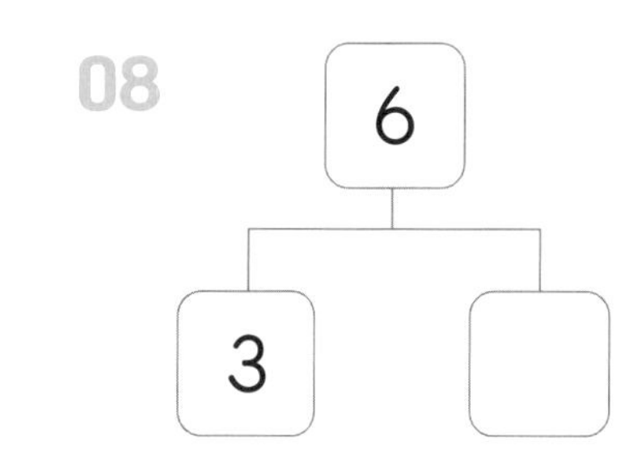

09
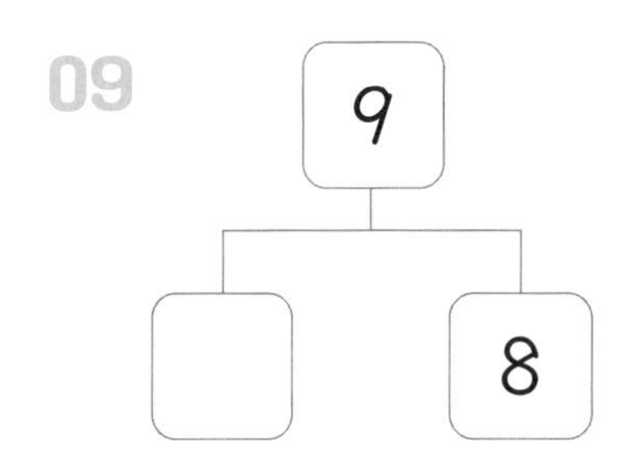

10
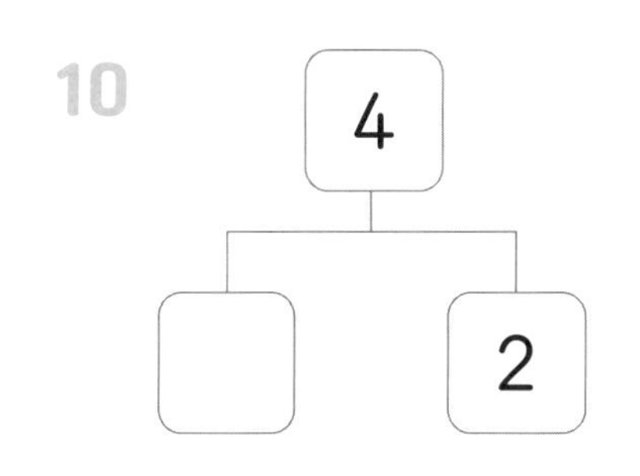

11
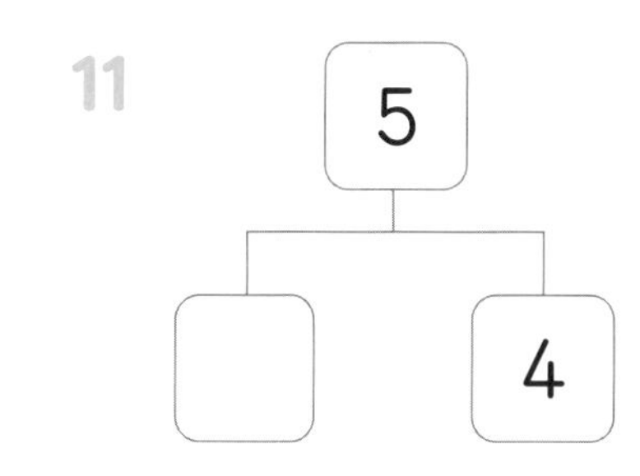

12
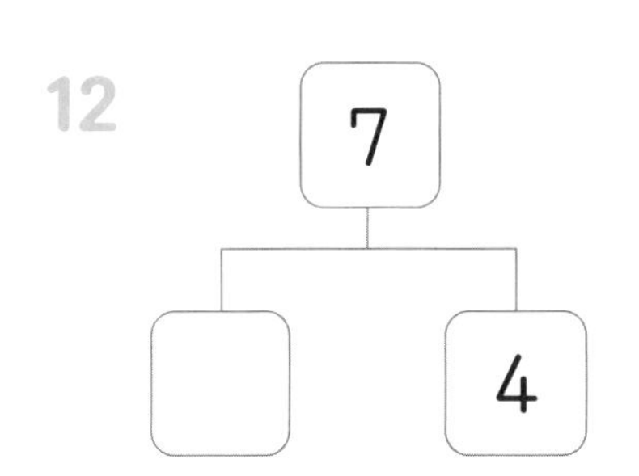

13
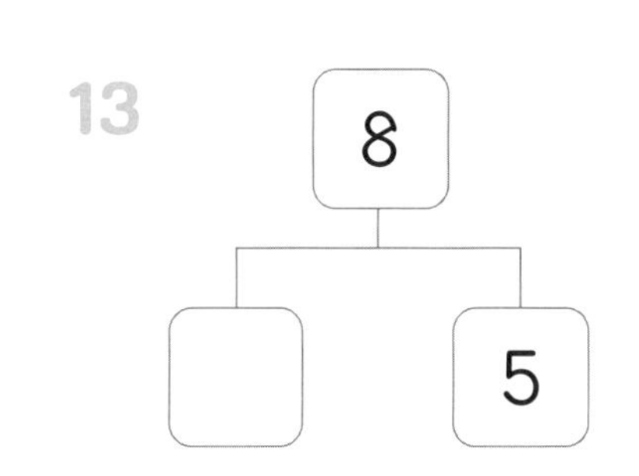

14
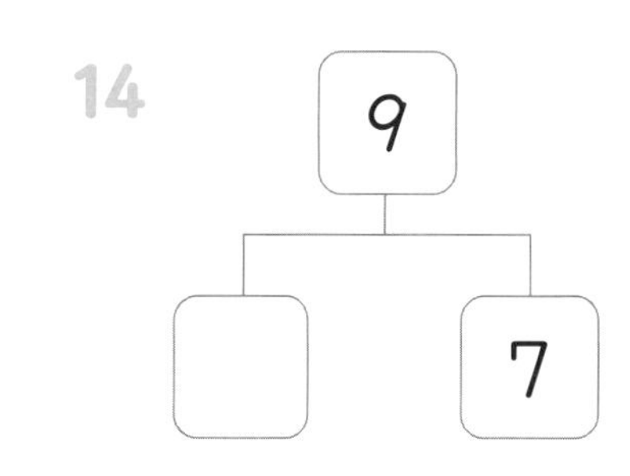

08 A 가르기 연습
수만 보고 갈라 봐요

두 수로 가르세요.

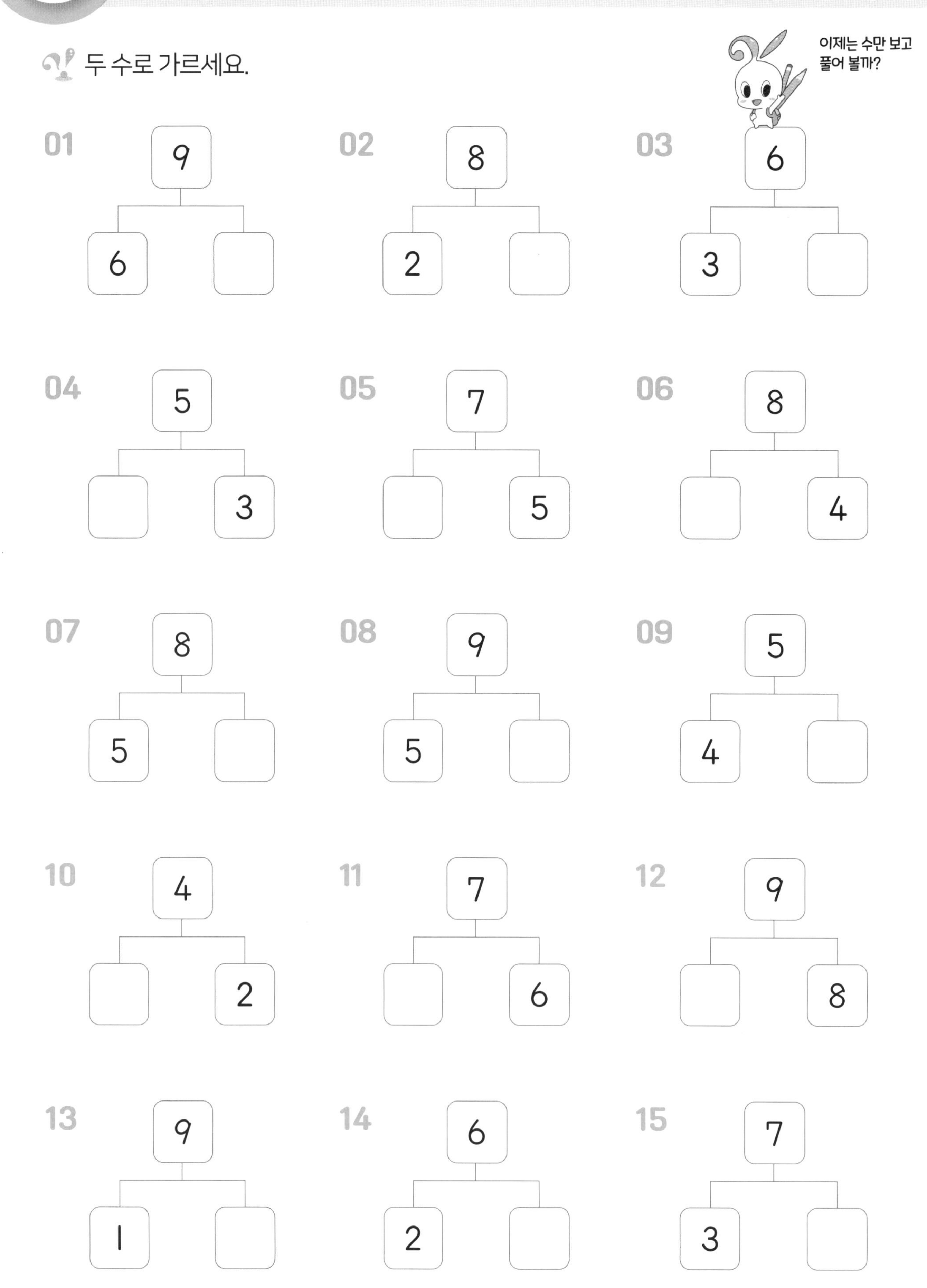

두 수로 가르세요.

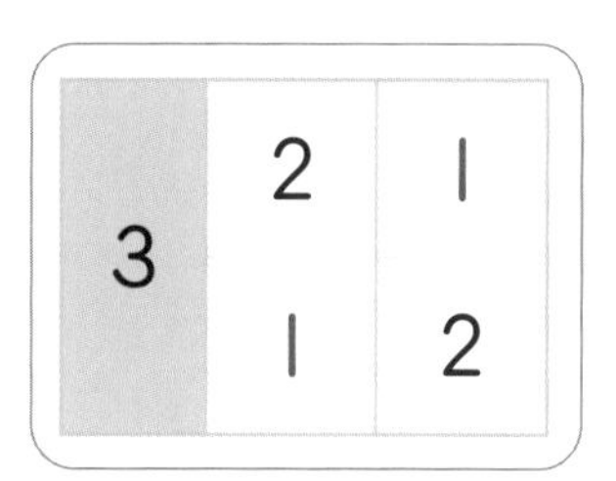

01

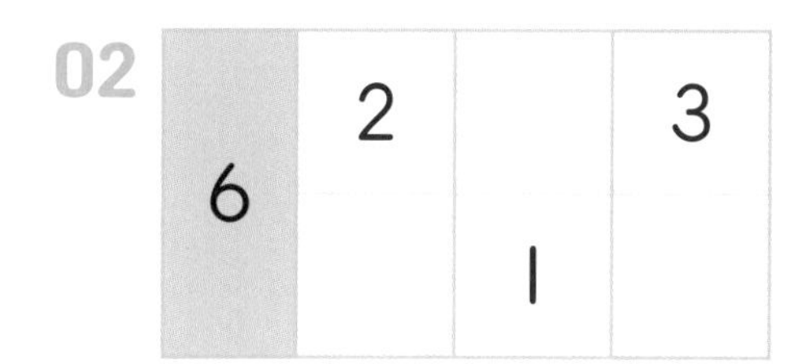

02

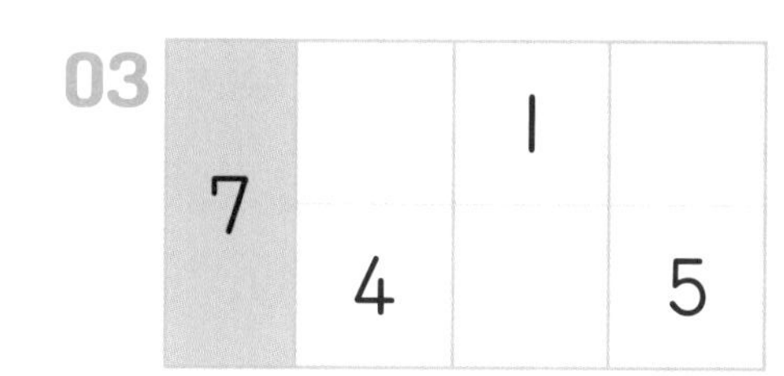

03

04

8		2	
	4		3

05

5		4	
	2		3

06

6	1		3	
		2		5

07

7	2		1	
		3		4

08

9		8		2
	5		6	

09

8		2		5
	7		4	

08 B 가르기를 한 번 더 연습해요

두 수로 가르세요.

01

8	
1	

02

7	
4	

03

7	
2	

04

4	
	3

05

9	
	3

06

8	
	4

07

5	
4	

08

8	
5	

09

9	
4	

10

5	
	2

11

6	
	5

12

7	
	1

13

8	
	6

14

9	
	7

15

6	
2	

두 수로 가르세요.

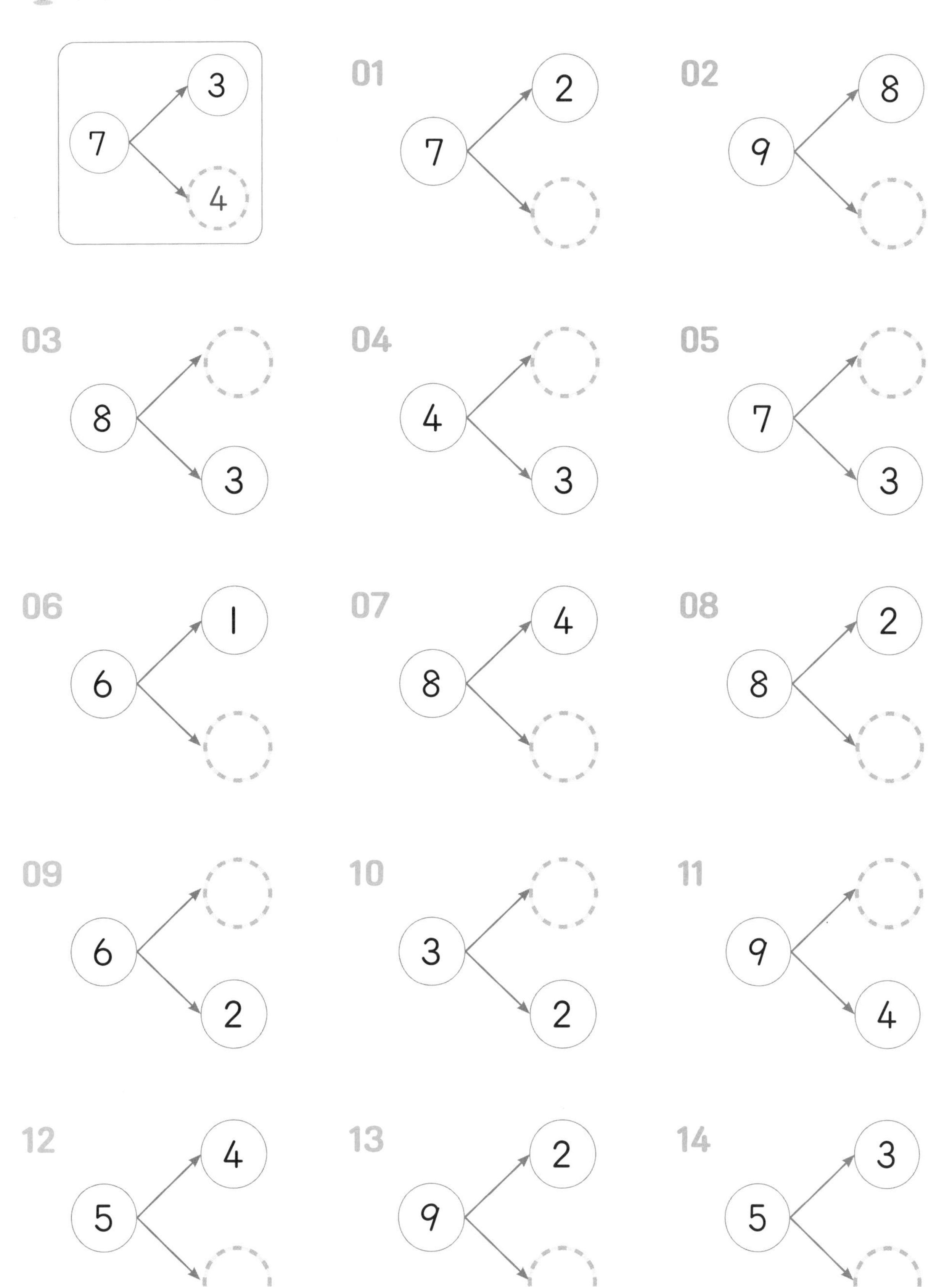
7
3
4
01
7
2
02
9
8
03
8
3
04
4
3
05
7
3
06
6
1
07
8
4
08
8
2
09
6
2
10
3
2
11
9
4
12
5
4
13
9
2
14
5
3

09 A 세 수를 모아요

모으기를 두 번 해서 세 수를 모을 수 있습니다.

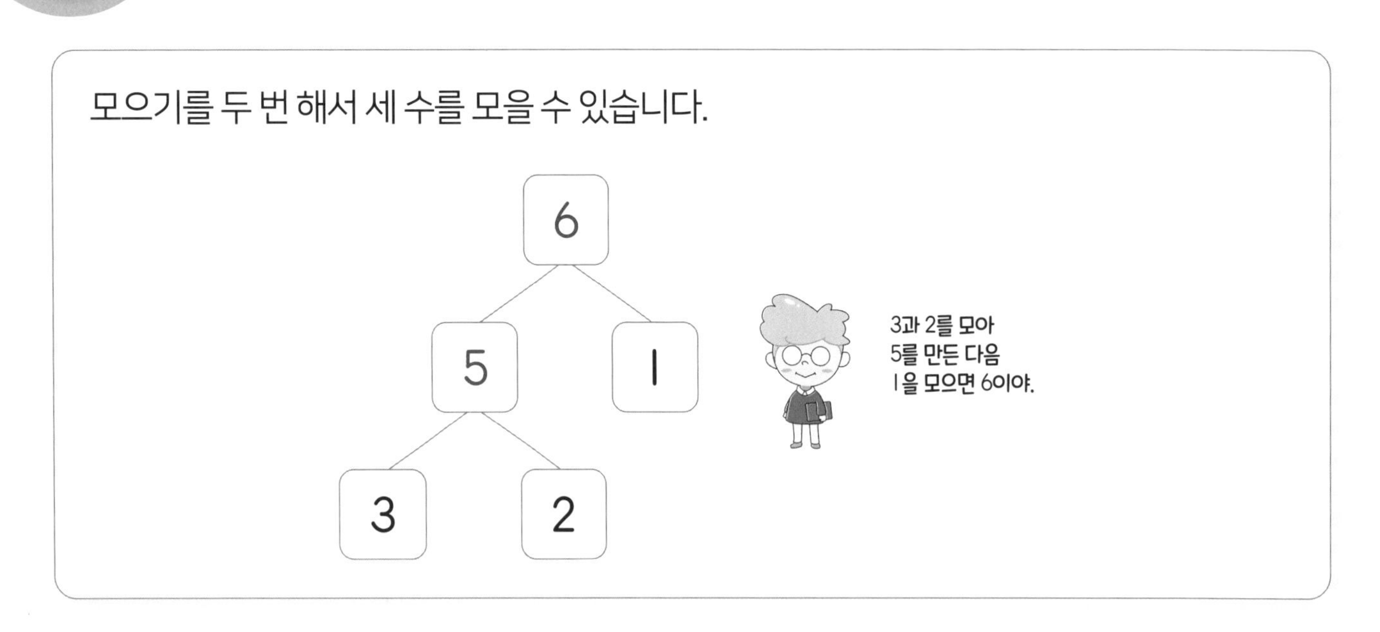

□ 안에 알맞은 수를 써넣으세요.

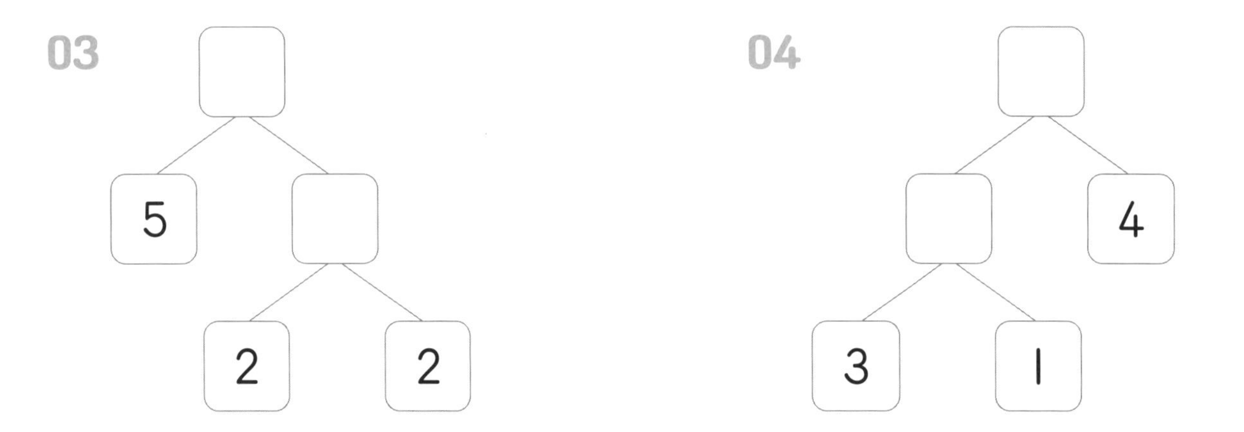

세 수를 모으세요.

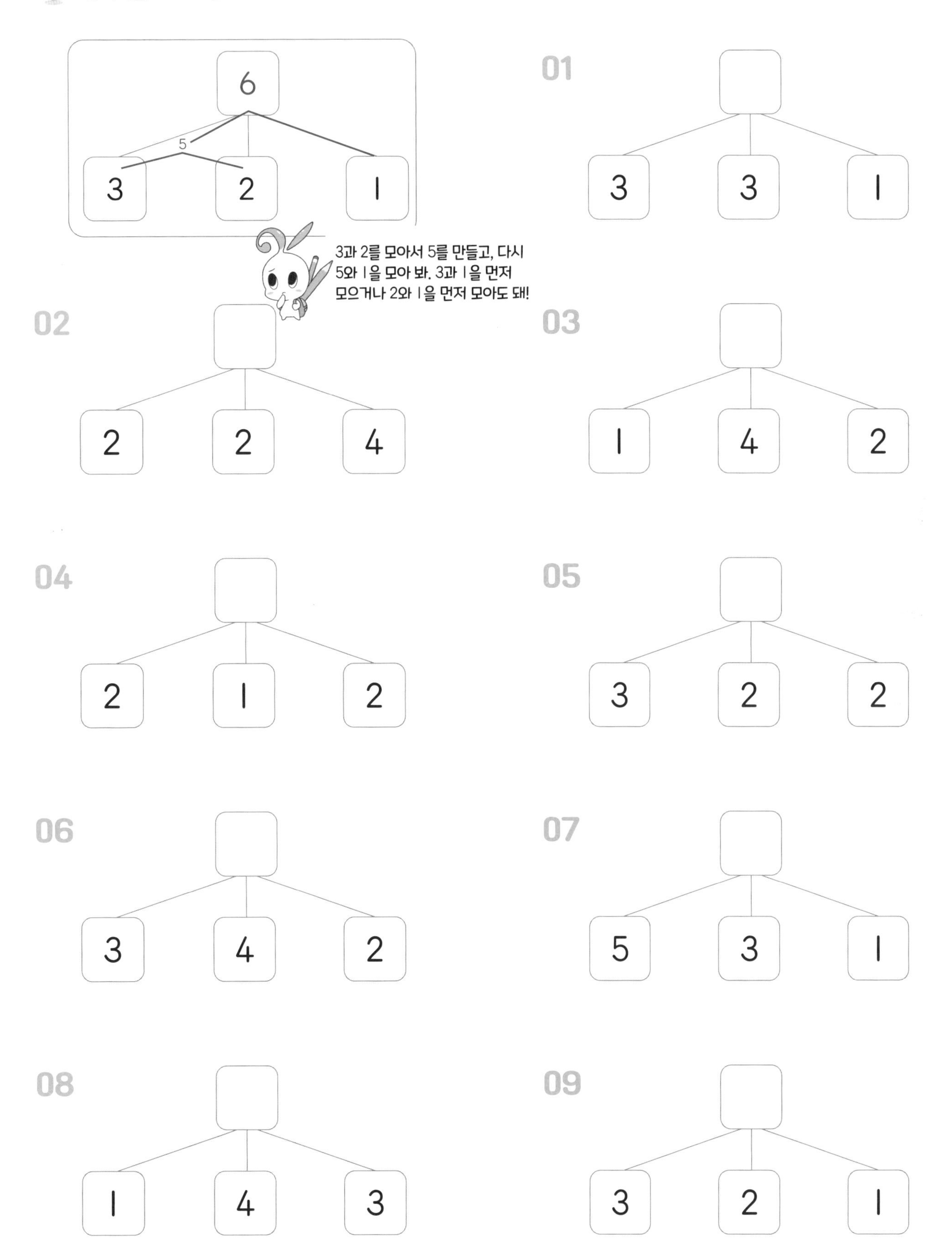
6
5
3
2
1
3과 2를 모아서 5를 만들고, 다시 5와 1을 모아 봐. 3과 1을 먼저 모으거나 2와 1을 먼저 모아도 돼!
01
3
3
1
02
2
2
4
03
1
4
2
04
2
1
2
05
3
2
2
06
3
4
2
07
5
3
1
08
1
4
3
09
3
2
1

09 B 세 수로 갈라요

가르기를 두 번 하여 세 수로 가르기를 할 수 있습니다.

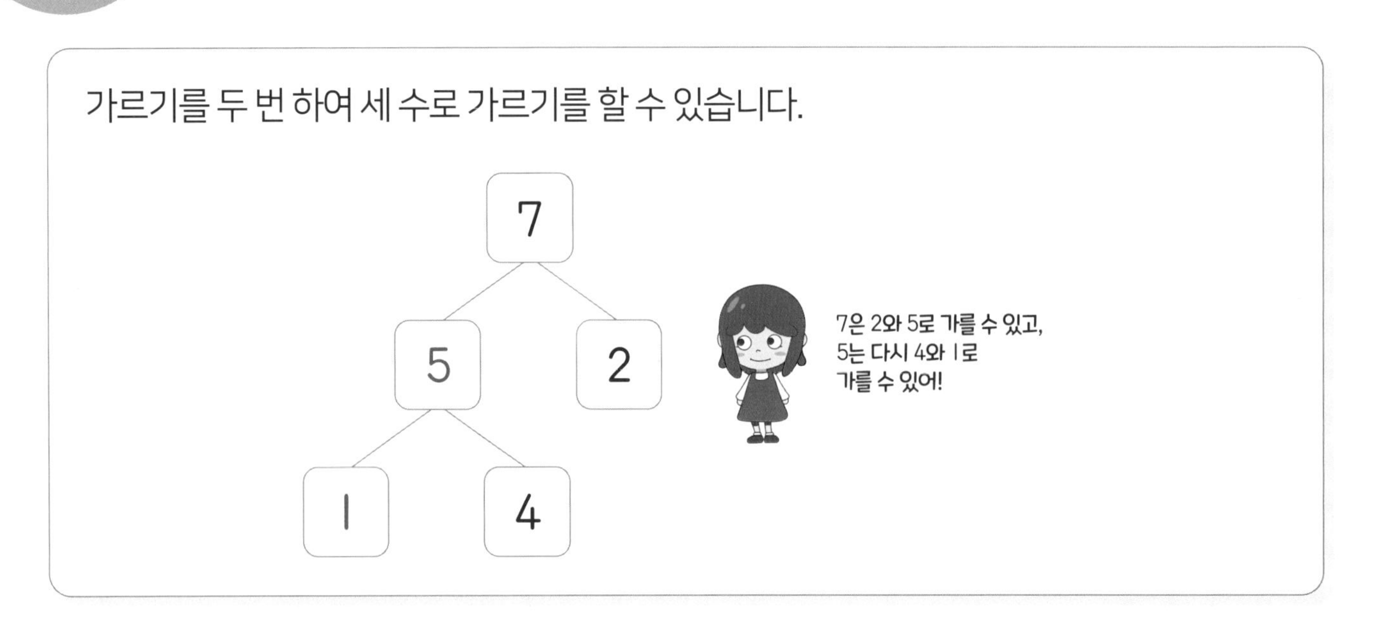

☐ 안에 알맞은 수를 써넣으세요.

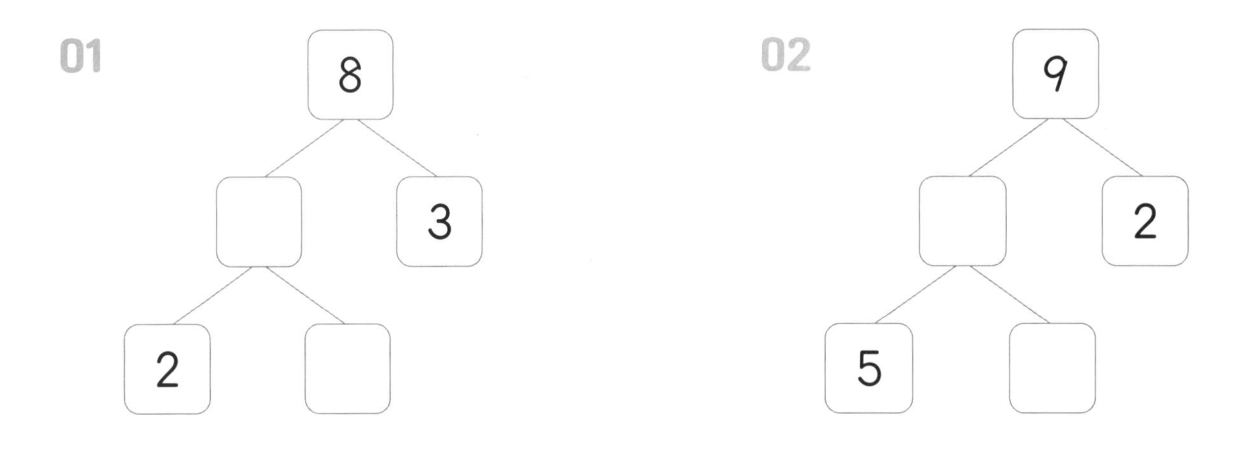

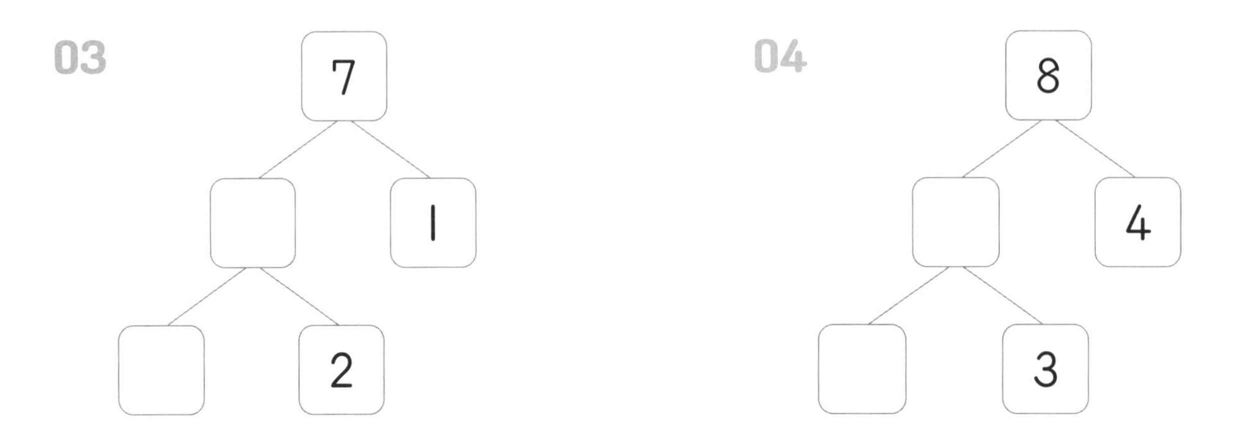

세 수로 가르기를 하고 있습니다. □ 안에 알맞은 수를 써넣으세요.

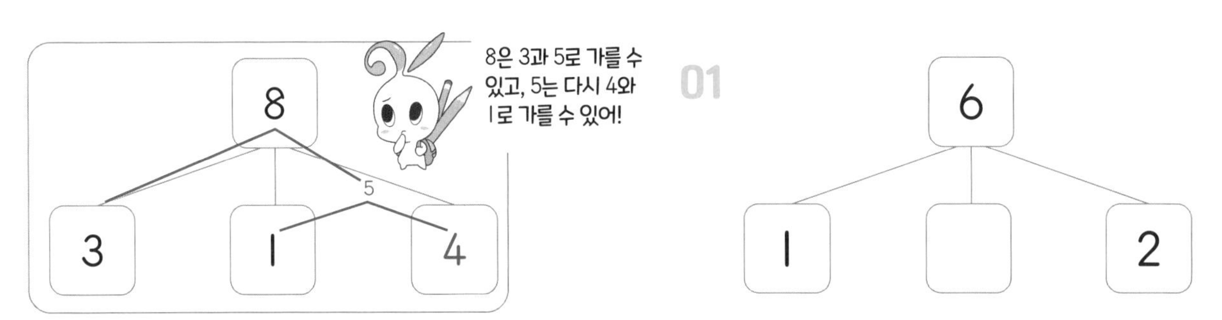

02

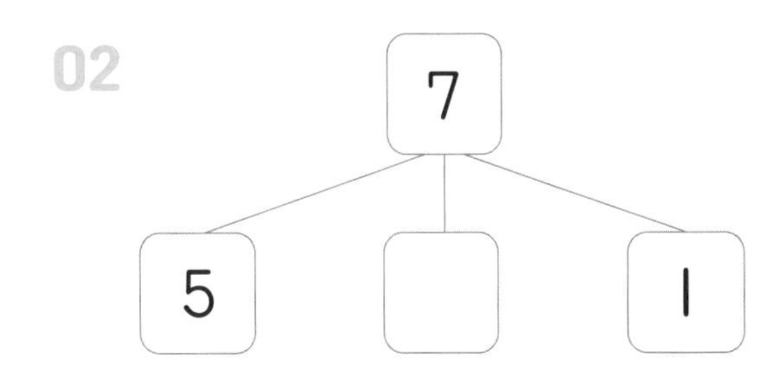

03

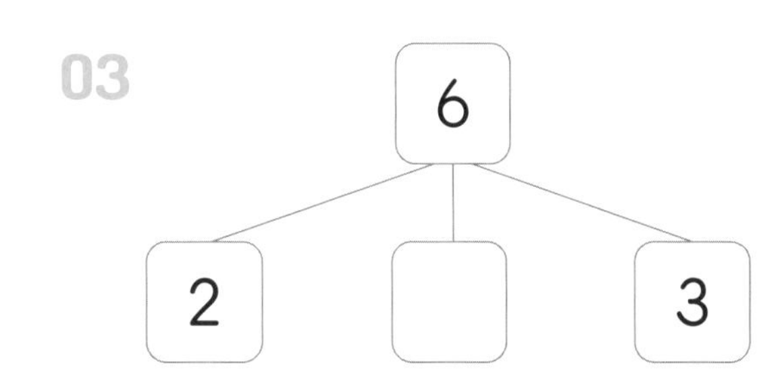

04

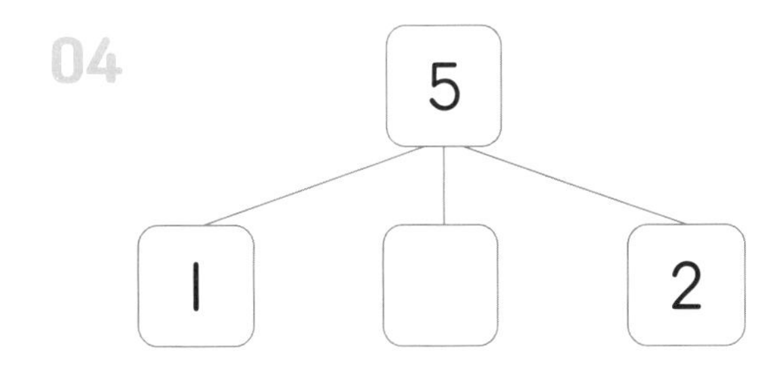

05

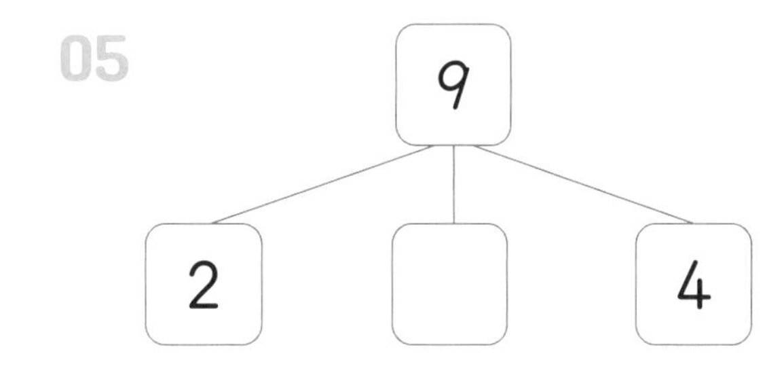

06

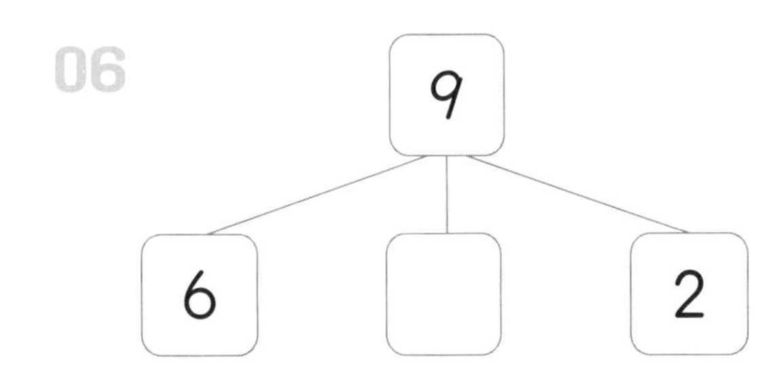

07

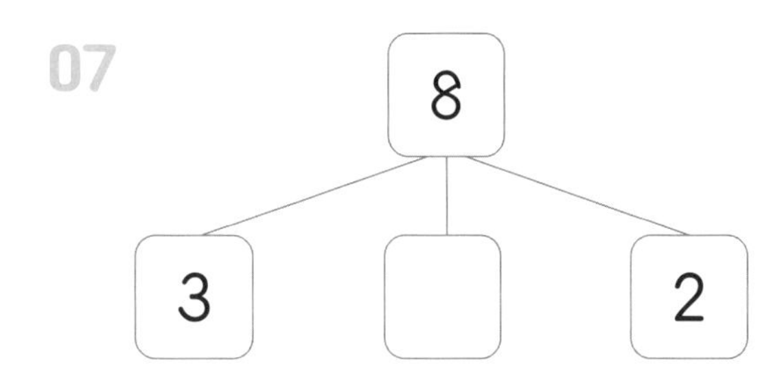

08

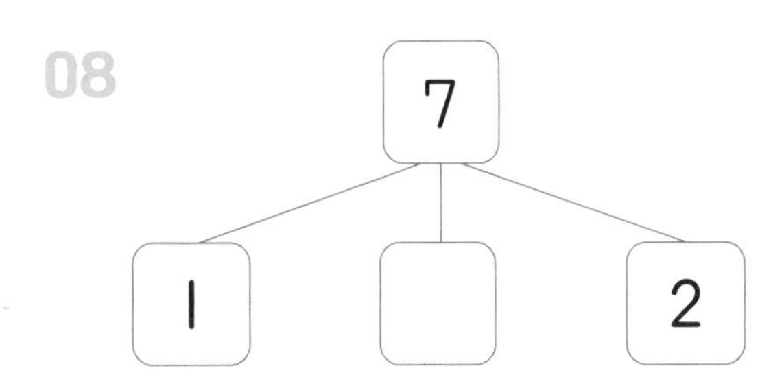

09

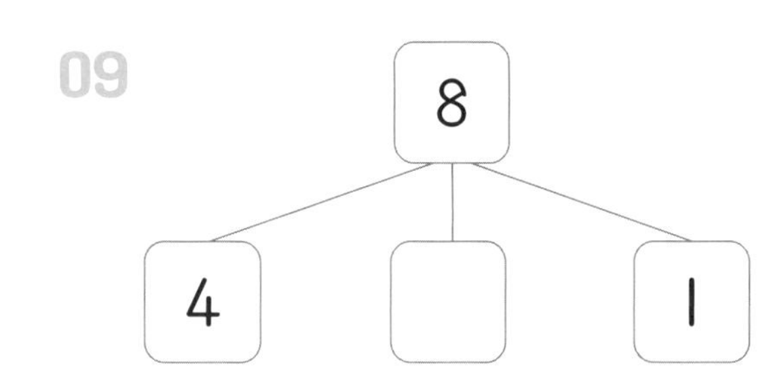

A 화살표 방향을 따라 두 수를 모아요

화살표가 가리키는 ○ 안에 두 수를 모은 수를 써넣습니다.

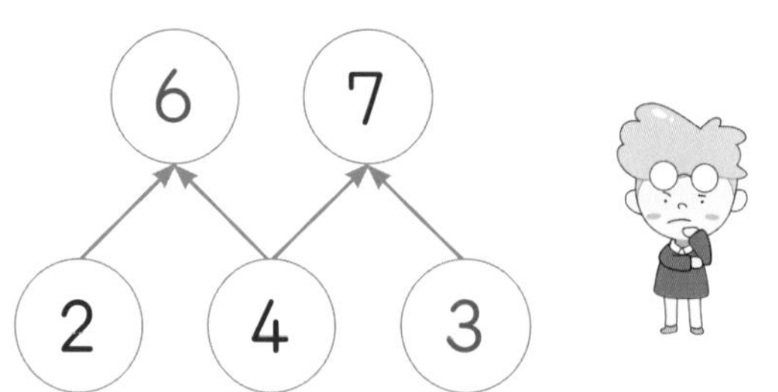

2와 4를 모으면 6이고, 4와 3을 모아야 7이 되니까 왼쪽과 같이 ○ 안에 수를 써넣을 수 있어!

수 모으기를 하는 중입니다. ○ 안에 알맞은 수를 써넣으세요.

01 02 03

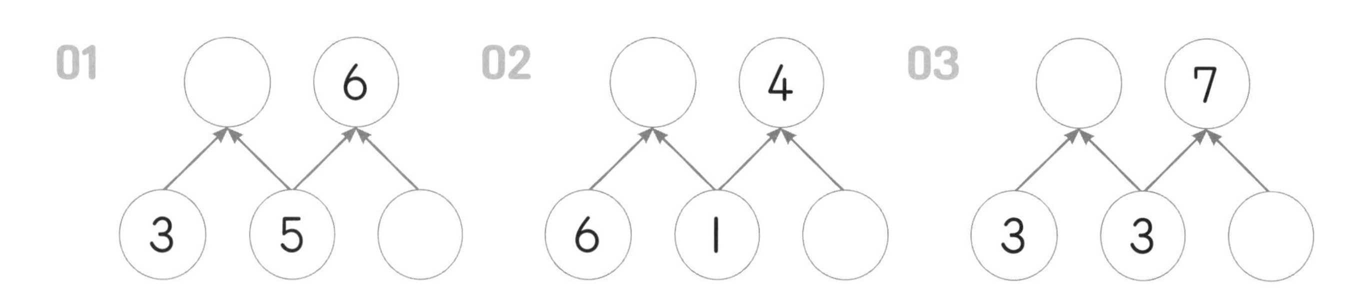

04 05 06

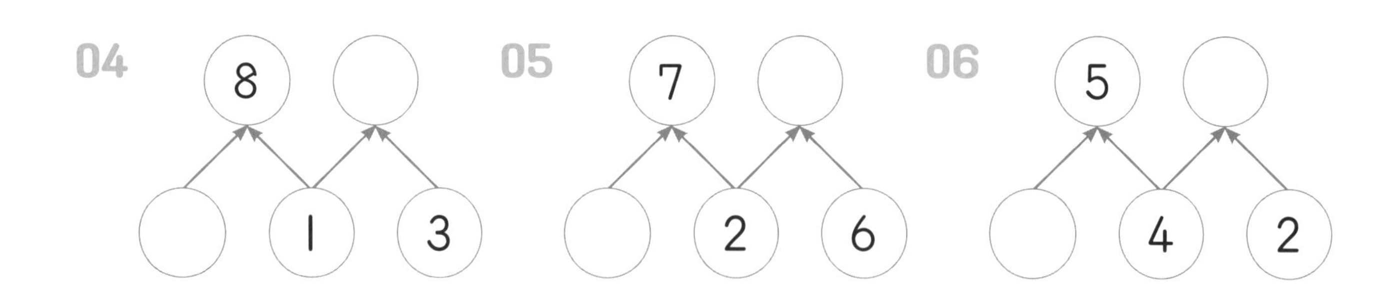

07 08 09

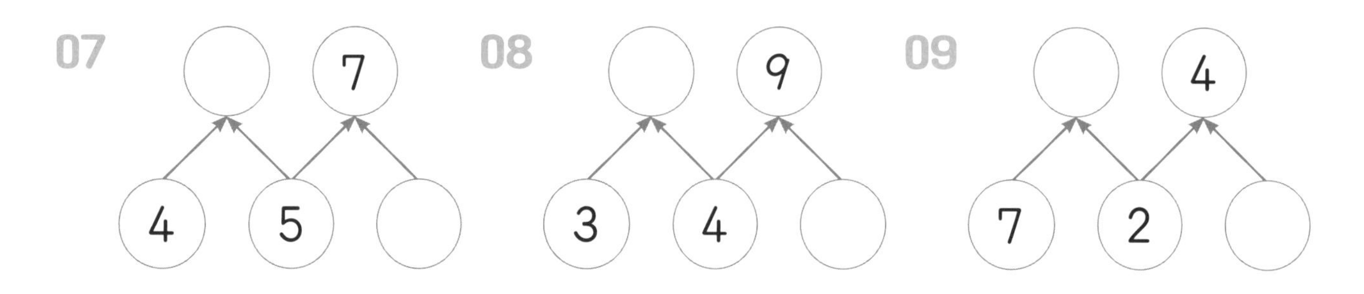

수 모으기를 하는 중입니다. ○ 안에 알맞은 수를 써넣으세요.

복잡해 보여도 화살표가 향하는 ○에 두 수를 모은 수를 써넣다 보면 완성할 수 있어!

01

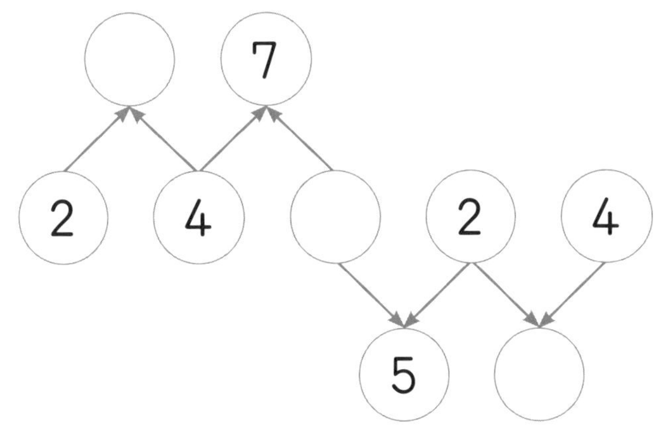

02

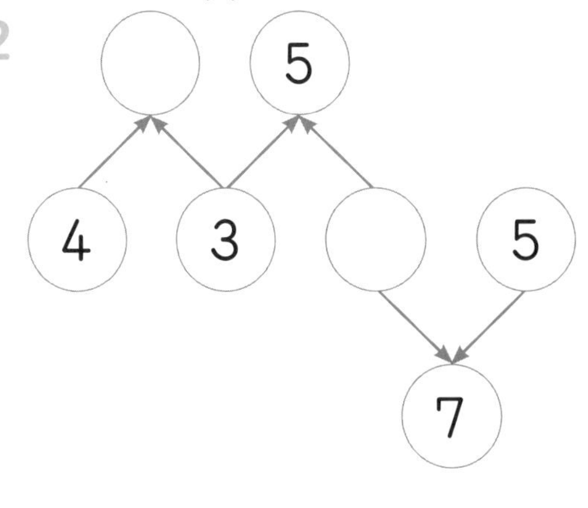

03

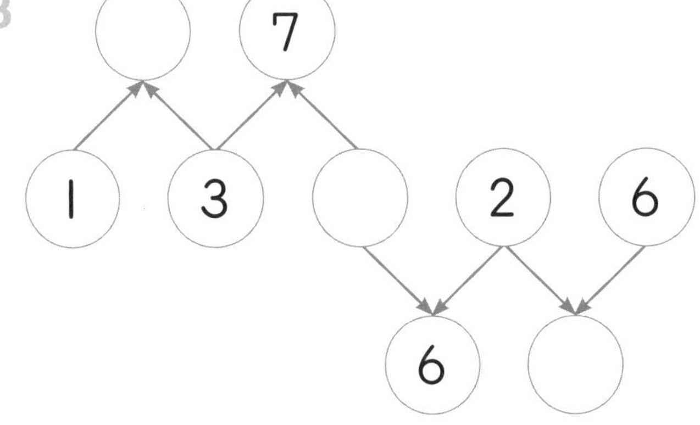

04

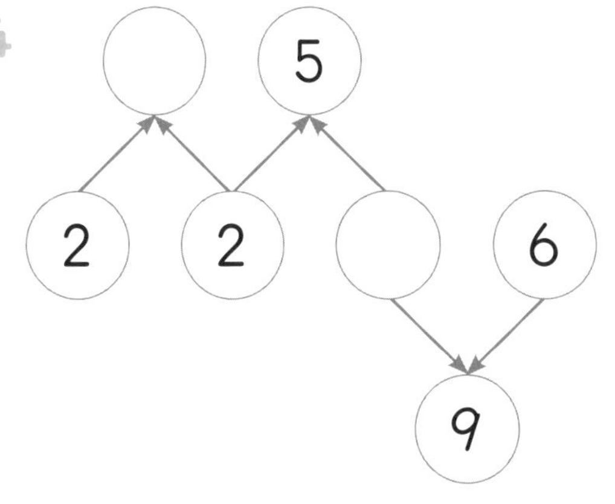

05

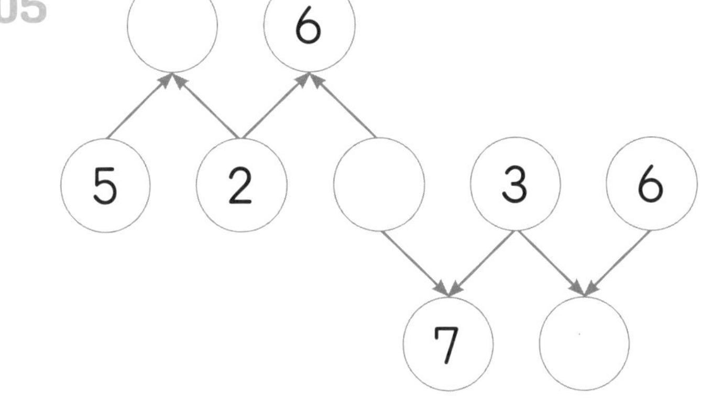

06

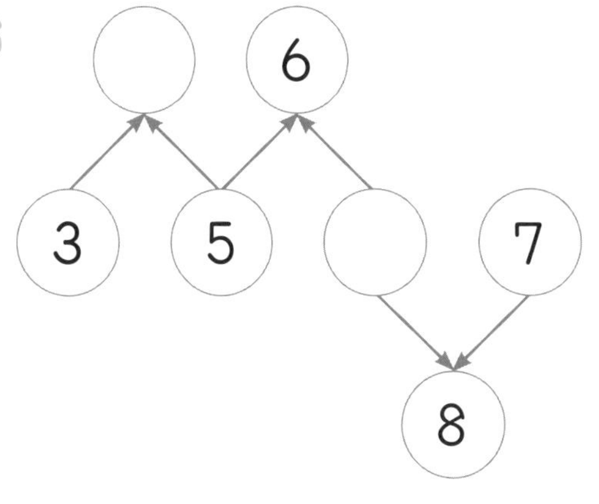

B 하나의 ○로 모이면 모으기, 두 개의 ○로 나뉘면 가르기예요

수 모으기를 하는 중입니다. ○ 안에 알맞은 수를 써넣으세요.

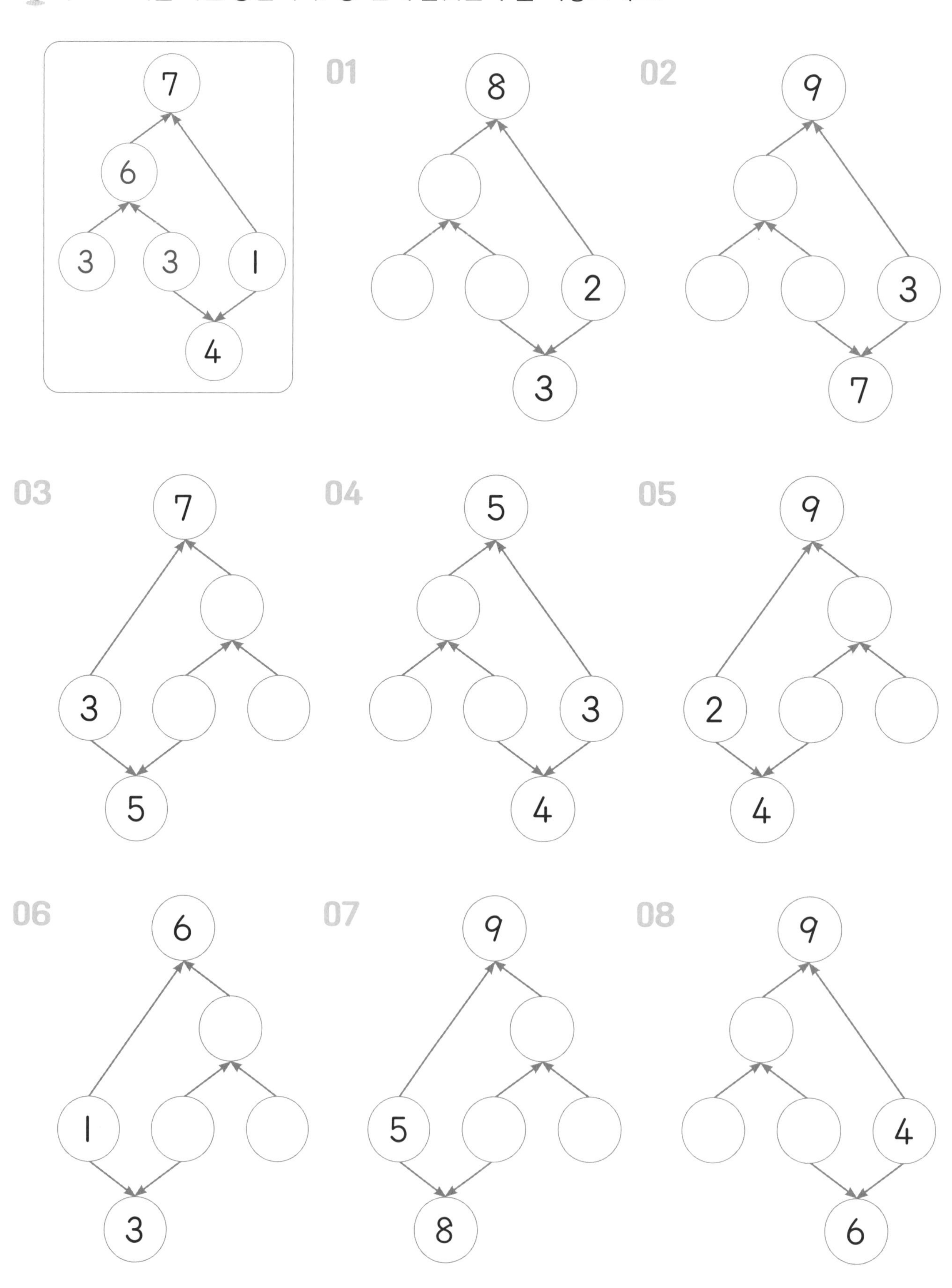

수 가르기를 하는 중입니다. ◯ 안에 알맞은 수를 써넣으세요.

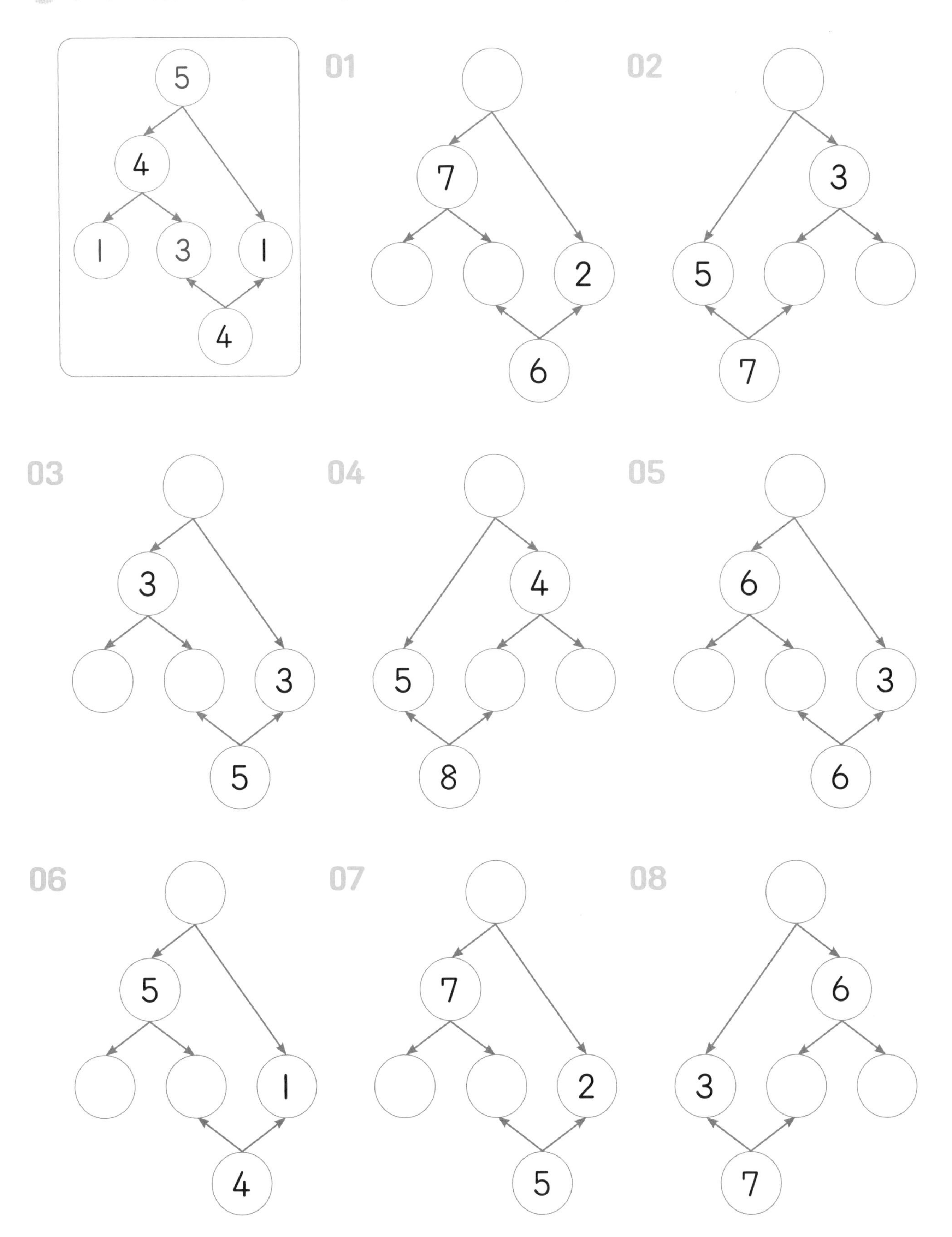

11 모으기, 가르기 종합 연습

A 모으기, 가르기 연습 문제를 풀어요

모으기, 가르기를 하고 있습니다. □ 안에 알맞은 수를 써넣으세요.

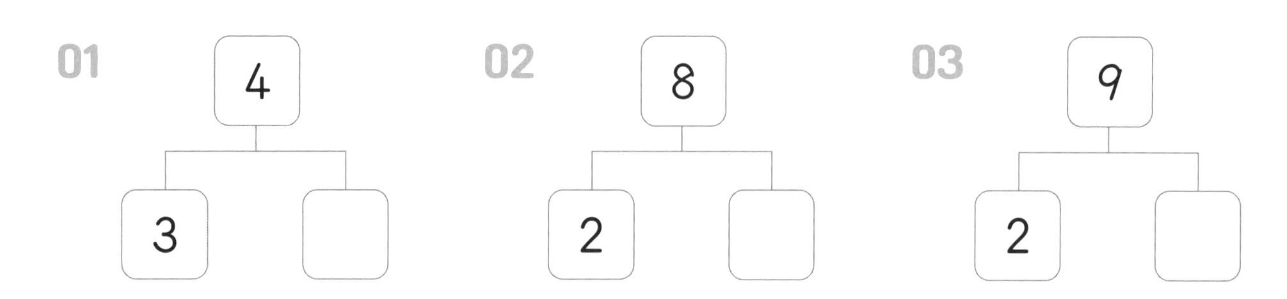

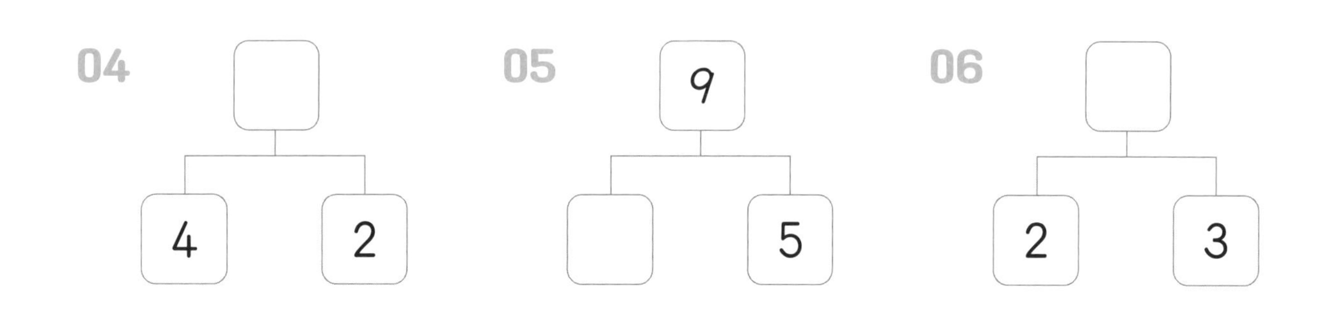

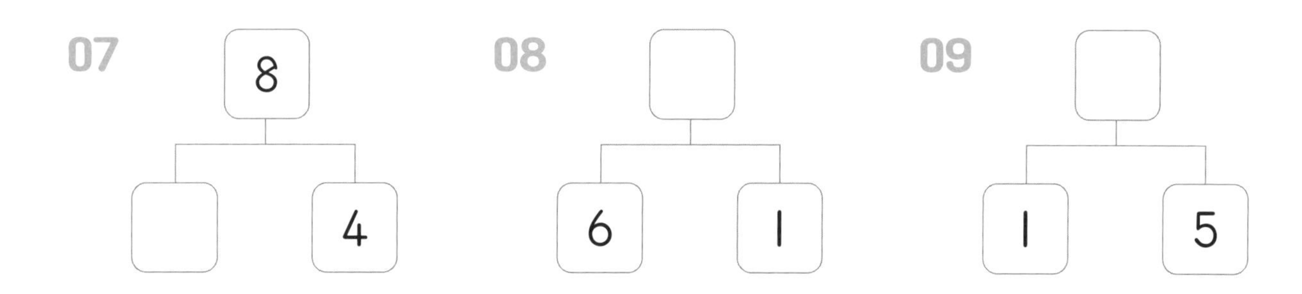

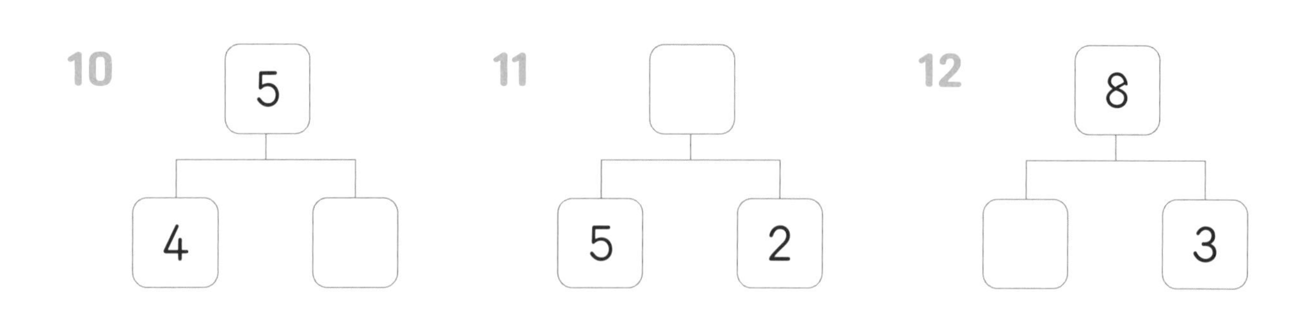

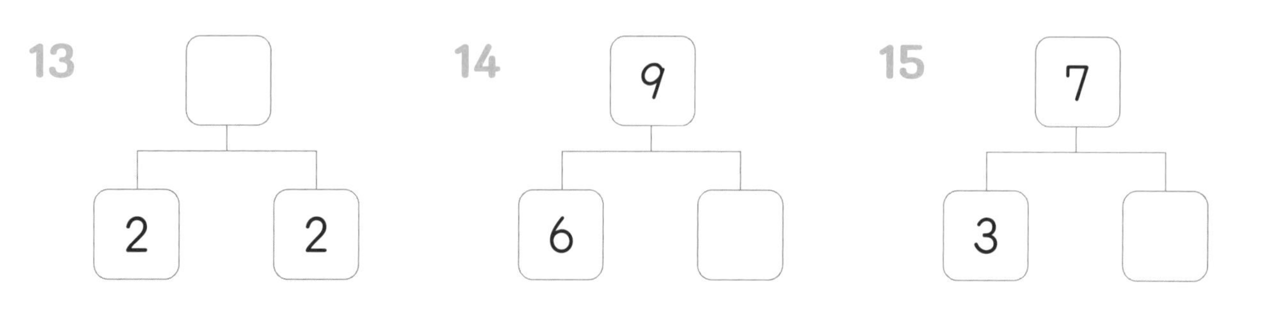

모으기, 가르기를 하고 있습니다. ◯ 안에 알맞은 수를 써넣으세요.

01
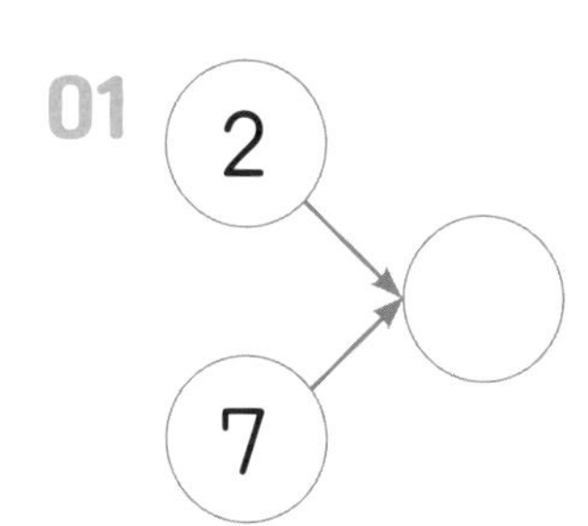

02
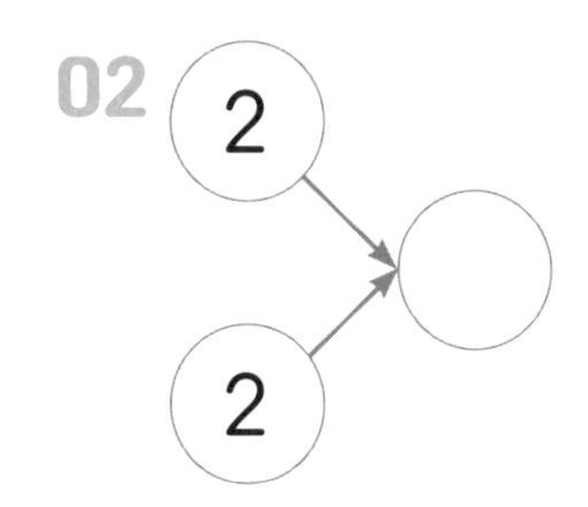

03
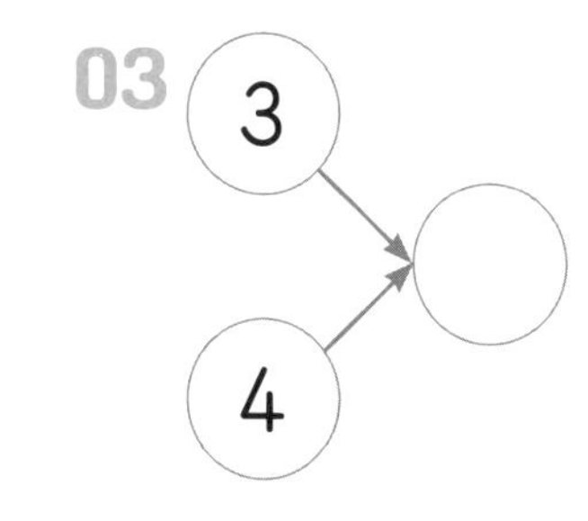

04
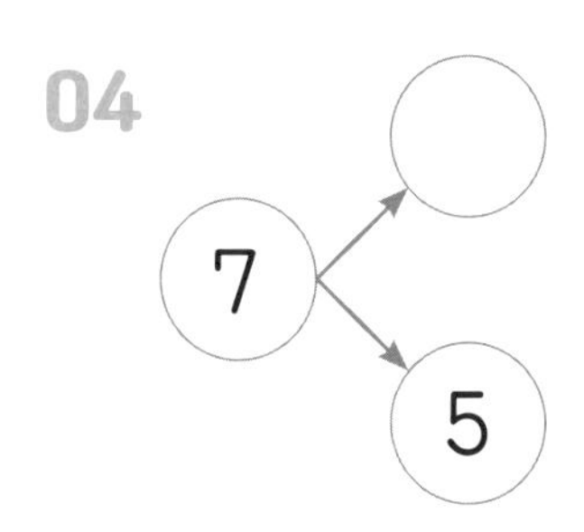

05
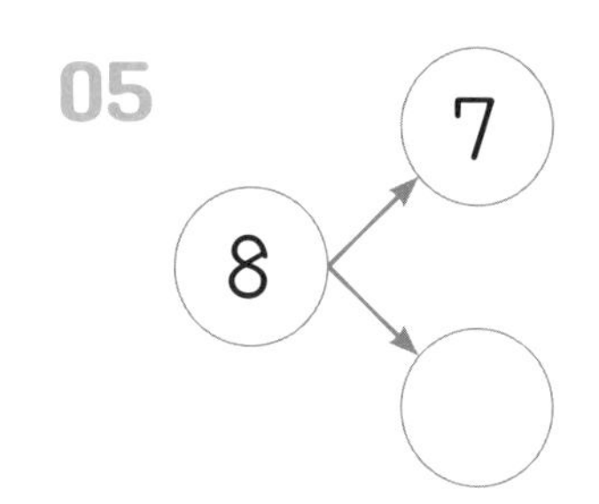

06
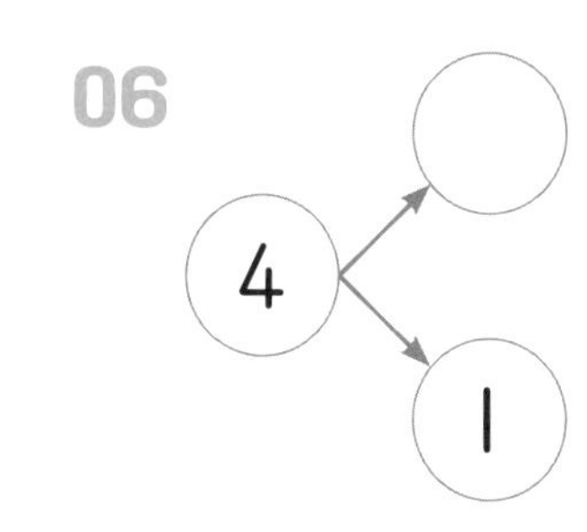

07
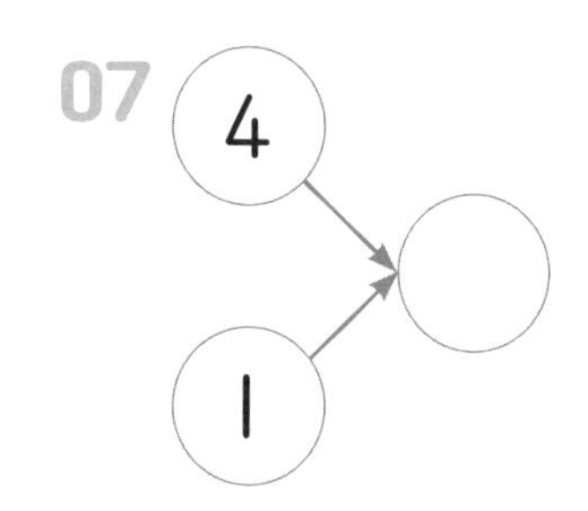

08
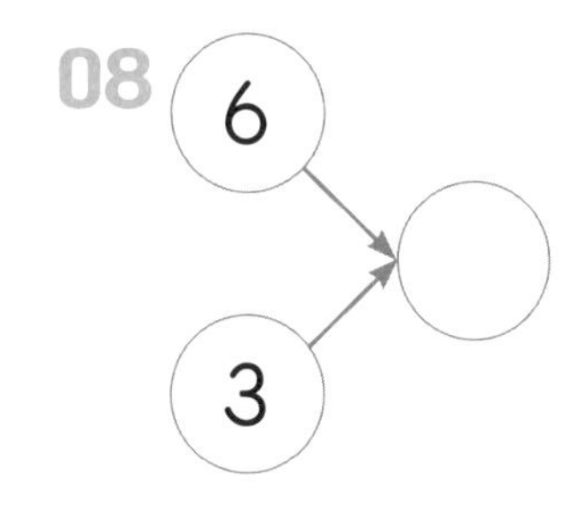

09
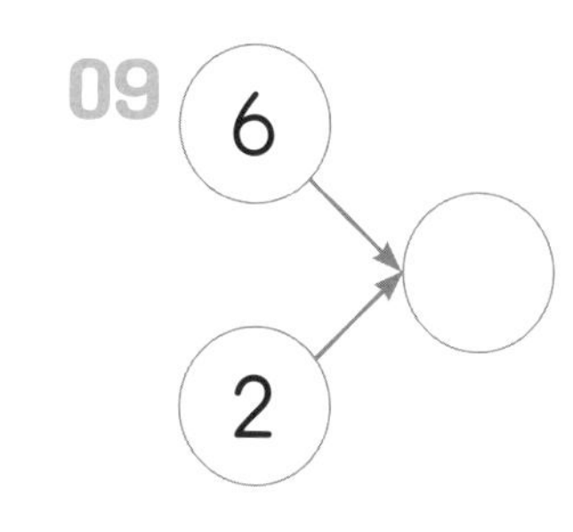

10
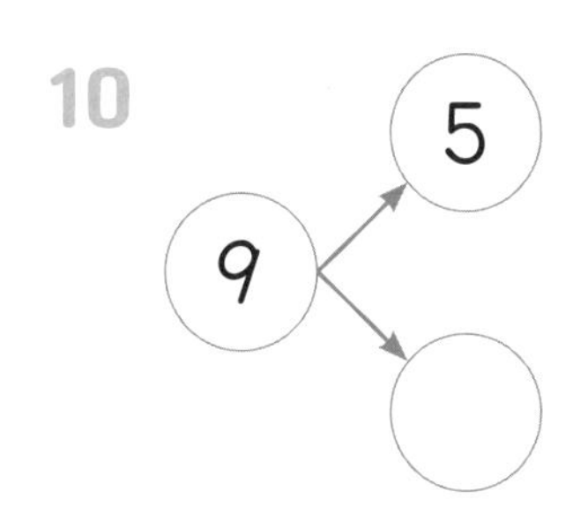

11
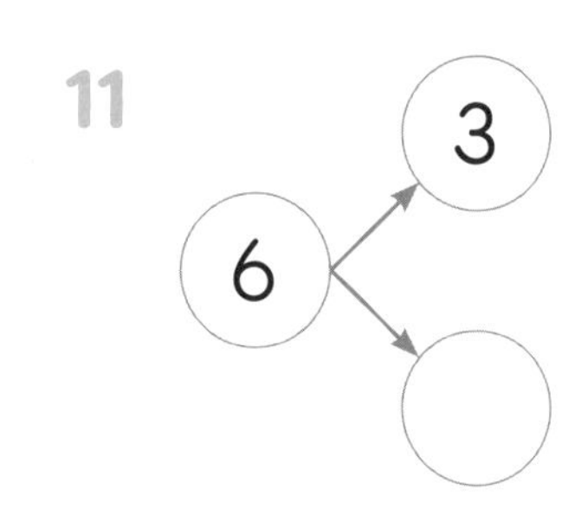

12
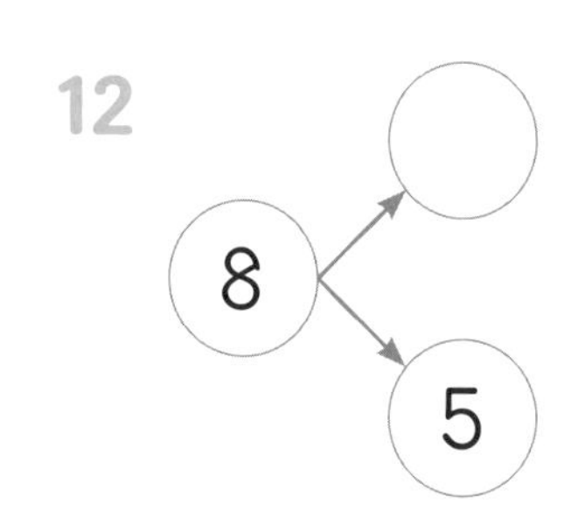

13
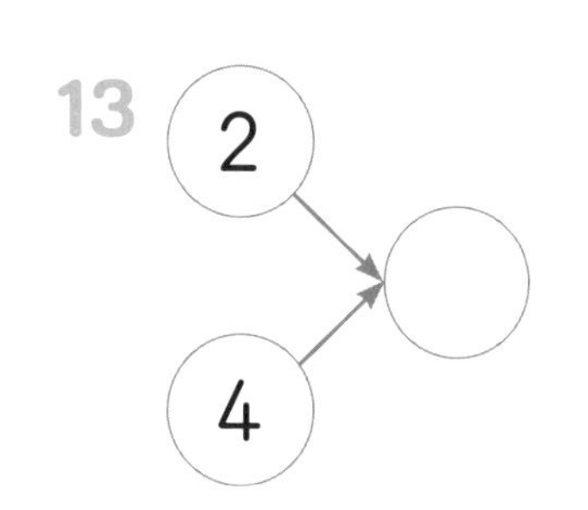

14
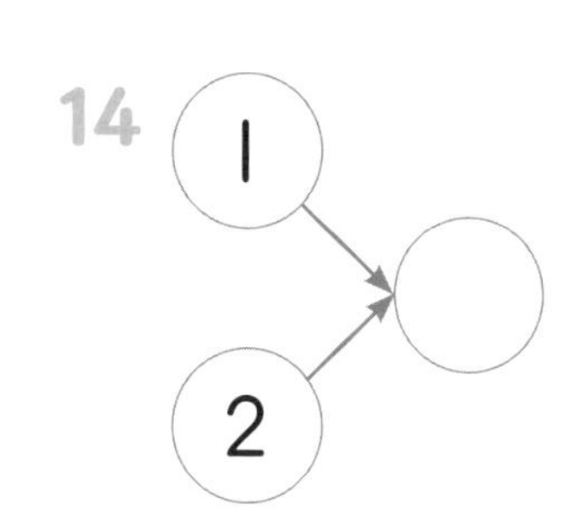

15
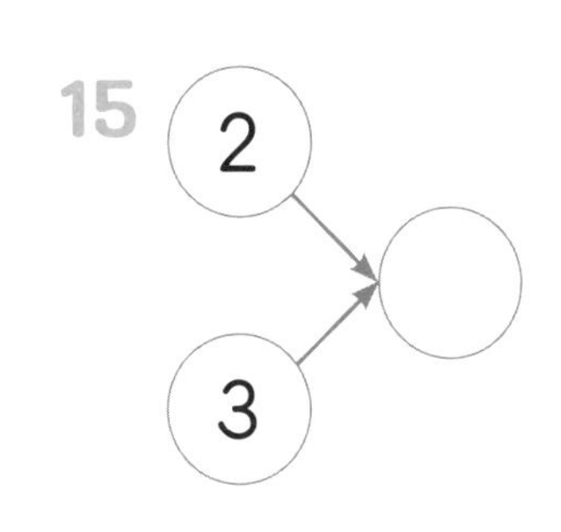

이런 문제를 다루어요

01 그림을 보고 모으기를 하세요.

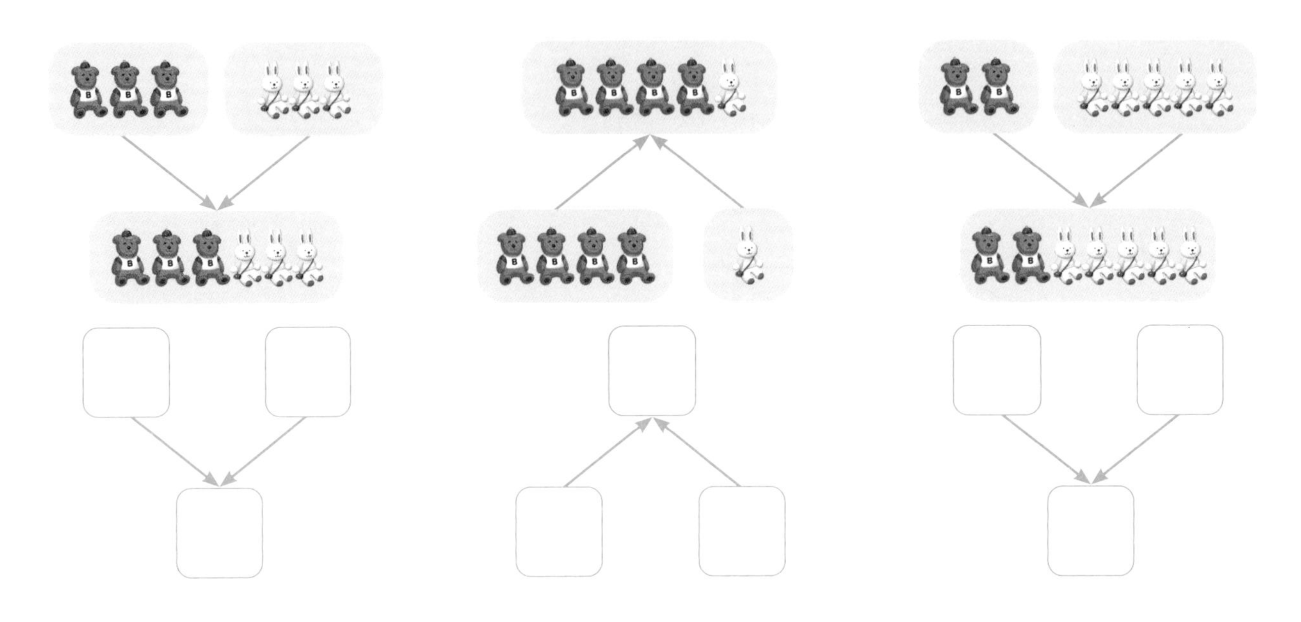

02 아래 그림과는 다른 방법으로 공 9개를 보다 에 더 많게 가르기 하세요.

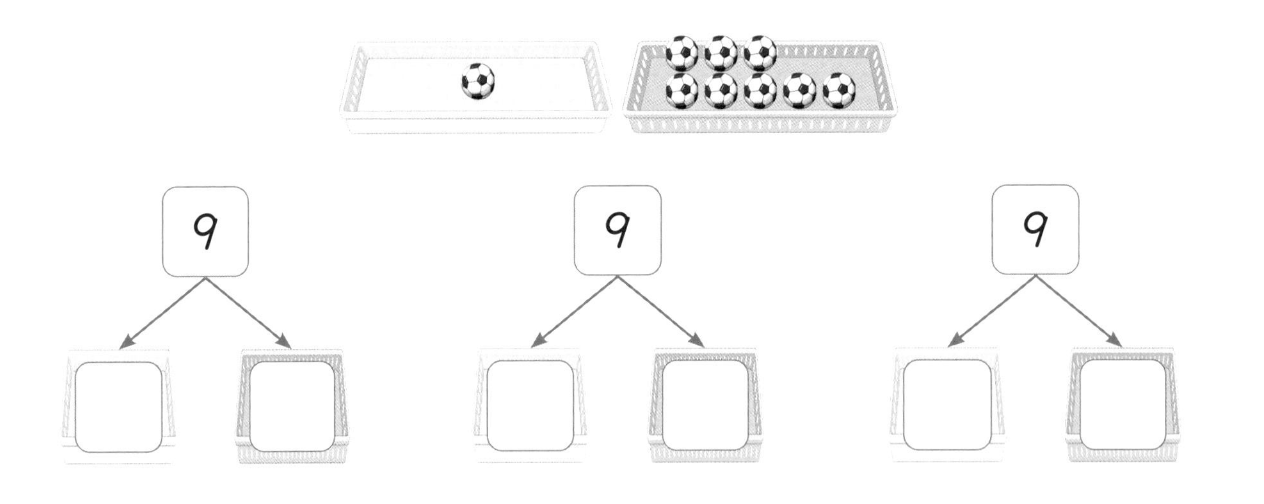

03 모으기를 하세요.

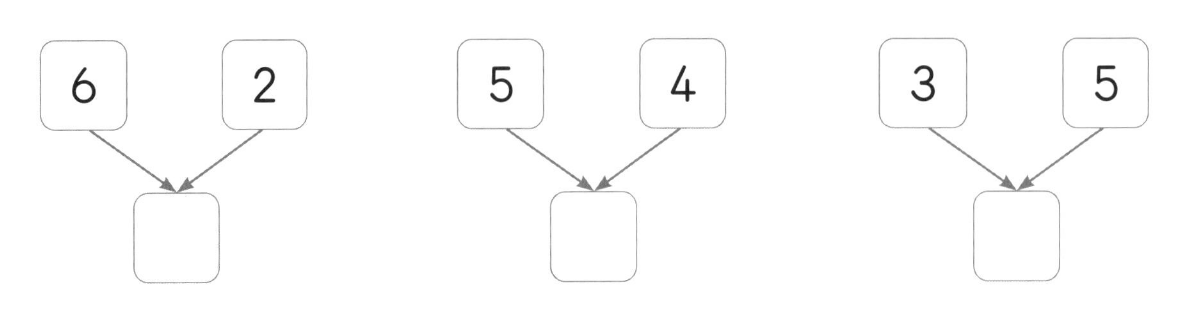

04 서로 다른 방법으로 5를 가르기 하세요.

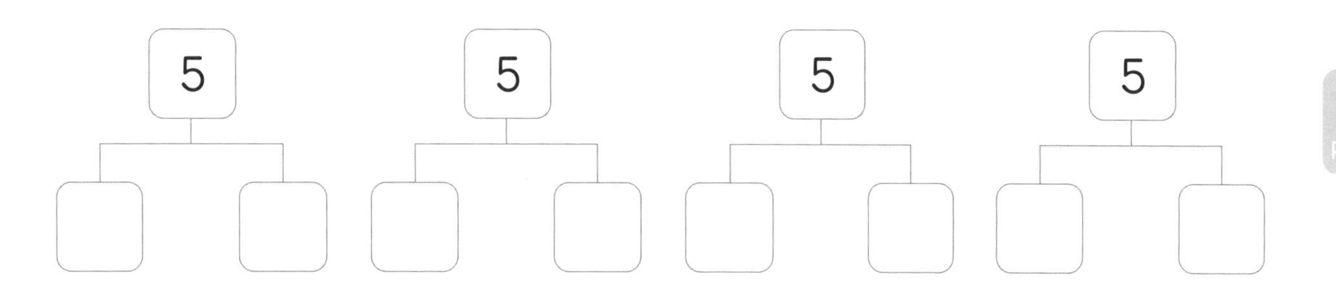

05 묶은 수를 모으면 8이 되도록 가로, 세로로 이웃한 두 수를 묶으세요.

2	2	3
3	6	3
6	1	4

2	3	6
1	2	1
4	5	3

06 가르기를 하세요.

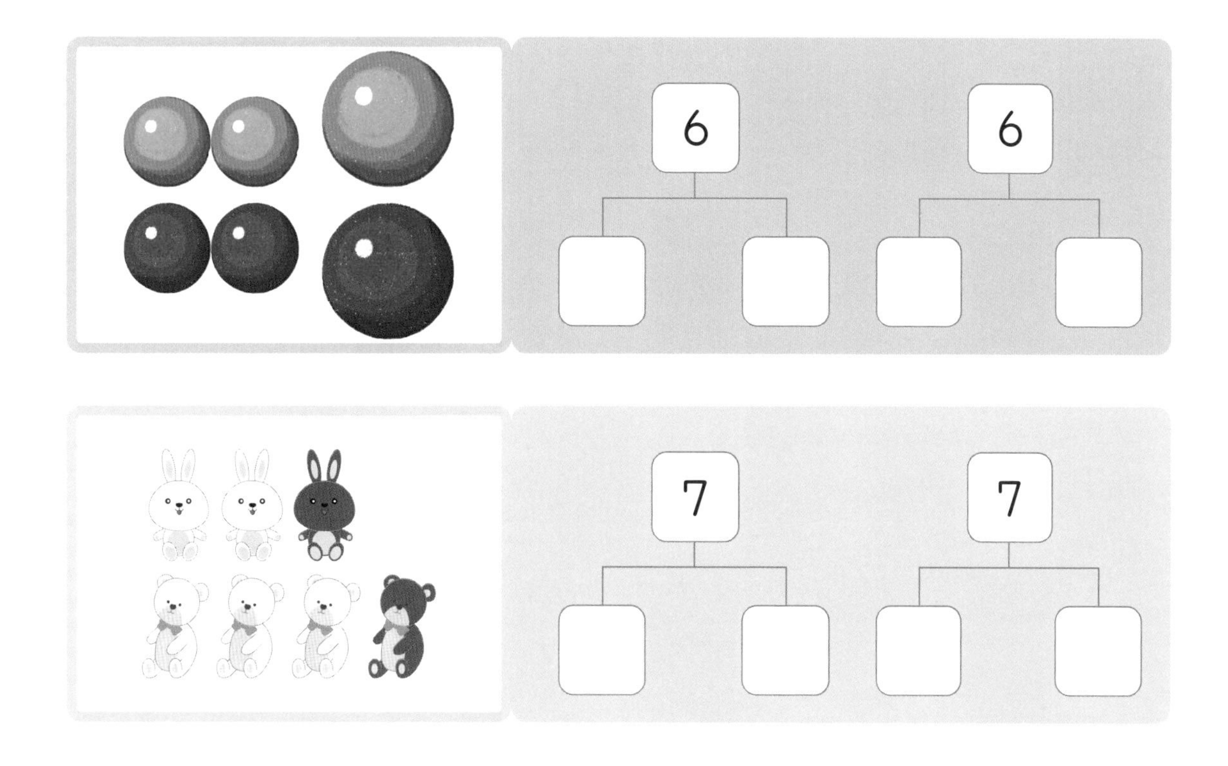

미로 찾기

미로를 따라 밖으로 나가는 가장 빠른 길을 그리세요.

덧셈과 뺄셈

차시별로 정답률을 확인하고, 성취도에 O표 하세요.

80% 이상 맞혔어요. 60%~80% 맞혔어요. 60% 이하 맞혔어요.

차시	단원	성취도
12	두 가지 의미의 덧셈식	
13	두 수의 덧셈	
14	덧셈 연습	
15	두 가지 의미의 뺄셈식	
16	두 수의 뺄셈	
17	뺄셈 연습	
18	세 수의 덧셈	
19	세 수의 뺄셈	
20	세 수의 덧셈, 뺄셈 연습	
21	덧셈과 뺄셈 종합 연습 1	
22	덧셈과 뺄셈 종합 연습 2	

수가 늘어나면 덧셈을 하고, 수가 줄어들면 뺄셈을 합니다.

두 가지 의미의 덧셈식

A 두 수를 모두 센 수는 덧셈식을 계산한 것과 같아요

더하기는 +로, 같다는 =로 나타냅니다.

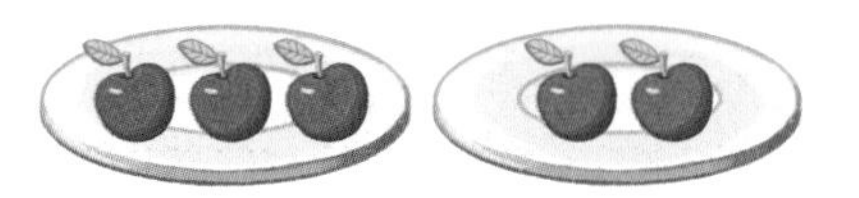

3 + 2 = 5

3 더하기 2는 5와 같습니다.

3과 2의 합은 5입니다.

☐ 안에 알맞은 수를 써넣어 덧셈식을 세우세요.

01 

☐ + ☐ = ☐

02 

☐ + ☐ = ☐

0에 수를 더하면 더한 수와 같습니다.

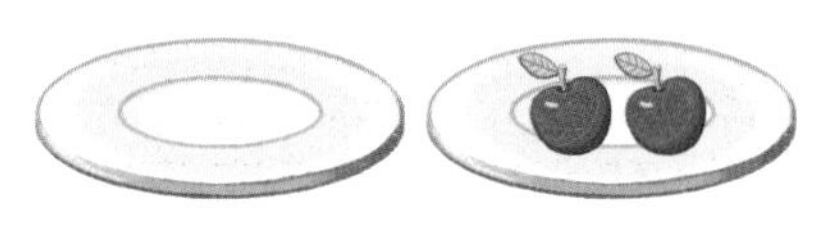

0 + 2 = 2

☐ 안에 알맞은 수를 써넣어 덧셈식을 세우세요.

03

☐ + ☐ = ☐

04

☐ + ☐ = ☐

공부한 날 : 　월 　일

□ 안에 알맞은 수를 써넣어 덧셈식을 세우세요.

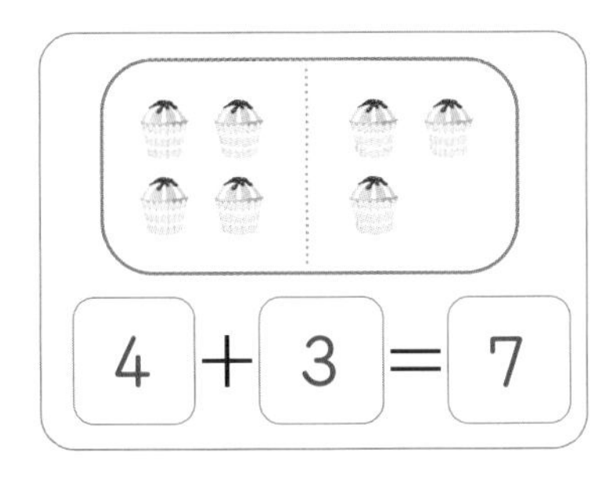

4 + 3 = 7

01

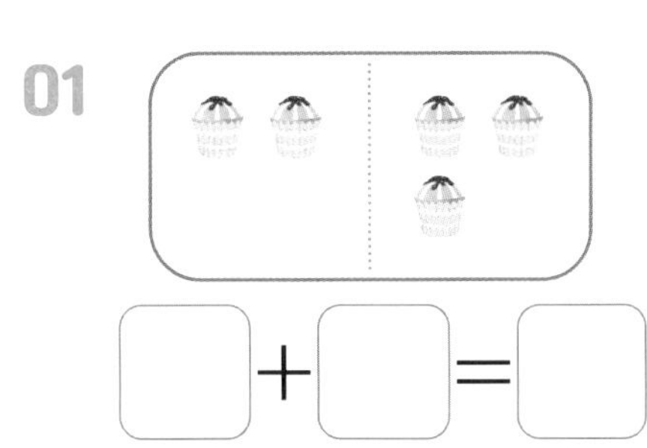

□ + □ = □

02

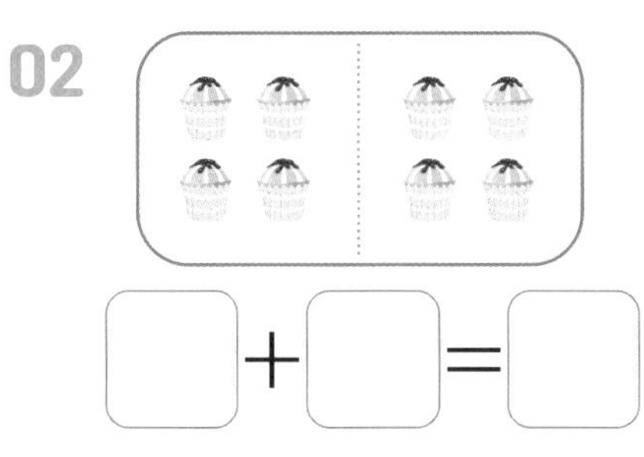

□ + □ = □

03

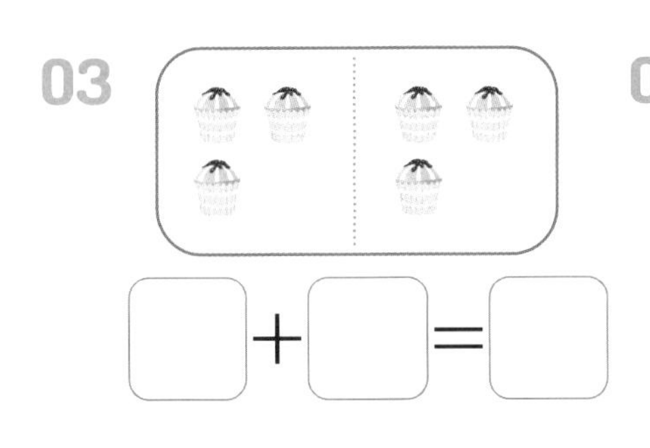

□ + □ = □

04

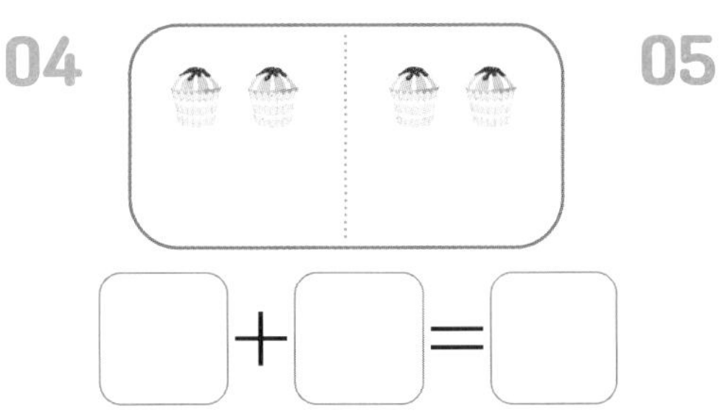

□ + □ = □

05

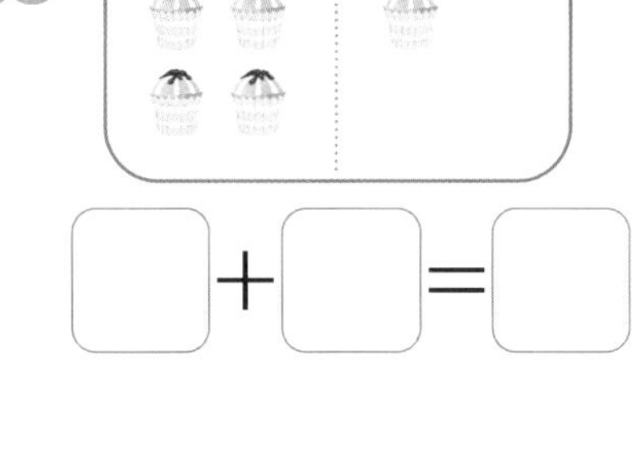

□ + □ = □

06

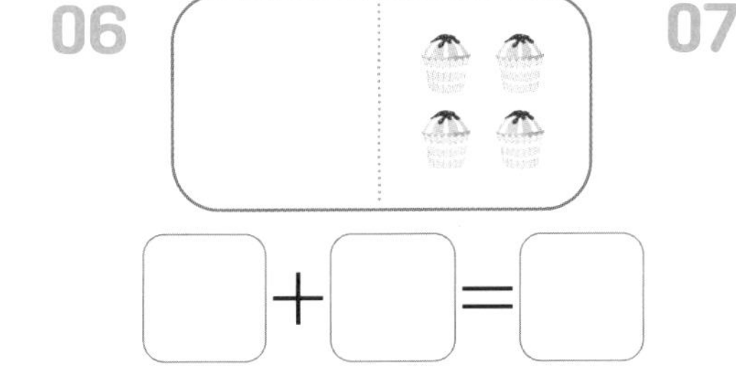

□ + □ = □

07

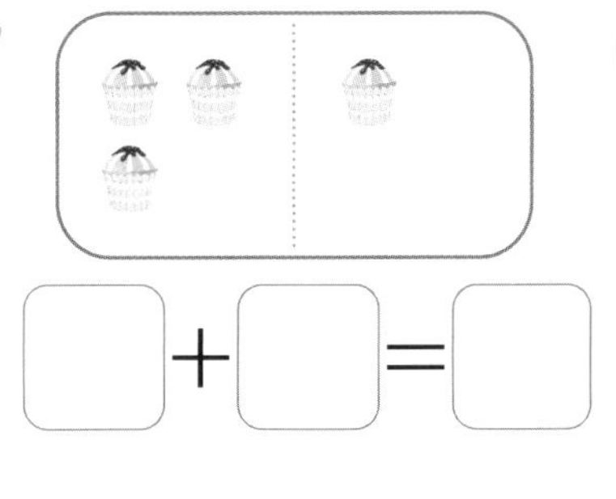

□ + □ = □

08

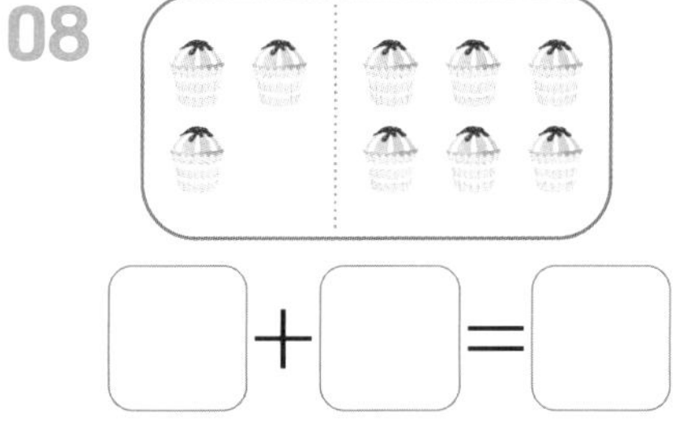

□ + □ = □

09

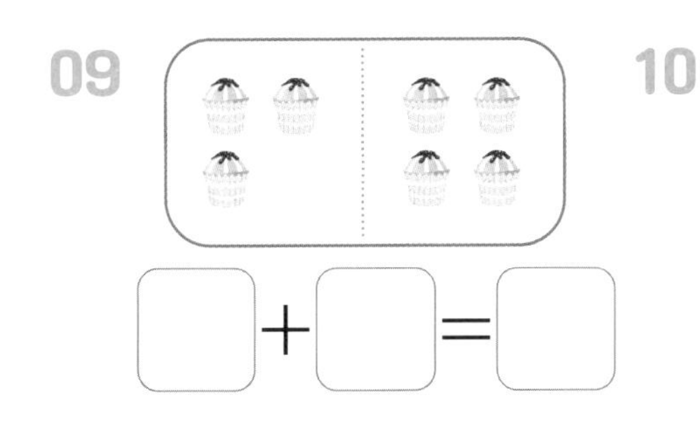

□ + □ = □

10

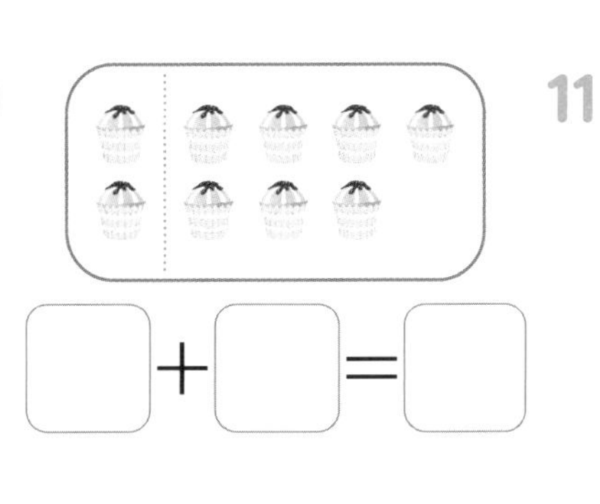

□ + □ = □

11

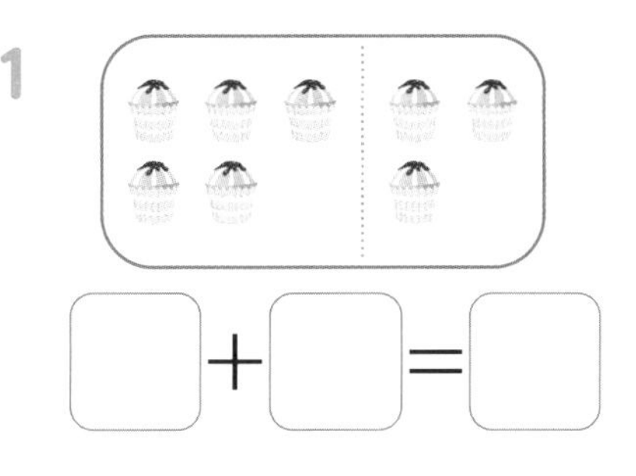

□ + □ = □

12

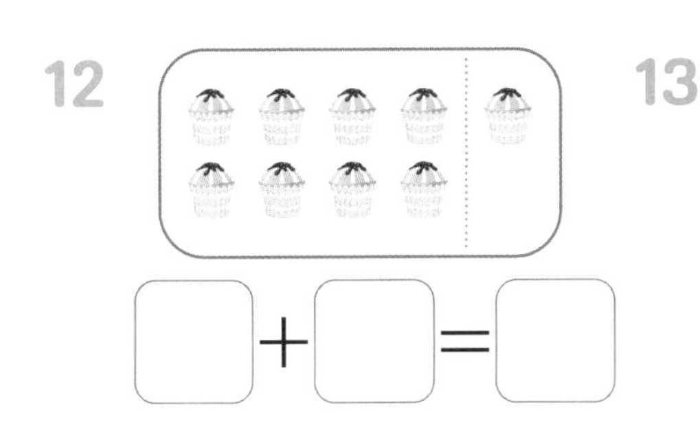

□ + □ = □

13

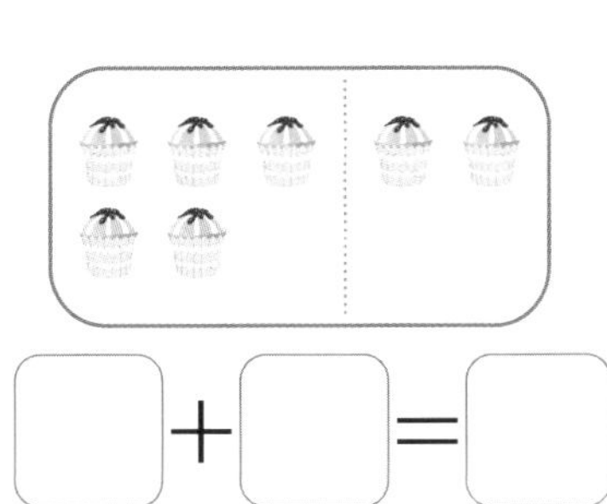

□ + □ = □

14

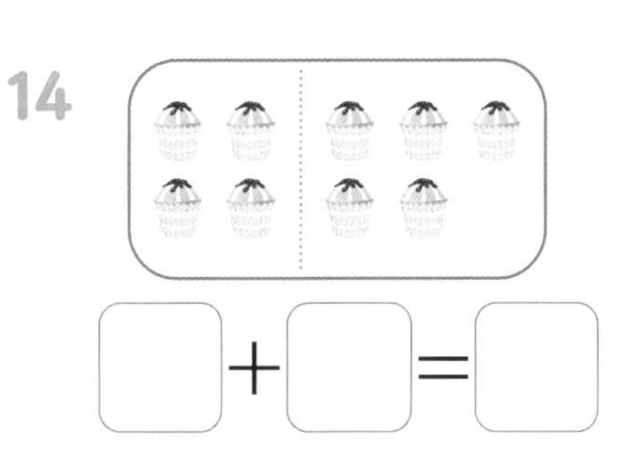

□ + □ = □

12 Ⓑ 두 가지 의미의 덧셈식

처음 수와 늘어난 수를 더해서 덧셈식을 세워요

개수가 늘어나면 처음 수와 늘어난 수를 더하는 덧셈식으로 나타냅니다.

4 + 3 = 7

새가 4마리 있었는데 3마리가
더 날아와서 모두
4+3=7마리의 새가 있어!

□ 안에 알맞은 수를 써넣어 덧셈식을 세우세요.

01

□ + □ = □

02

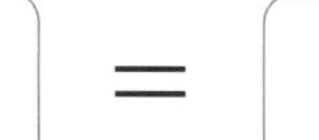

□ + □ = □

늘어난 수가 없으면 0을 더한 것과 같습니다.

4 + 0 = 4

새가 4마리 있었는데 더 날아온
새가 없으면 새의 수는
4+0=4마리로 똑같아!

□ 안에 알맞은 수를 써넣어 덧셈식을 세우세요.

03

□ + □ = □

04

□ + □ = □

□ 안에 알맞은 수를 써넣어 덧셈식을 세우세요.

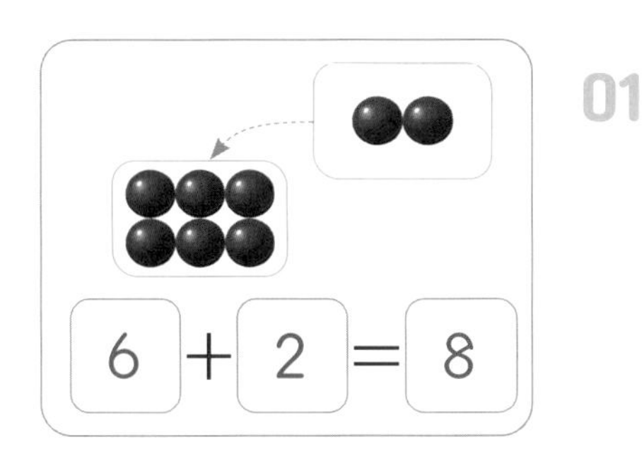

6 + 2 = 8

01

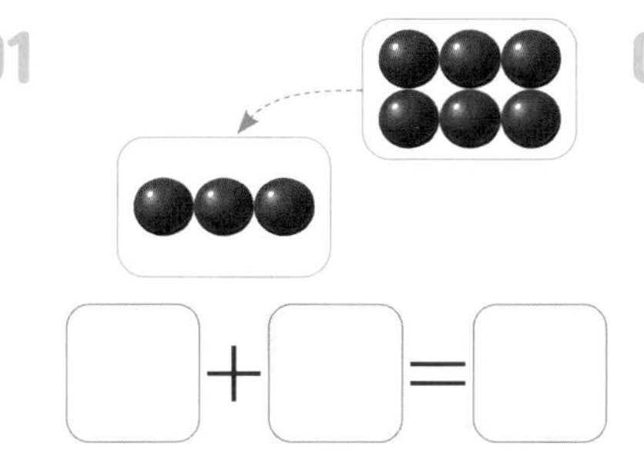

□ + □ = □

02

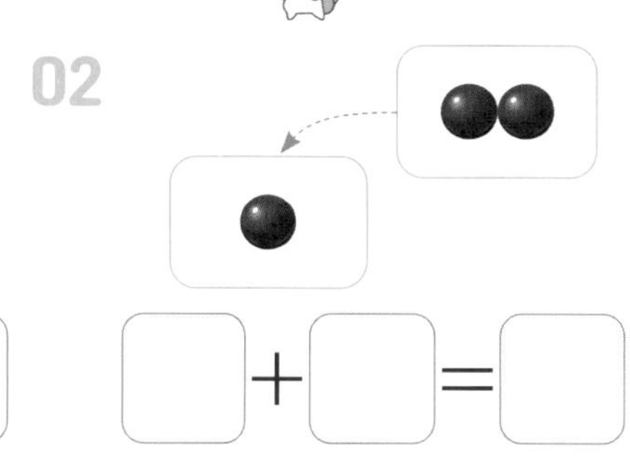

□ + □ = □

03

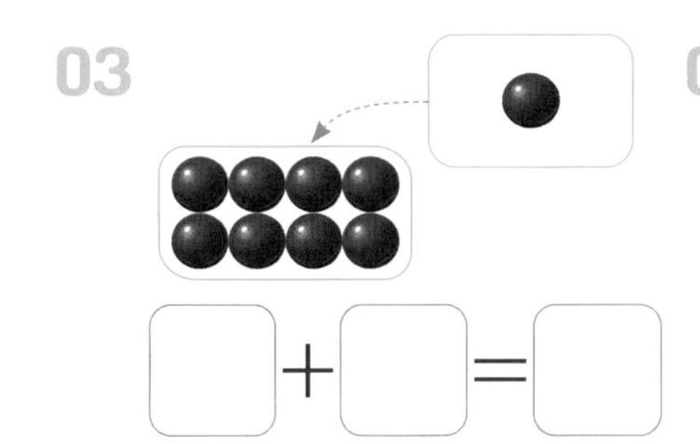

□ + □ = □

04

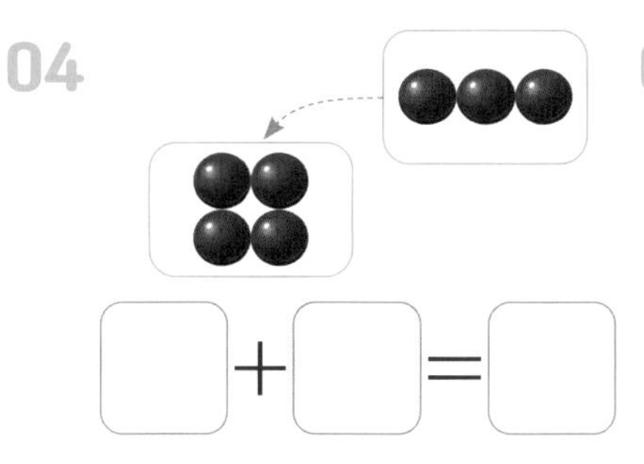

□ + □ = □

05

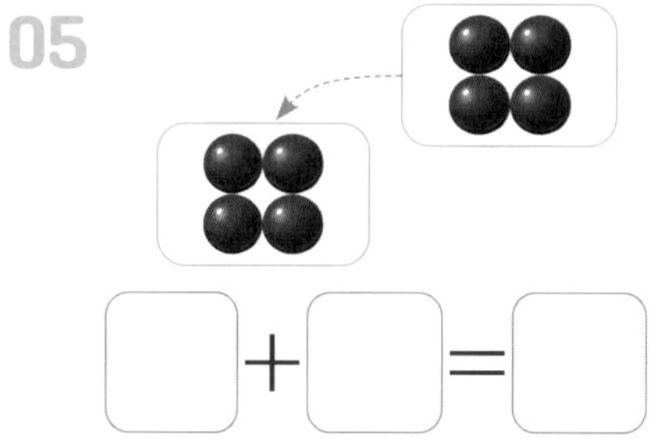

□ + □ = □

06

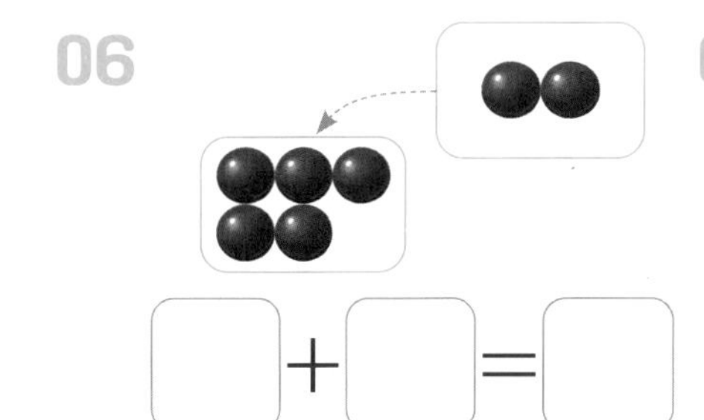

□ + □ = □

07

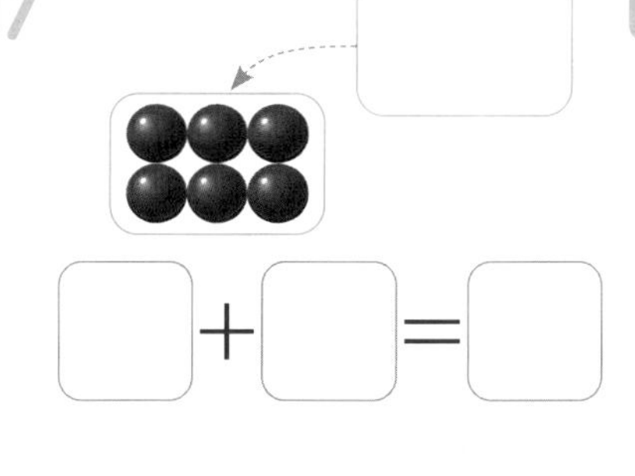

□ + □ = □

08

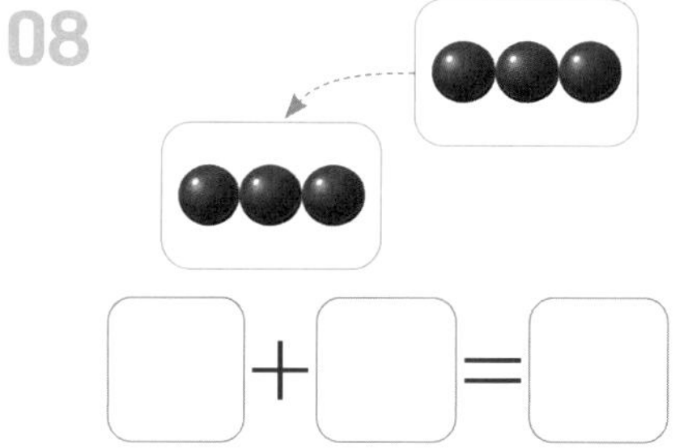

□ + □ = □

09

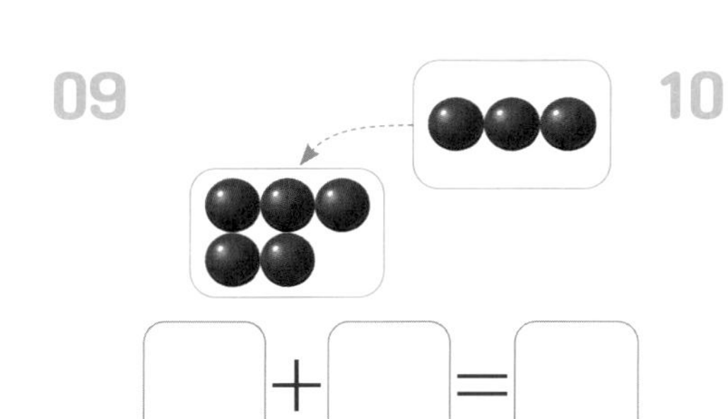

□ + □ = □

10

□ + □ = □

11

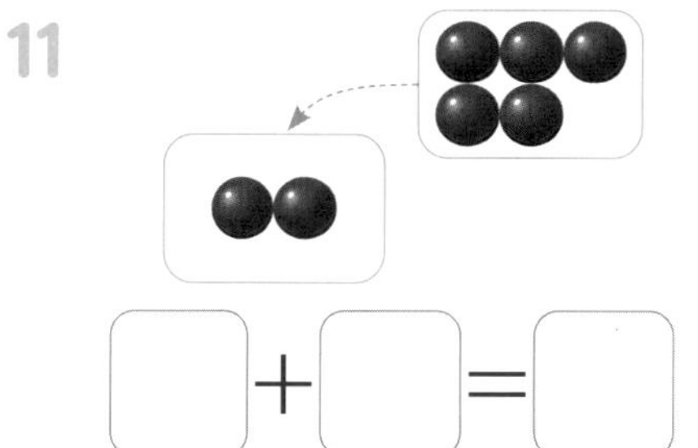

□ + □ = □

12

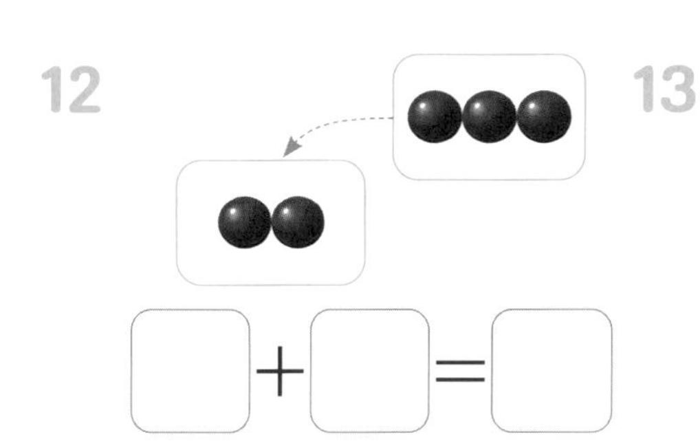

□ + □ = □

13

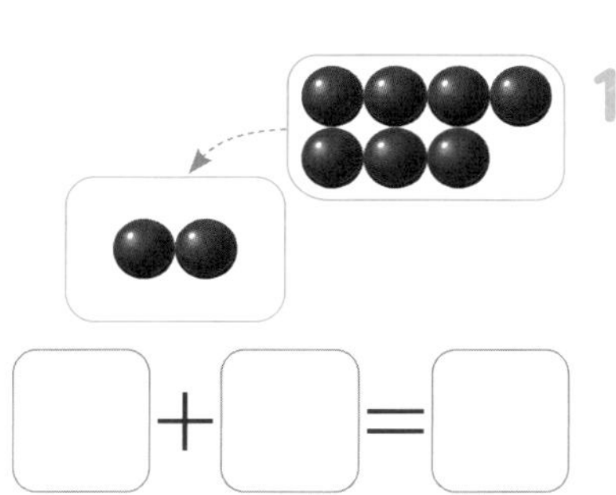

□ + □ = □

14

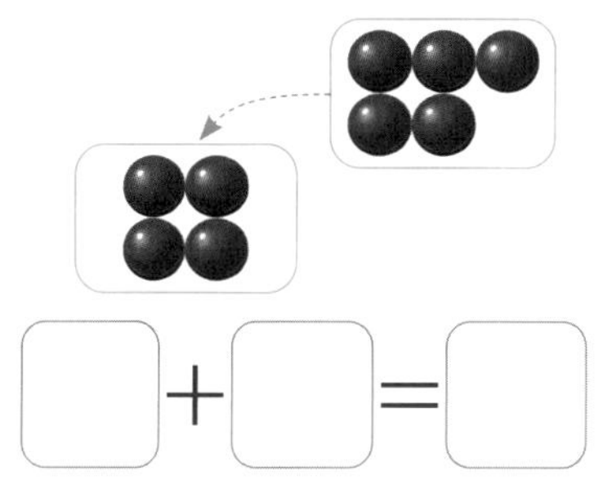

□ + □ = □

3 PART

13 두 수의 덧셈

A 모으기를 덧셈으로 나타내요

두 수를 모으는 것은 두 수를 더하는 것과 같습니다.

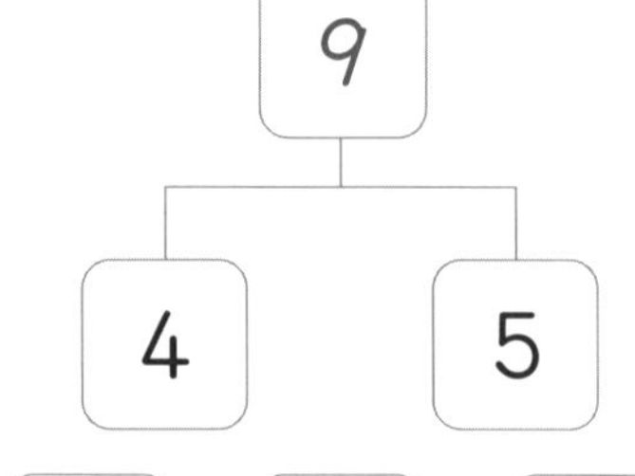

$4 + 5 = 9$

모으기를 하고 덧셈식을 계산하세요.

01

$7 + 2 = \square$

02

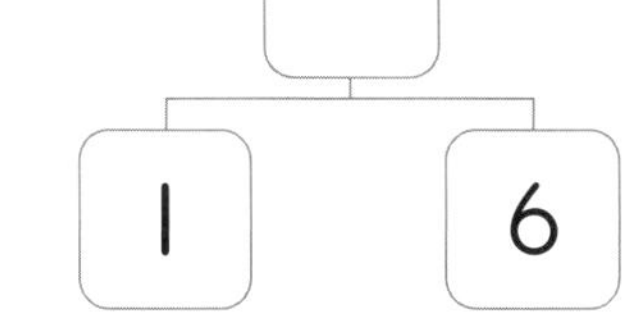

$1 + 6 = \square$

03

$3 + 5 = \square$

04

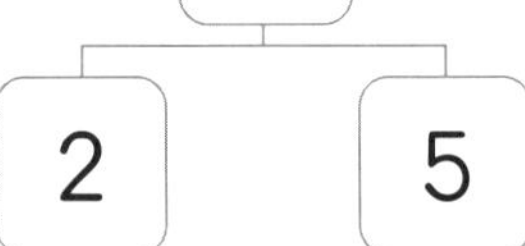

$2 + 5 = \square$

05

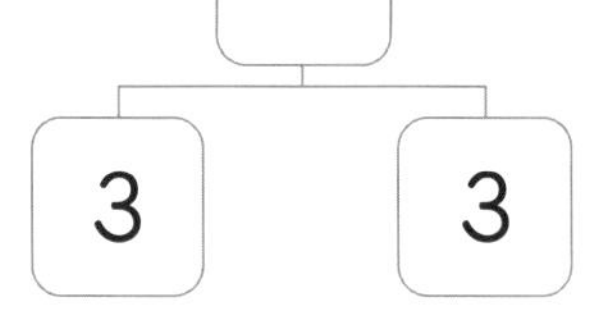

$3 + 3 = \square$

06

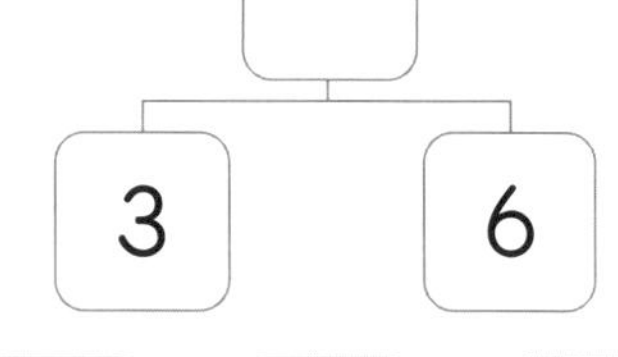

$3 + 6 = \square$

07

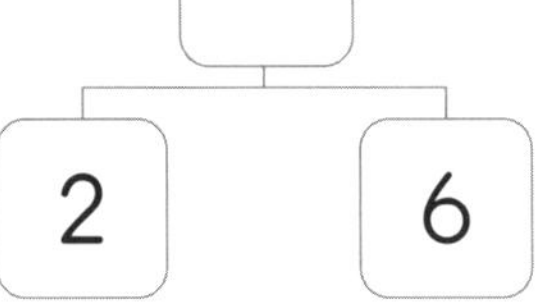

$2 + 6 = \square$

08

$4 + 4 = \square$

09

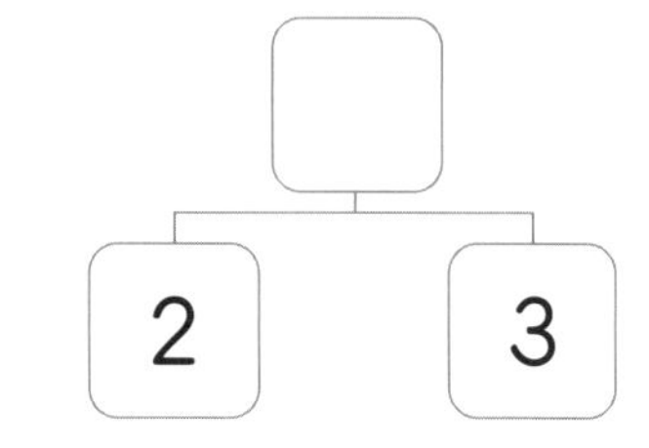

$2 + 3 = \square$

덧셈식을 계산하세요.

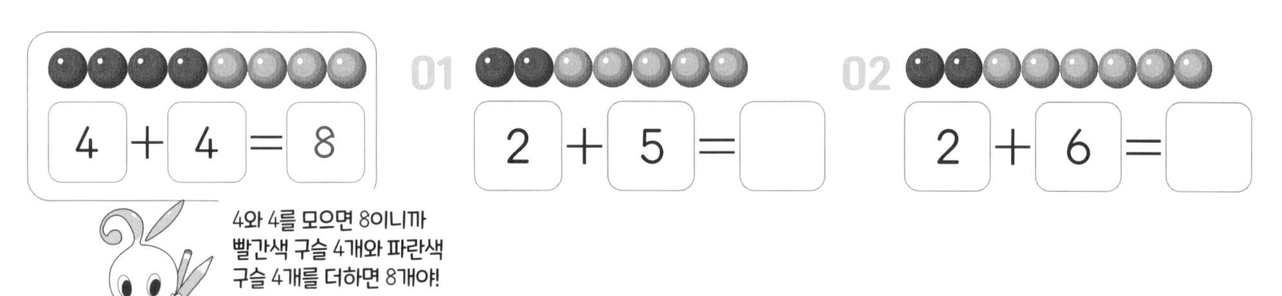

4 + 4 = 8

01 2 + 5 =

02 2 + 6 =

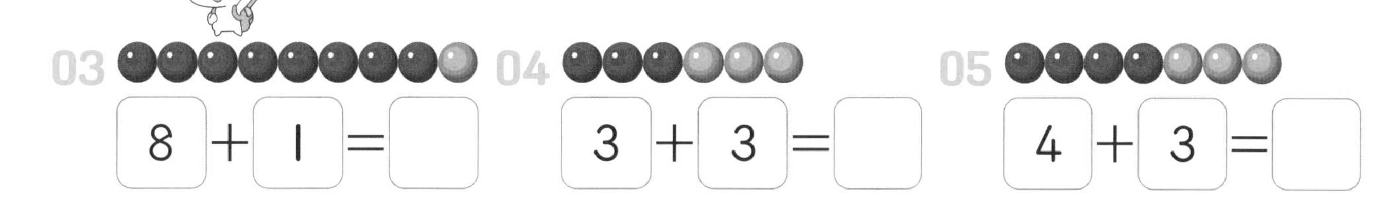

03 8 + 1 =

04 3 + 3 =

05 4 + 3 =

06 7 + 2 =

07 5 + 3 =

08 3 + 2 =

09 6 + 1 =

10 4 + 2 =

11 7 + 1 =

12 2 + 2 =

13 4 + 5 =

14 5 + 1 =

15 1 + 4 =

16 2 + 1 =

17 6 + 3 =

3 PART

13 B

두 수의 덧셈

그림이 없어도 덧셈식을 풀 수 있어요

이제는 그림 없이 계산해 보자!

덧셈식을 계산하세요.

(예) 5 + 4 = 9

01 3 + 5 = ☐

02 3 + 4 = ☐

03 3 + 6 = ☐

04 1 + 8 = ☐

05 3 + 3 = ☐

06 2 + 5 = ☐

07 2 + 4 = ☐

08 6 + 2 = ☐

09 7 + 2 = ☐

10 2 + 2 = ☐

11 4 + 3 = ☐

12 7 + 1 = ☐

13 5 + 3 = ☐

14 6 + 3 = ☐

15 3 + 0 = ☐

16 4 + 5 = ☐

17 5 + 1 = ☐

18 1 + 6 = ☐

19 2 + 3 = ☐

20 4 + 4 = ☐

덧셈식을 계산하세요.

$3+6=$ 9

01 $2+4=$ □

02 $7+2=$ □

03 $2+5=$ □

04 $1+6=$ □

05 $4+4=$ □

06 $1+3=$ □

07 $6+2=$ □

08 $4+3=$ □

09 $1+8=$ □

10 $3+3=$ □

11 $2+2=$ □

12 $4+1=$ □

13 $6+3=$ □

14 $2+7=$ □

15 $5+2=$ □

16 $0+8=$ □

17 $3+2=$ □

18 $5+4=$ □

19 $5+1=$ □

20 $3+5=$ □

14 덧셈 연습

A 덧셈을 집중해서 계산해 볼까요?

덧셈식을 계산하세요.

01 $2+5=\square$

02 $2+2=\square$

03 $3+2=\square$

04 $4+5=\square$

05 $7+2=\square$

06 $5+3=\square$

07 $3+6=\square$

08 $1+1=\square$

09 $3+3=\square$

10 $3+1=\square$

11 $3+4=\square$

12 $7+1=\square$

13 $8+1=\square$

14 $6+0=\square$

15 $2+1=\square$

16 $2+3=\square$

17 $5+4=\square$

18 $5+2=\square$

19 $4+2=\square$

20 $2+6=\square$

21 $4+4=\square$

덧셈식을 계산하세요.

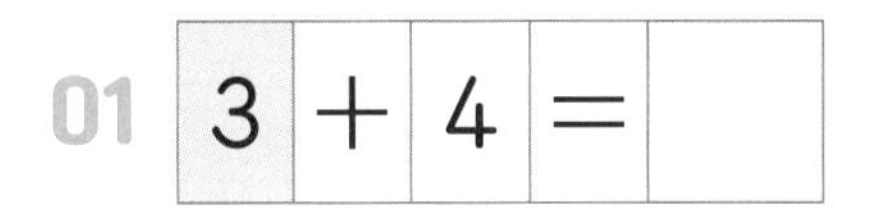
01 3 + 4 =

02 2 + 3 =

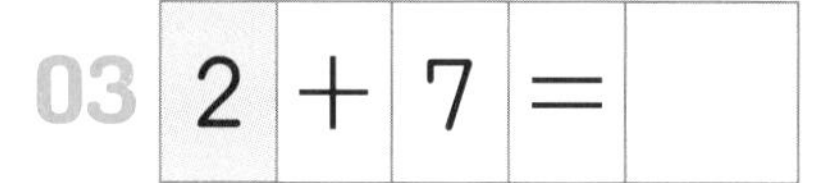
03 2 + 7 =

04 4 + 5 =

05 2 + 6 =

06 1 + 5 =

07 7 + 2 =

08 3 + 1 =

09 6 + 3 =

10 1 + 8 =

11 5 + 2 =

12 0 + 4 =

13 2 + 4 =

14 2 + 2 =

15 6 + 1 =

16 2 + 5 =

17 3 + 3 =

18 5 + 3 =

19 7 + 1 =

20 4 + 2 =

21 4 + 4 =

덧셈 연습

14 B 다양한 덧셈 연습 문제를 풀어 볼까요?

두 수의 합이 (캐릭터)가 말하는 수와 같은 것에 모두 ◯표 하세요.

01  8

4	4

2	4

3	6

3	4

2	6

5	3

02  7

6	1

4	3

4	4

1	5

3	6

2	5

03  6

3	2

4	2

5	2

3	3

1	5

1	4

04  9

4	4

1	7

3	6

7	2

4	5

5	2

공부한 날 : 월 일

□ 안에 두 수의 합을 써넣으세요.

01

02

03

04

05

06

07

08

09

10

11

12

두 가지 의미의 뺄셈식

15 A 차는 몇 개 더 많은 지를 나타내요

빼기는 −로, 같다는 =로 나타냅니다.

5 − 3 = 2

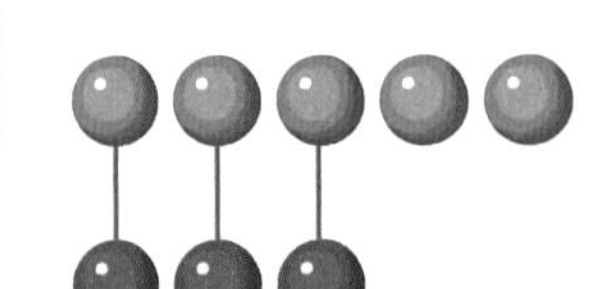

5 빼기 3은 2와 같습니다.
5와 3의 차는 2입니다.

파란색 구슬이 5개, 빨간색 구슬이 3개니까 5−3=2, 파란색 구슬이 빨간색 구슬보다 2개가 더 많아.

☐ 안에 알맞은 수를 써넣어 뺄셈식을 세우세요.

01

☐ − ☐ = ☐

02

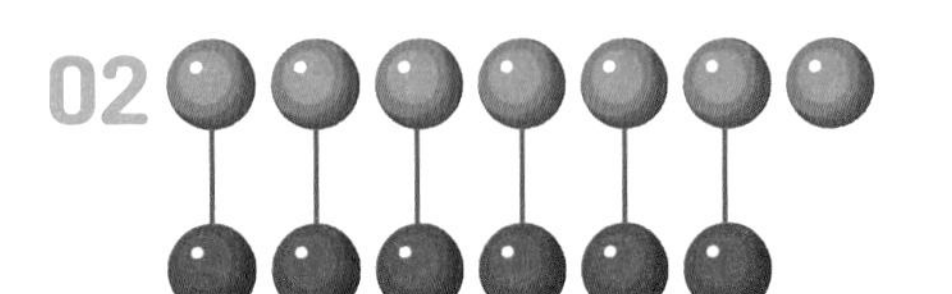

☐ − ☐ = ☐

두 수가 같으면 차가 0이고, 뺄셈식을 계산해도 0입니다.

5 − 5 = 0

파란색 구슬, 빨간색 구슬의 개수가 5개로 같으니까 5−5=0이야!

☐ 안에 알맞은 수를 써넣어 뺄셈식을 세우세요.

03

☐ − ☐ = ☐

04

☐ − ☐ = ☐

□ 안에 알맞은 수를 써넣어 뺄셈식을 세우세요.

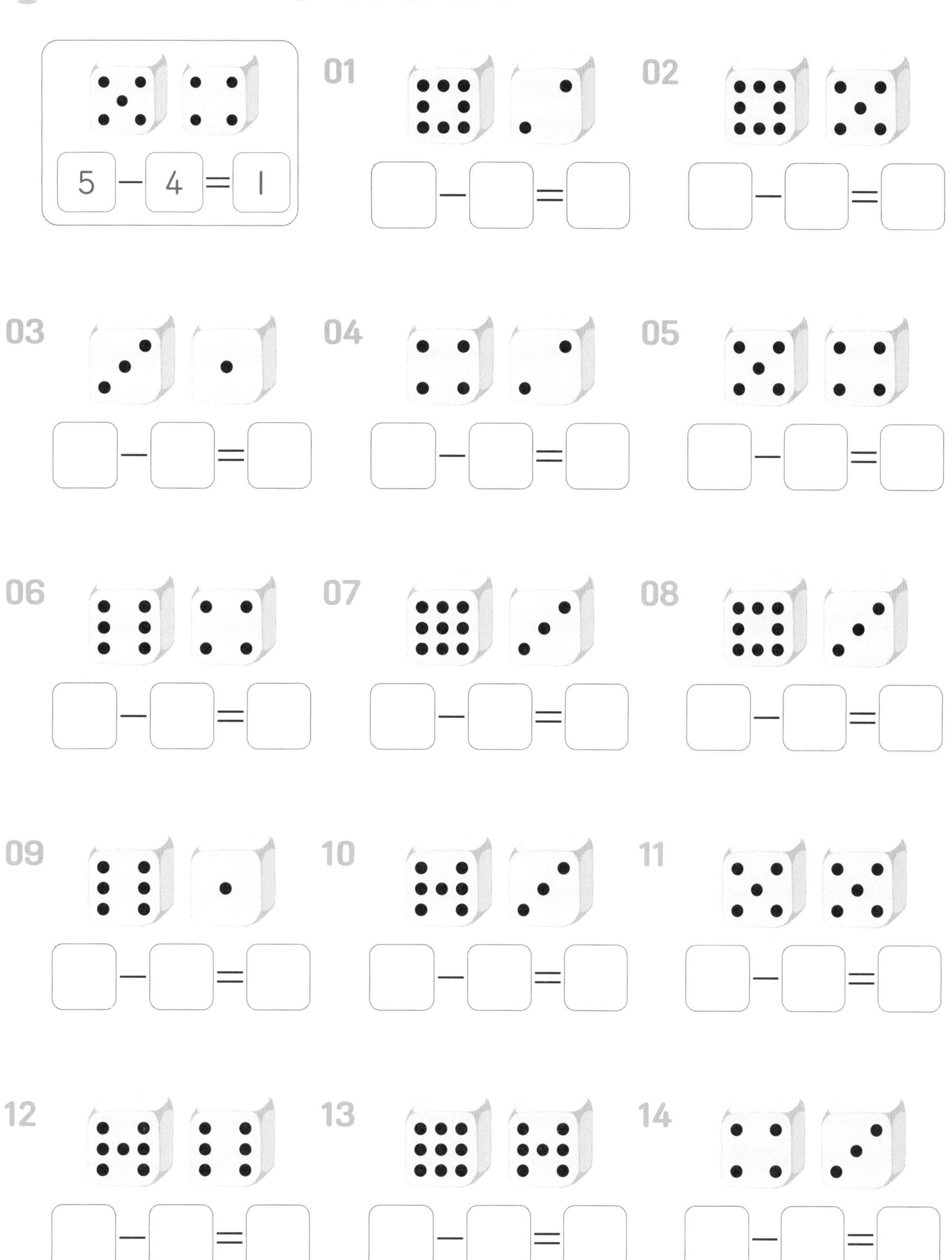

두 가지 의미의 뺄셈식

줄어든 개수를 세어 차를 구할 수 있어요

개수가 줄어들면 처음 수에서 줄어든 수를 빼는 뺄셈식으로 나타냅니다.

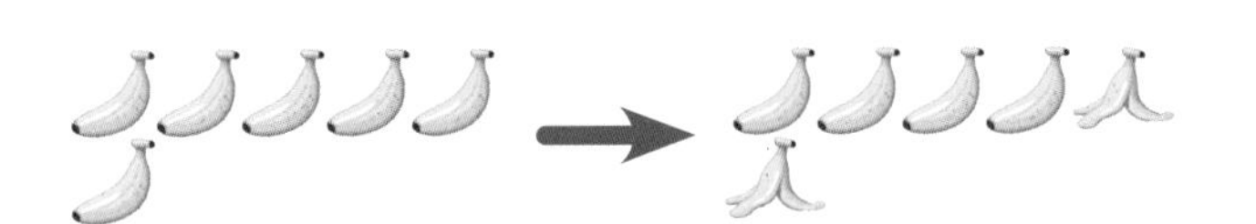

6 − 2 = 4

바나나 6개 중에 2개를
먹었으니까 남은 바나나의 수는
6−2=4야!

□ 안에 알맞은 수를 써넣어 뺄셈식을 세우세요.

01

□ − □ = □

02

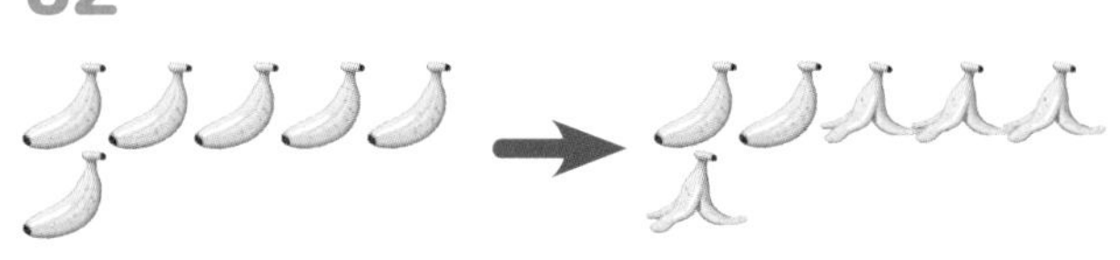

□ − □ = □

수가 줄어들지 않으면 개수가 변하지 않기 때문에 0을 빼면 처음의 수와 같습니다.

6 − 0 = 6

먹은 바나나가 하나도
없으니까 남은 바나나의 수는
6−0=6이야!

□ 안에 알맞은 수를 써넣어 뺄셈식을 세우세요.

03

□ − □ = □

04

□ − □ = □

□ 안에 알맞은 수를 써넣어 뺄셈식을 세우세요.

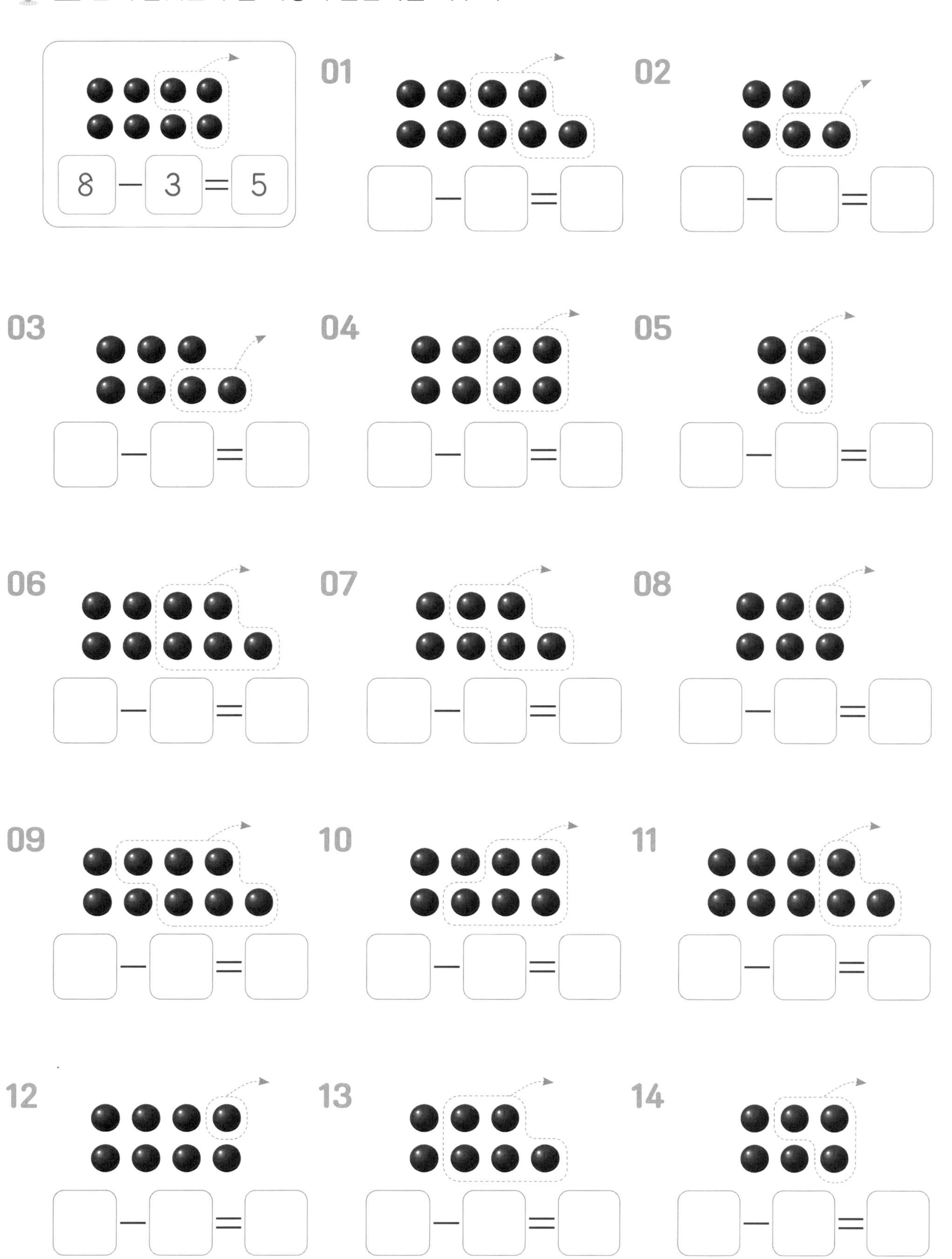

16 A 가르기를 뺄셈으로 나타내요

모으기를 이용해서 덧셈을 하는 것처럼 가르기를 이용해서 뺄셈을 할 수 있습니다.

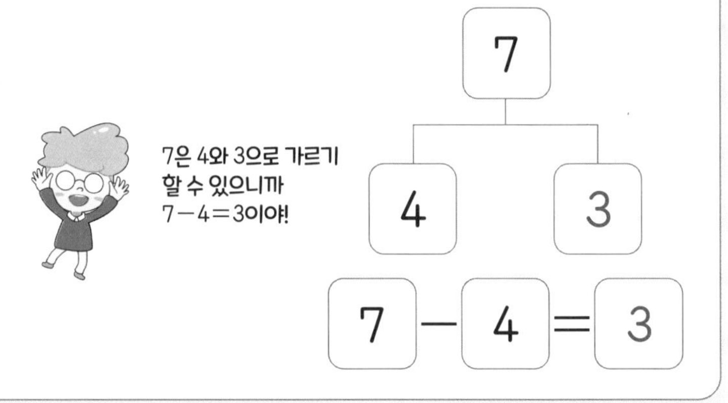

가르기를 하고 뺄셈식을 계산하세요.

01

7
2 □
7 − 2 = □

02

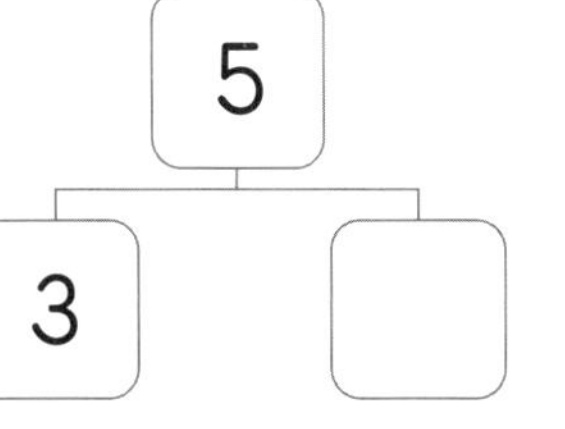

03

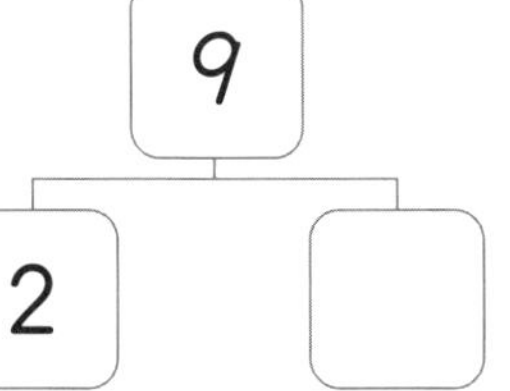

04

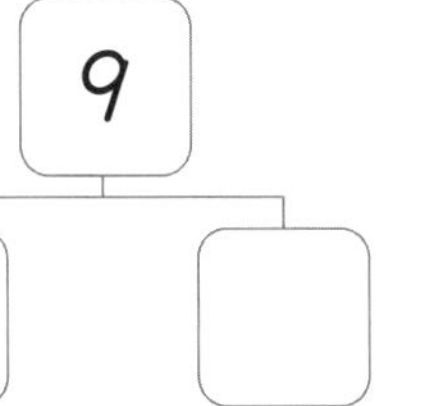

05

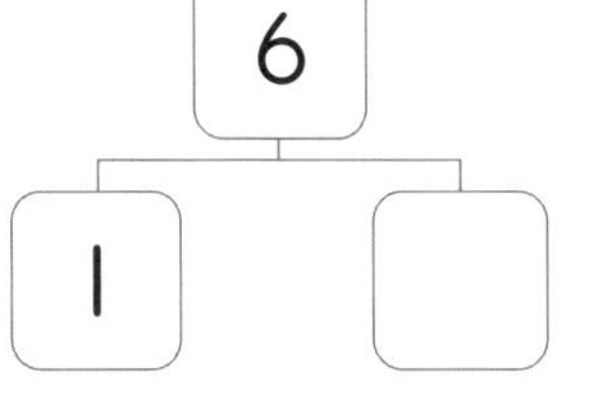

06

7
6 □
7 − 6 = □

07

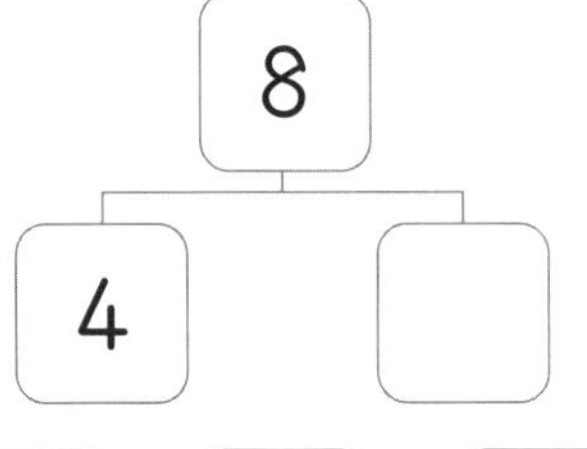

08

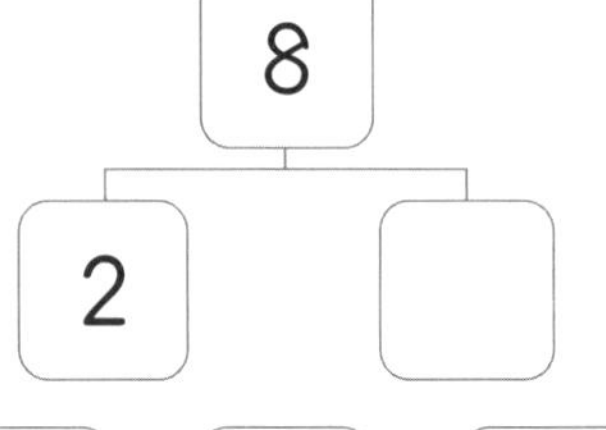

09

6
3 □
6 − 3 = □

빨셈식을 계산하세요.

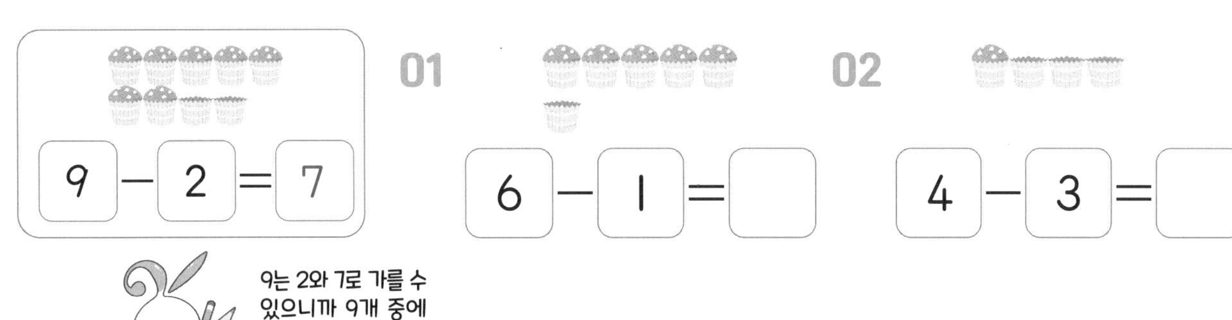

9 − 2 = 7

01 6 − 1 = □

02 4 − 3 = □

03 7 − 3 = □

04 7 − 5 = □

05 8 − 5 = □

06 6 − 3 = □

07 9 − 4 = □

08 5 − 2 = □

09 5 − 1 = □

10 6 − 4 = □

11 9 − 6 = □

12 8 − 3 = □

13 7 − 2 = □

14 8 − 4 = □

16 B

두 수의 뺄셈

그림이 없어도 뺄셈식을 풀 수 있어요

뺄셈식을 계산하세요.

8 − 3 = 5

01 9 − 6 = ☐

02 8 − 6 = ☐

03 7 − 4 = ☐

04 9 − 7 = ☐

05 6 − 5 = ☐

06 6 − 4 = ☐

07 8 − 5 = ☐

08 9 − 4 = ☐

09 9 − 3 = ☐

10 7 − 5 = ☐

11 5 − 3 = ☐

12 4 − 1 = ☐

13 6 − 2 = ☐

14 8 − 2 = ☐

15 8 − 3 = ☐

16 5 − 5 = ☐

17 7 − 2 = ☐

18 3 − 2 = ☐

19 5 − 1 = ☐

20 7 − 1 = ☐

공부한 날 : 월 일

빨셈식을 계산하세요.

$7-2=\boxed{5}$

01 $9-8=\square$

02 $8-4=\square$

03 $8-3=\square$

04 $5-2=\square$

05 $6-3=\square$

06 $8-1=\square$

07 $9-5=\square$

08 $5-4=\square$

09 $7-4=\square$

10 $3-2=\square$

11 $4-2=\square$

12 $7-6=\square$

13 $7-3=\square$

14 $9-4=\square$

15 $6-2=\square$

16 $6-5=\square$

17 $9-2=\square$

18 $8-6=\square$

19 $7-0=\square$

20 $9-1=\square$

3 PART

17 빨셈 연습

A 빨셈식을 집중해서 계산해 볼까요?

빨셈식을 계산하세요.

01 $7-2=\square$

02 $8-5=\square$

03 $7-4=\square$

04 $8-6=\square$

05 $9-8=\square$

06 $3-2=\square$

07 $6-3=\square$

08 $6-2=\square$

09 $9-6=\square$

10 $7-1=\square$

11 $6-6=\square$

12 $8-3=\square$

13 $9-2=\square$

14 $5-3=\square$

15 $5-2=\square$

16 $4-1=\square$

17 $9-5=\square$

18 $8-2=\square$

19 $8-1=\square$

20 $7-5=\square$

21 $9-4=\square$

공부한 날 : 월 일

빼셈식을 계산하세요.

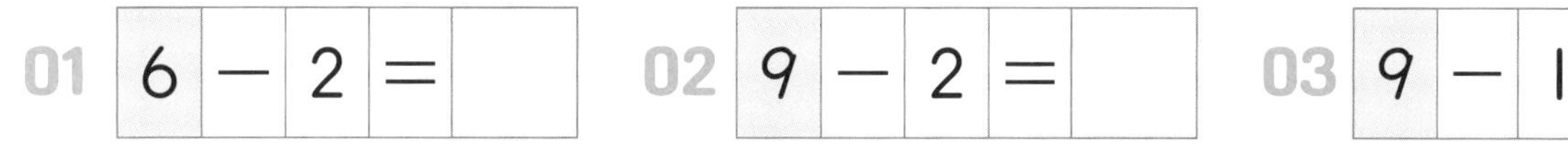

01 6 − 2 =

02 9 − 2 =

03 9 − 1 =

04 8 − 1 =

05 9 − 7 =

06 7 − 5 =

07 8 − 2 =

08 7 − 4 =

09 8 − 4 =

10 7 − 6 =

11 9 − 0 =

12 6 − 3 =

13 5 − 2 =

14 6 − 5 =

15 8 − 5 =

16 9 − 6 =

17 5 − 1 =

18 8 − 6 =

19 7 − 3 =

20 9 − 5 =

21 4 − 3 =

B 다양한 뺄셈 연습 문제를 풀어 볼까요?

두 수의 차가 [표지판]에 적힌 수와 같은 것에 모두 ◯표 하세요.

01

3	5	7	6	5	8
4	7	6	4	9	7

02

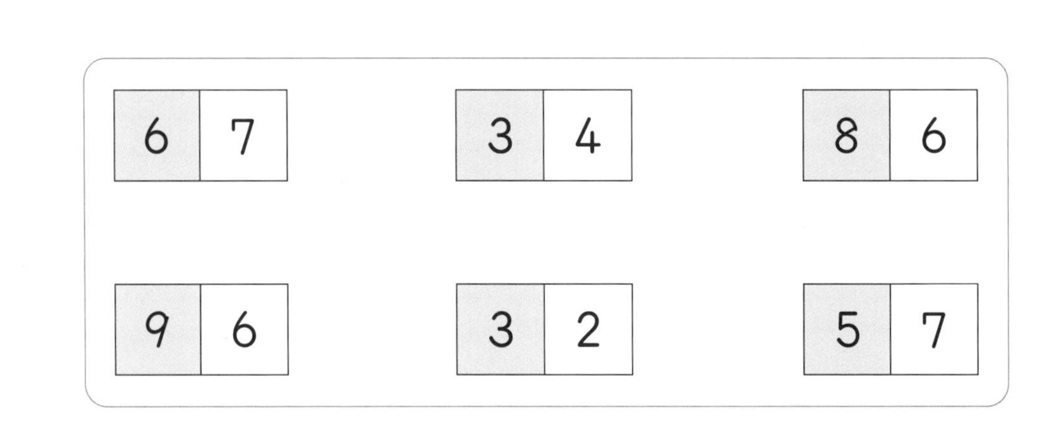

6	7	3	4	8	6
9	6	3	2	5	7

03

5	9	7	2	2	6
4	7	8	5	4	1

04

7	2	8	4	4	7
6	2	3	8	5	9

공부한 날 : 월 일

빈 곳에 두 수의 차를 써넣으세요.

01

02

4	7

03

04

05

8	3

06

07

8	4

08

2	8

09

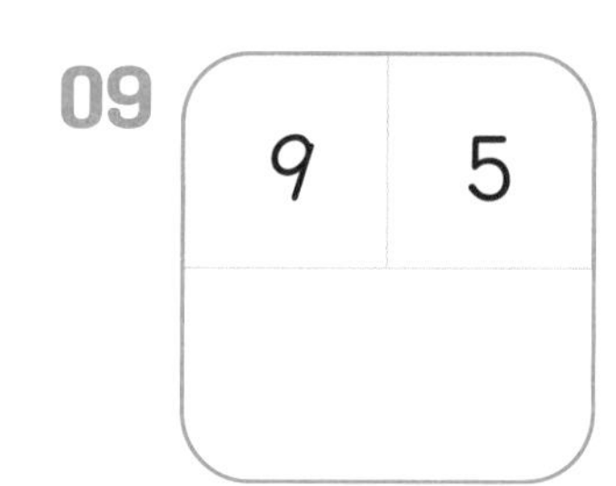

10

9	6

11

7	8

12

13

6	7

14

4	3

15

3 PART

세 수의 덧셈

18 A 수의 덧셈은 순서대로 더해요

늘어난 수를 순서대로 한 번씩 더해서 세 수의 덧셈식을 계산합니다.

3+2= 5

5+1= 6

구슬 3개에 2개를 더하면 5개이고,
다시 1개를 더 더하면 6개니까
3+2+1=6이야!

→ 3 + 2 + 1 = 6

□ 안에 알맞은 수를 써넣어 세 수의 덧셈식을 계산하세요.

01

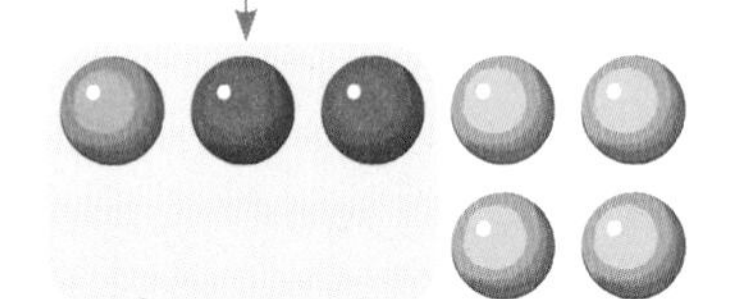

1+2= □

3+4= □

→ 1+2+4= □

02

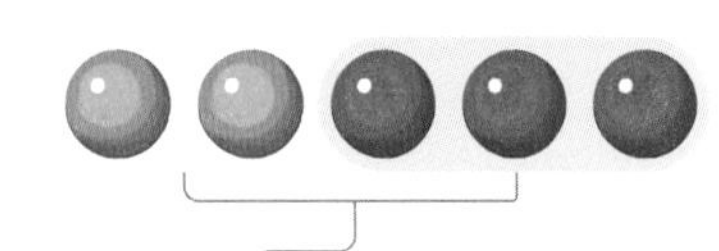

2+3= □

5+2= □

→ 2+3+2= □

03

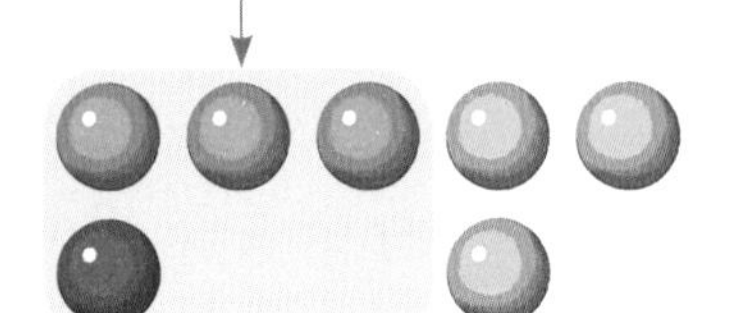

3+1= □

4+3= □

→ 3+1+3= □

04

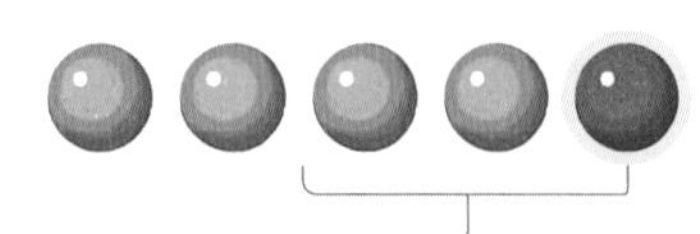

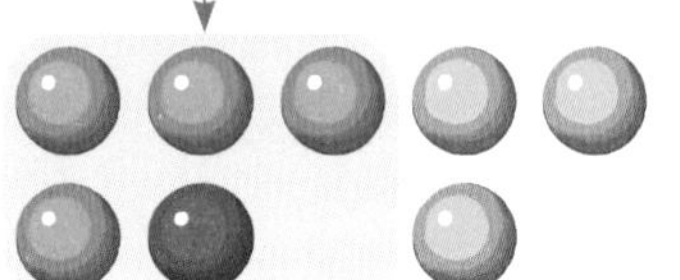

4+1= □

5+3= □

→ 4+1+3= □

□ 안에 알맞은 수를 써넣어 세 수의 덧셈식을 계산하세요.

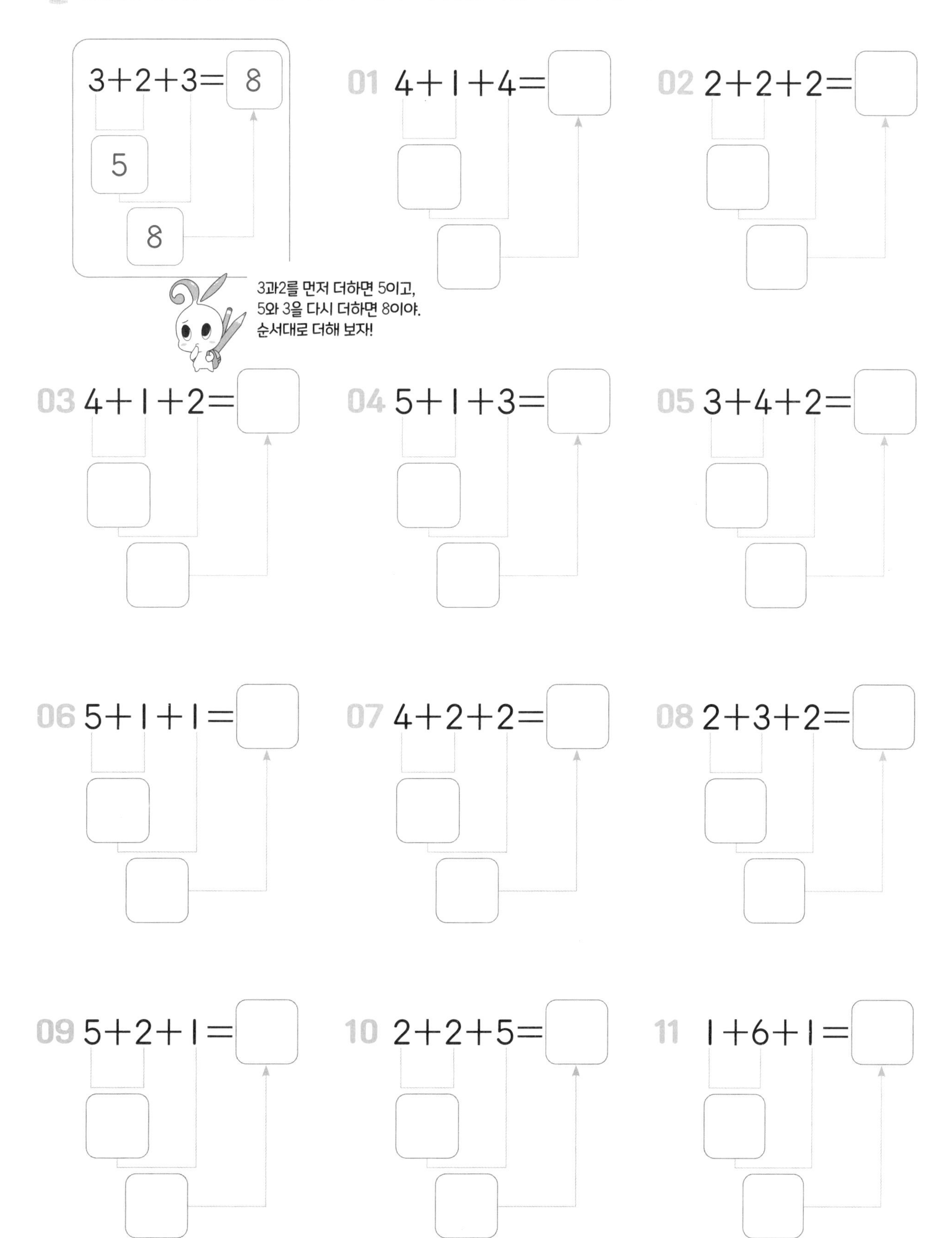

18 B

세 수의 덧셈

세 수의 덧셈을 연습해 볼까요?

세 수의 덧셈식을 계산하세요.

01 $4+2+2=\square$

02 $2+3+4=\square$

03 $1+6+1=\square$

04 $3+3+2=\square$

05 $4+2+1=\square$

06 $5+1+3=\square$

07 $3+1+2=\square$

08 $4+1+4=\square$

09 $1+1+4=\square$

10 $1+2+2=\square$

11 $4+3+1=\square$

12 $7+1+1=\square$

13 $2+2+3=\square$

14 $5+2+1=\square$

순서대로
차근차근
계산해 봐!

세 수의 덧셈식을 계산하세요.

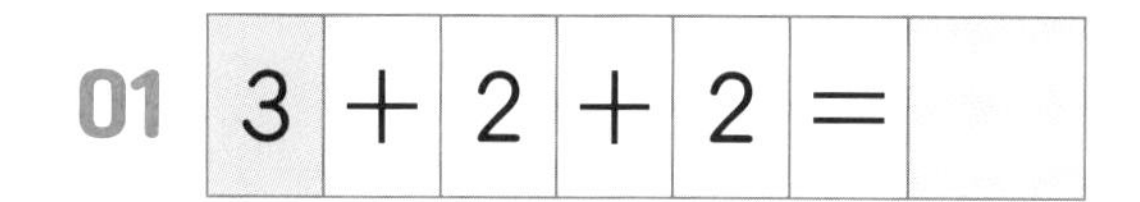

01 $3+2+2=$

02 $5+1+1=$

03 $3+3+3=$

04 $5+1+3=$

05 $6+1+2=$

06 $2+2+5=$

07 $1+4+1=$

08 $4+2+3=$

09 $3+2+3=$

10 $3+1+2=$

11 $2+1+2=$

12 $4+2+2=$

13 $3+3+1=$

14 $1+2+4=$

세 수의 뺄셈

19 A 세 수의 뺄셈은 순서대로 빼요

줄어든 수를 순서대로 한 번씩 빼서 세 수의 뺄셈식을 계산합니다.

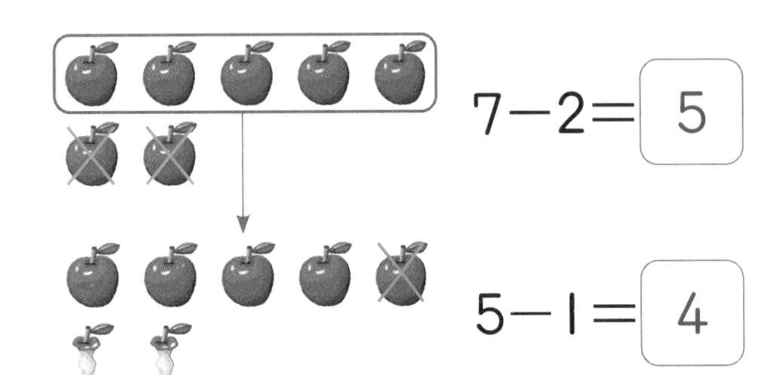

$7-2=$ 5

$5-1=$ 4

→ 7 − 2 − 1 = 4

사과 7개가 있었는데 2개를 먹으면 5개가 남고, 또 1개를 더 먹으면 4개가 남으니까 $7-2-1=4$야!

□ 안에 알맞은 수를 써넣어 세 수의 뺄셈식을 계산하세요.

01

$8-2=$ □

$6-2=$ □

→ $8-2-2=$ □

02

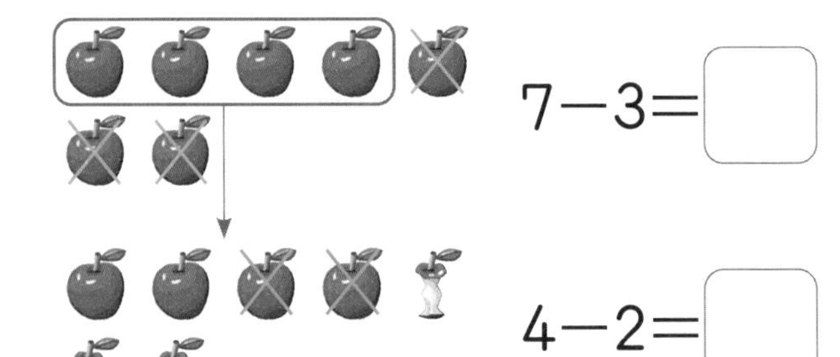

$7-3=$ □

$4-2=$ □

→ $7-3-2=$ □

03

$8-4=$ □

$4-3=$ □

→ $8-4-3=$ □

04

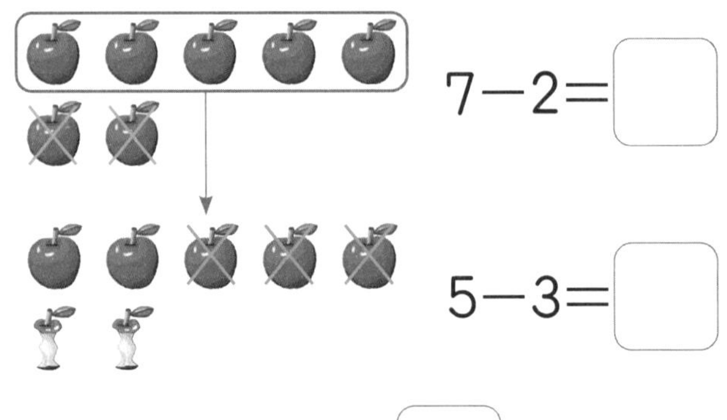

$7-2=$ □

$5-3=$ □

→ $7-2-3=$ □

□ 안에 알맞은 수를 써넣어 세 수의 뺄셈식을 계산하세요.

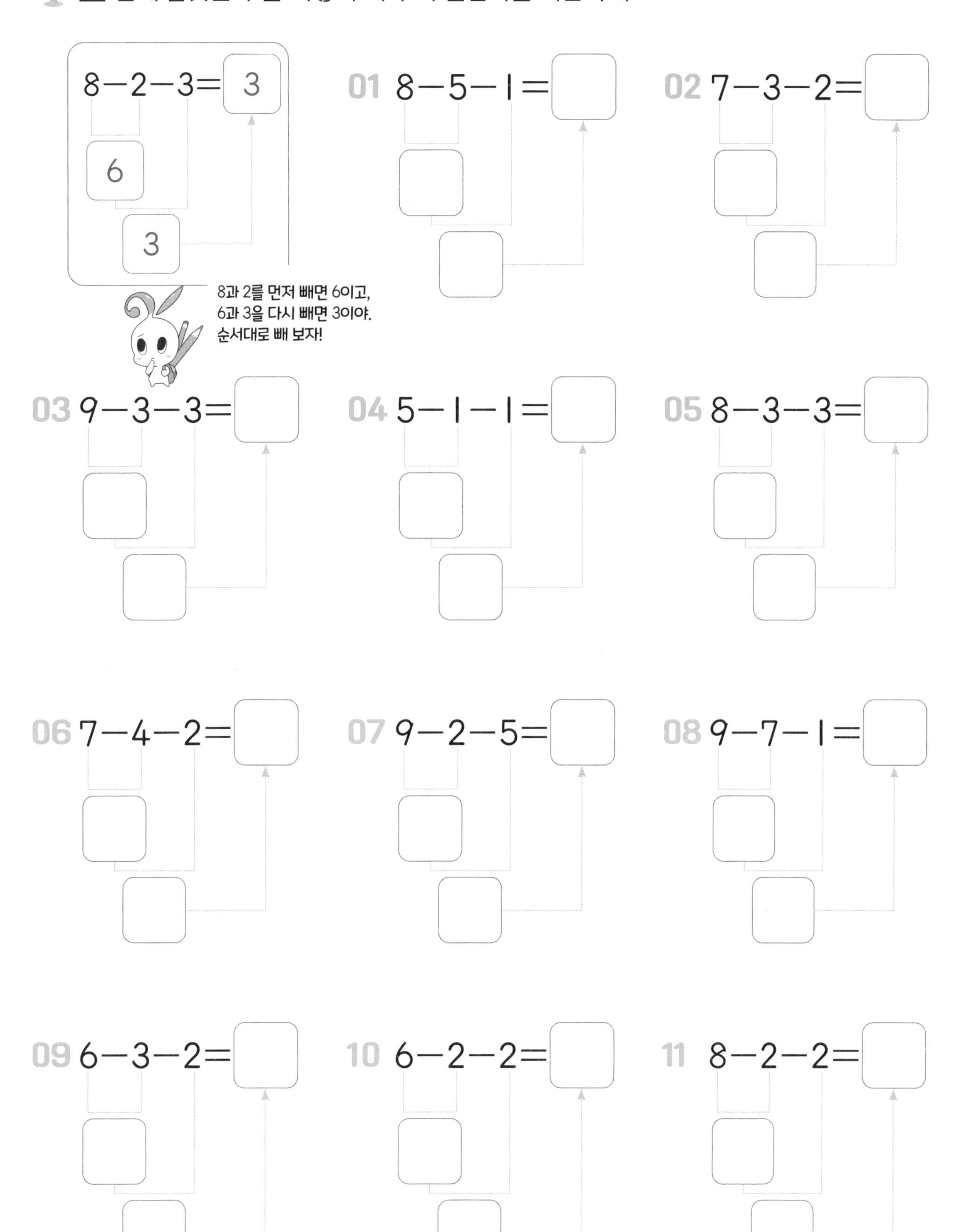

19 B

세 수의 뺄셈

세 수의 뺄셈을 연습해 볼까요?

세 수의 뺄셈식을 계산하세요.

01 $9-2-4=$ ☐

02 $8-2-3=$ ☐

03 $8-1-5=$ ☐

04 $6-2-1=$ ☐

05 $7-4-1=$ ☐

06 $9-1-4=$ ☐

07 $7-2-4=$ ☐

08 $9-4-3=$ ☐

09 $8-3-4=$ ☐

10 $7-2-2=$ ☐

11 $9-3-5=$ ☐

12 $8-3-1=$ ☐

13 $6-1-4=$ ☐

14 $9-2-1=$ ☐

세 수의 뺄셈식을 계산하세요.

01 $7 - 1 - 4 = \square$

02 $9 - 4 - 4 = \square$

03 $9 - 1 - 5 = \square$

04 $7 - 2 - 2 = \square$

05 $8 - 2 - 4 = \square$

06 $6 - 2 - 3 = \square$

07 $6 - 1 - 2 = \square$

08 $9 - 3 - 2 = \square$

09 $7 - 2 - 1 = \square$

10 $9 - 5 - 2 = \square$

11 $8 - 4 - 1 = \square$

12 $5 - 2 - 2 = \square$

13 $4 - 1 - 2 = \square$

14 $8 - 3 - 1 = \square$

세 수의 덧셈, 뺄셈 연습

20 A 세 수의 덧셈, 뺄셈을 함께 연습해 볼까요?

계산하세요.

01 $2+2+4=\square$

02 $6-2-3=\square$

03 $7-4-1=\square$

04 $3+2+1=\square$

05 $9-1-2=\square$

06 $4+1+3=\square$

07 $7-4-2=\square$

08 $5+2+2=\square$

09 $3+4+1=\square$

10 $9-3-3=\square$

11 $8-4-1=\square$

12 $4+4+1=\square$

13 $2+4+3=\square$

14 $8-3-2=\square$

공부한 날 : 월 일

세 수의 덧셈,
빨셈을 함께
연습해 보자!

계산하세요.

01 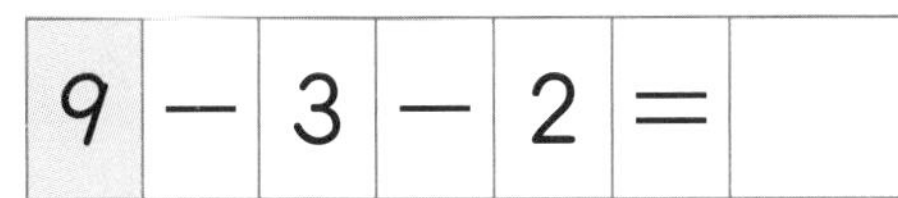
$9 - 3 - 2 = \square$

02 $3 + 2 + 2 = \square$

03 $2 + 1 + 6 = \square$

04 $8 - 4 - 3 = \square$

05 $2 + 4 + 3 = \square$

06 $8 - 2 - 2 = \square$

07 $5 - 1 - 3 = \square$

08 $1 + 4 + 4 = \square$

09 $1 + 5 + 2 = \square$

10 $7 - 2 - 4 = \square$

11 $4 + 1 + 2 = \square$

12 $6 - 3 - 2 = \square$

13 $7 - 1 - 3 = \square$

14 $3 + 3 + 3 = \square$

세 수의 덧셈, 뺄셈 연습

20 B 다양한 세 수의 계산 연습 문제를 풀어 볼까요?

△ 안에 세 수의 합을 써넣으세요.

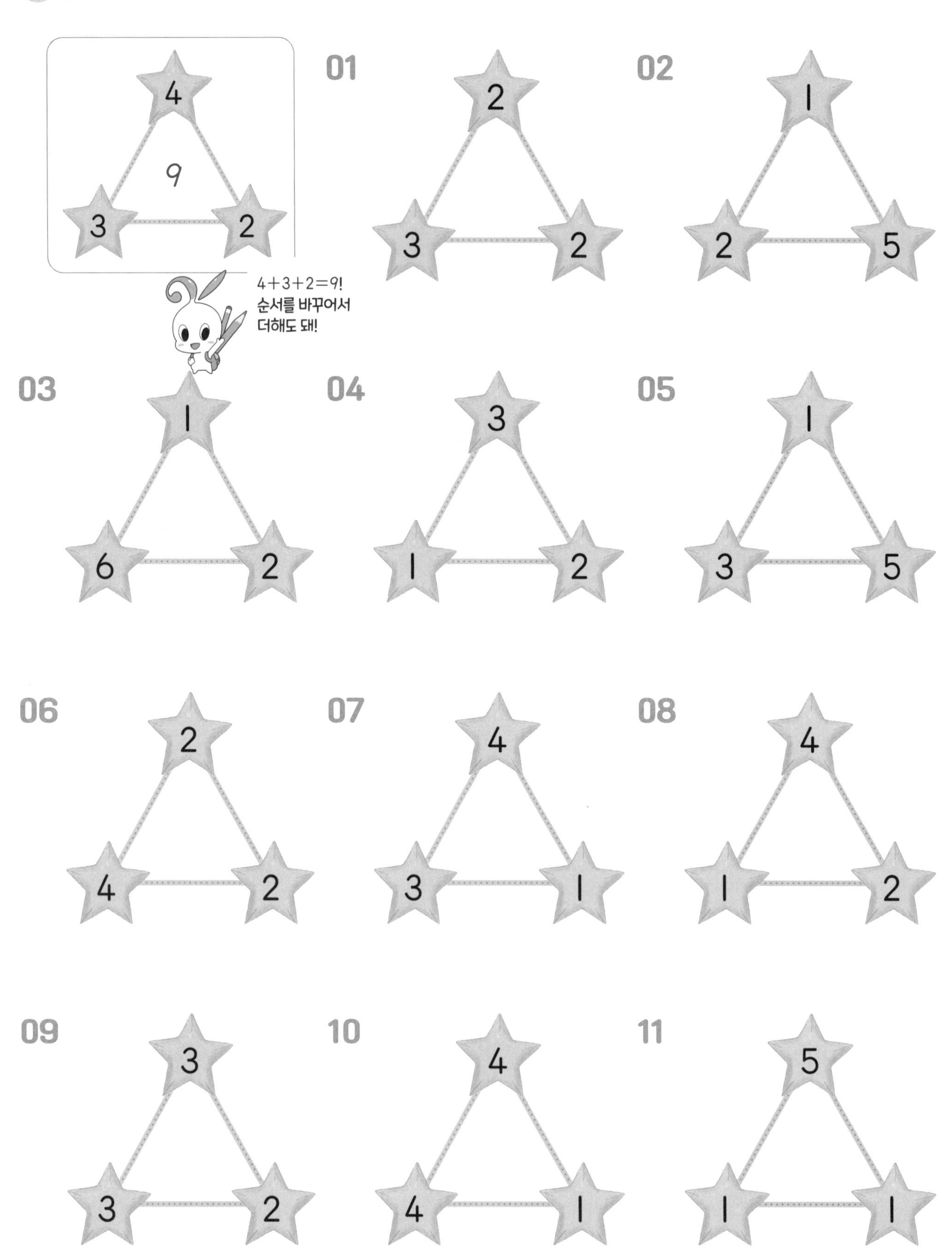

빨간색 칸의 수에서 노란색 칸의 두 수를 뺀 수를 □ 안에 써넣으세요.

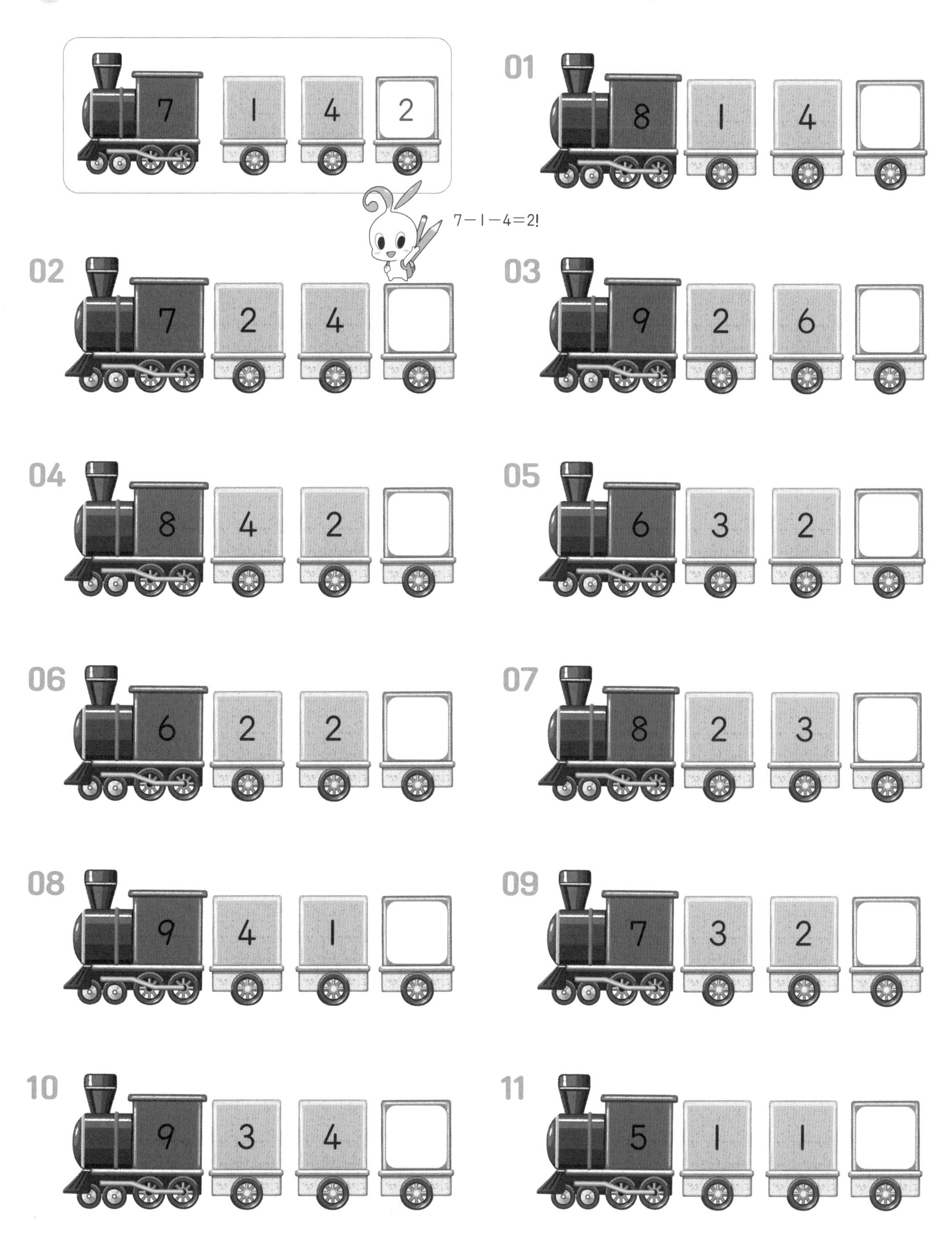

덧셈과 뺄셈을 함께 연습해 볼까요?

계산하세요.

01 $9-4=\square$

02 $2+6=\square$

03 $5-2=\square$

04 $4+2=\square$

05 $8-5=\square$

06 $3+5=\square$

07 $6-3=\square$

08 $6+1=\square$

09 $7-6=\square$

10 $5+4=\square$

11 $9-3=\square$

12 $4+4=\square$

13 $9-3-1=\square$

14 $2+4+2=\square$

15 $3+4+1=\square$

16 $8-4-2=\square$

17 $7-1-4=\square$

18 $4+2+1=\square$

계산하세요.

01 $4+5=\square$

02 $9-4=\square$

03 $7+2=\square$

04 $9-6=\square$

05 $6+1=\square$

06 $7-2=\square$

07 $3+5=\square$

08 $8-4=\square$

09 $5+2=\square$

10 $5-4=\square$

11 $2+3=\square$

12 $6-1=\square$

13 $1+2+5=\square$

14 $5-2-2=\square$

15 $6-3-1=\square$

16 $3+4+2=\square$

17 $4+1+2=\square$

18 $8-1-4=\square$

21 B 덧셈과 뺄셈 종합 연습 1

합은 더하기로, 차는 빼기로! 잊지 말아요

○ 안에는 두 수의 합을, □ 안에는 두 수의 차를 써넣으세요.

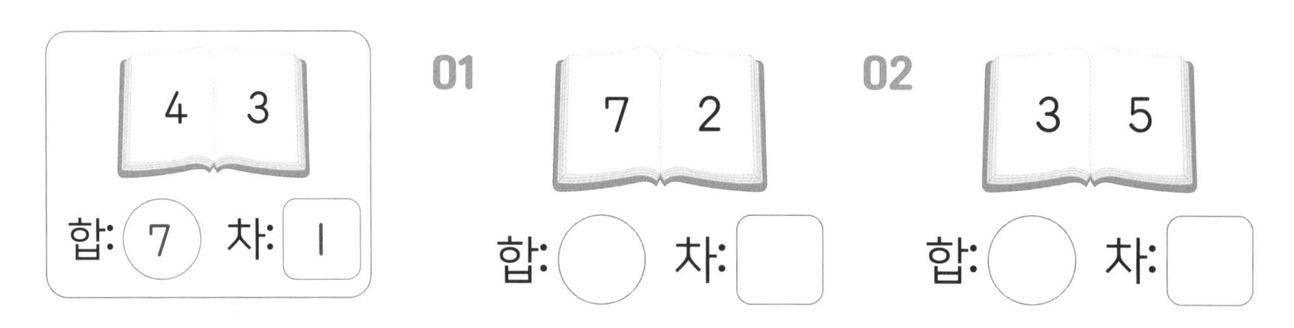

공부한 날 : 월 일

왼쪽에는 두 수의 합을, 오른쪽에는 두 수의 차를 써넣으세요.

합은 두 수를 더하고,
차는 큰 수에서 작은 수를 빼고,
확실하게 알아두자!

8	5	3	2

01

02

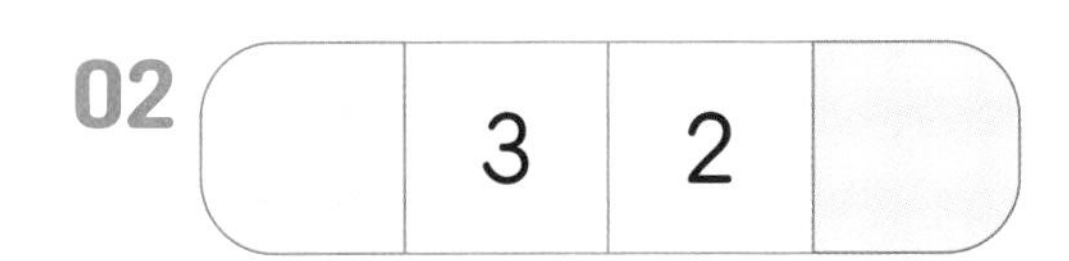

03

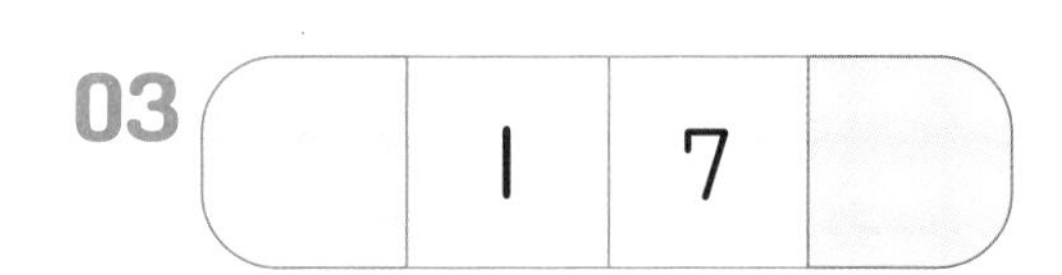

04

	7	2	

05

	6	1	

06

	4	3	

07

	3	6	

08

	1	2	

09

	4	5	

10

	4	2	

11

	1	5	

3 PART

덧셈과 뺄셈 종합 연습 2

22 A 더하기, 빼기를 마지막으로 확실하게 연습해요

계산하세요.

01 $7-5=\square$

02 $3+5=\square$

03 $8-6=\square$

04 $4+2=\square$

05 $4-2=\square$

06 $6+1=\square$

07 $9-4=\square$

08 $5+4=\square$

09 $6-3=\square$

10 $2+5=\square$

11 $5-1=\square$

12 $3+3=\square$

13 $8-2-3=\square$

14 $4+3+1=\square$

15 $2+1+6=\square$

16 $7-4-2=\square$

17 $9-2-2=\square$

18 $3+2+2=\square$

계산하세요.

01 $3 + 2 =$ ☐

02 $9 - 4 =$ ☐

03 $2 + 4 =$ ☐

04 $9 - 2 =$ ☐

05 $5 + 4 =$ ☐

06 $7 - 5 =$ ☐

07 $5 + 2 =$ ☐

08 $8 - 3 =$ ☐

09 $1 + 7 =$ ☐

10 $5 - 4 =$ ☐

11 $6 + 2 =$ ☐

12 $6 - 1 =$ ☐

13 $5 + 2 + 1 =$ ☐

14 $8 - 5 - 2 =$ ☐

15 $7 - 3 - 2 =$ ☐

16 $2 + 5 + 2 =$ ☐

17 $3 + 4 + 2 =$ ☐

18 $9 - 1 - 6 =$ ☐

이런 문제를 다루어요

01 그림을 보고 덧셈식을 세우세요.

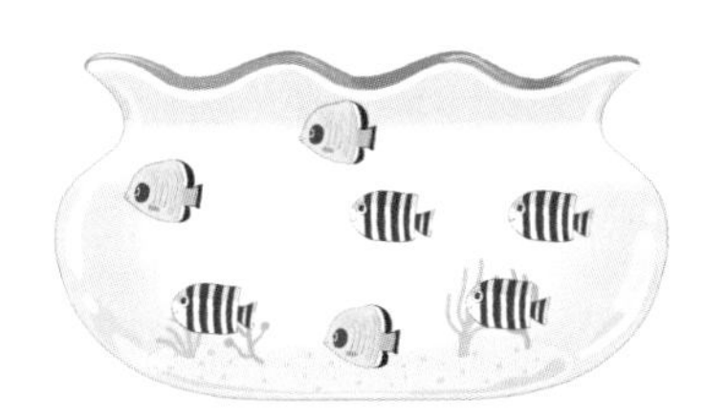

02 칸을 색칠해서 덧셈식을 계산하세요.

$3+2=\square$　　$4+3=\square$　　$6+1=\square$

03 덧셈식을 계산하세요.

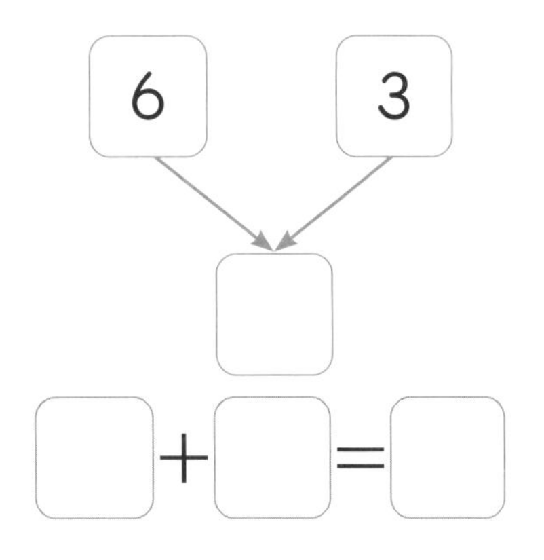

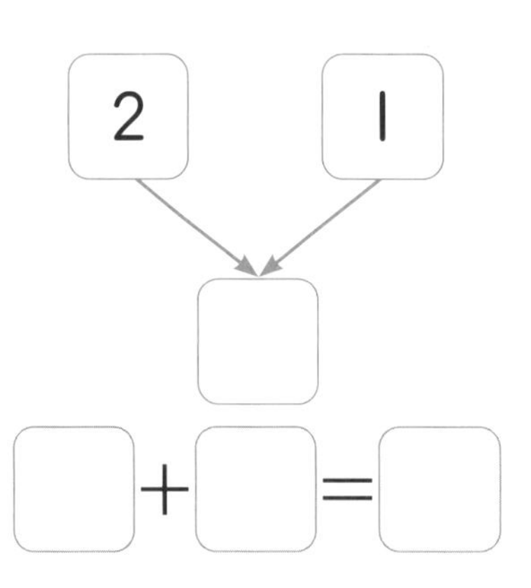

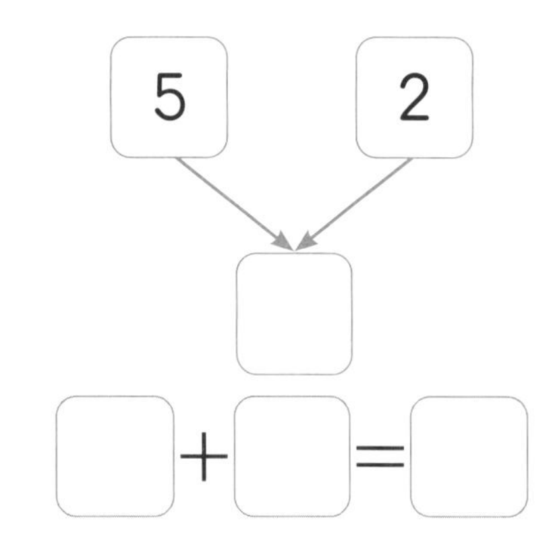

04 계산하세요.

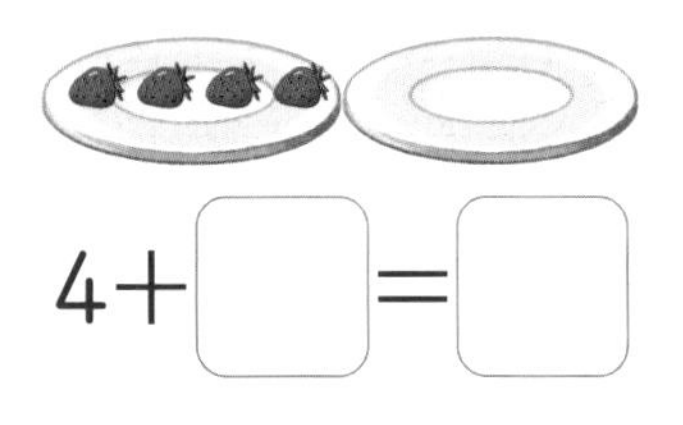

$3-\square=\square$

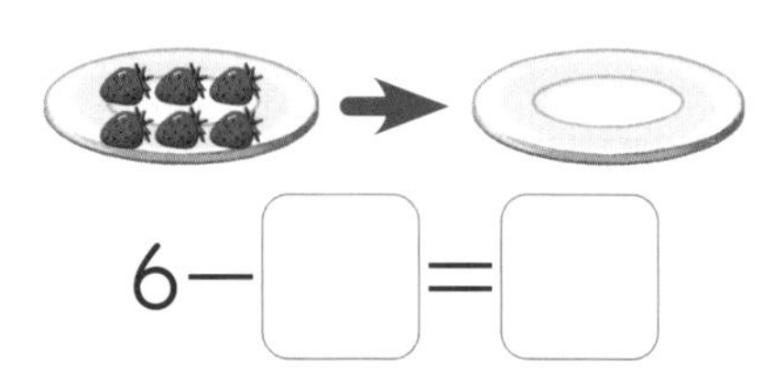

05 그림을 보고 뺄셈식을 세우세요.

06 뺄셈식을 계산하세요.

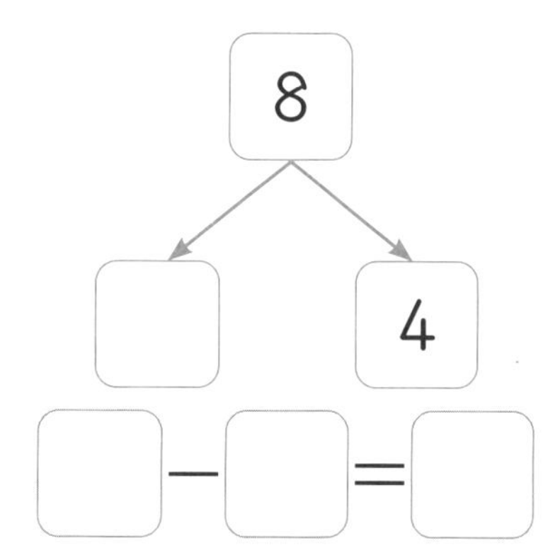

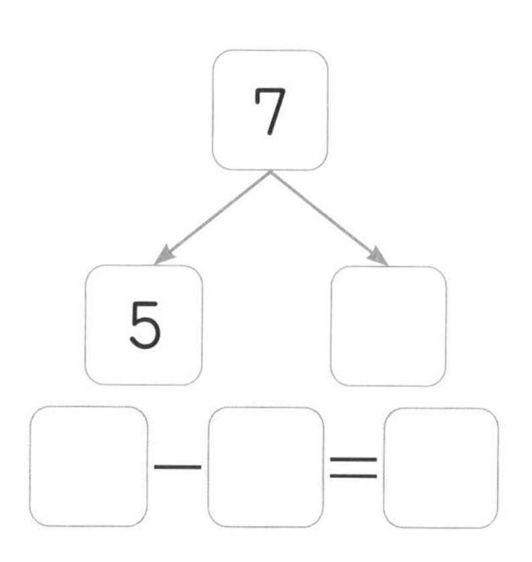

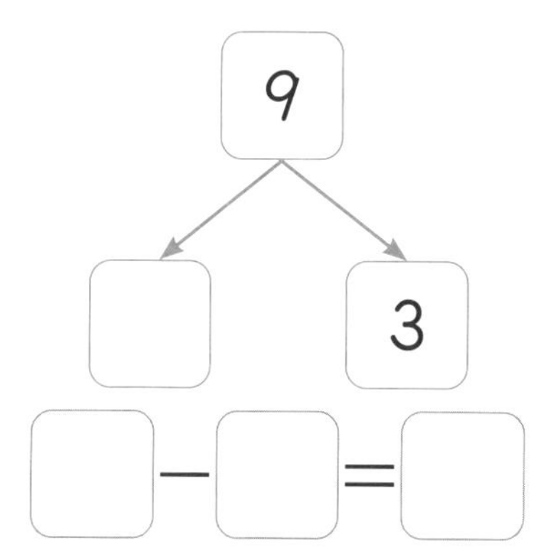

07 그림을 보고 알맞은 뺄셈식을 세우세요.

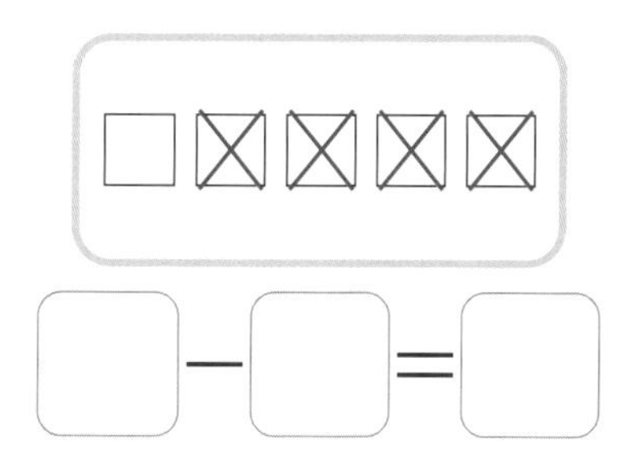

□ − □ = □

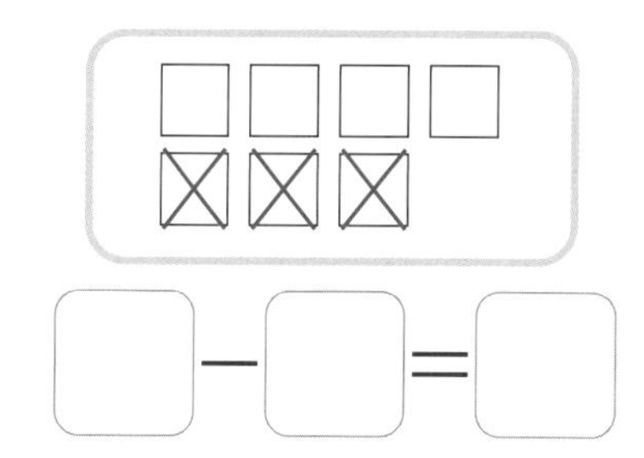

08 □ 안에 +, −를 알맞게 써넣으세요.

5 □ 4=1

7 □ 2=5

3 PART

수 피라미드

다음과 같이 두 □ 안의 수를 더하면 바로 위의 □ 안의 수가 됩니다.

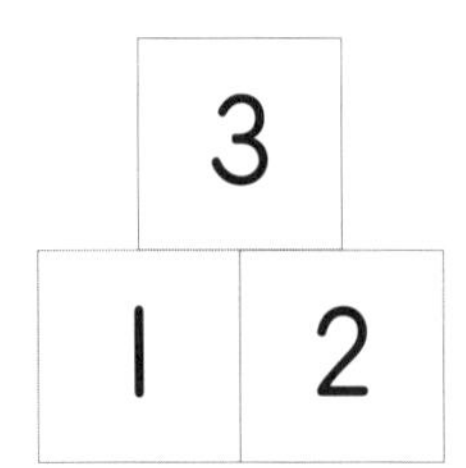

1, 2, 3, 4, 5를 한 번씩 써넣어서 같은 규칙을 완성하세요.

4 PART 받아올림과 받아내림의 기초

차시별로 정답률을 확인하고, 성취도에 O표 하세요.

80% 이상 맞혔어요. 60% ~ 80% 맞혔어요. 60% 이하 맞혔어요.

차시	단원	성취도
23	10 모으기	
24	10 가르기	
25	10 모으기, 가르기 연습	
26	10과 몇 모으기와 가르기	
27	10 만들어 세 수 모으기, 가르기	
28	10을 이용한 모으기	
29	10을 이용한 가르기 1	
30	10을 이용한 가르기 2	
31	10을 이용한 모으기, 가르기 연습 1	
32	10을 이용한 모으기, 가르기 연습 2	

10을 이용해서 10이 넘어가는 모으기, 10이 넘어가는 수의 가르기를 할 수 있습니다.

23 A
10 모으기

모아서 10이 되는 두 수를 찾아요

9보다 1 큰 수, 9 다음의 수를 10이라고 합니다. 여러 가지 방법으로 두 수를 모아서 10을 만들 수 있습니다.

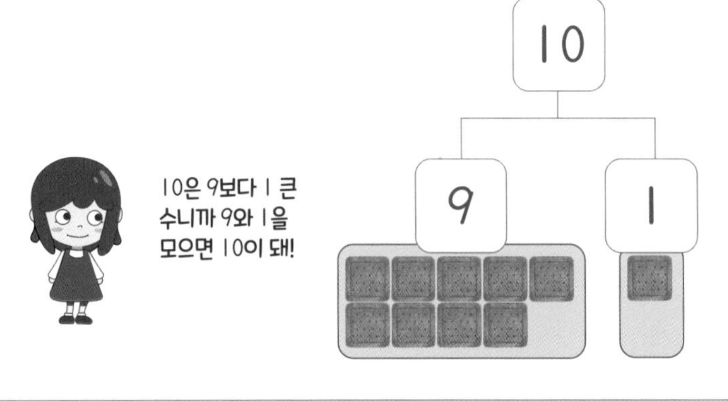

개수를 세어 모으기를 하세요.

01

02

03

04

05

06

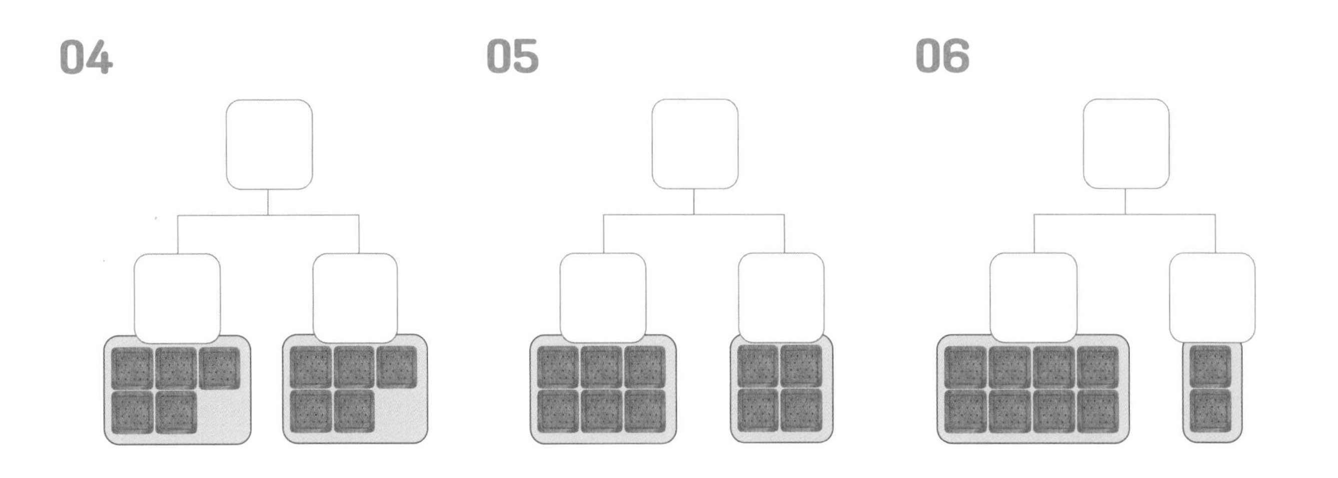

공부한 날 : 월 . 일

점의 수를 세고 10이 되는 모으기를 완성하세요.

문제만 풀지 말고
모아서 10이 되는 두 수엔
어떤 것들이 있는지 잘 관찰하자!

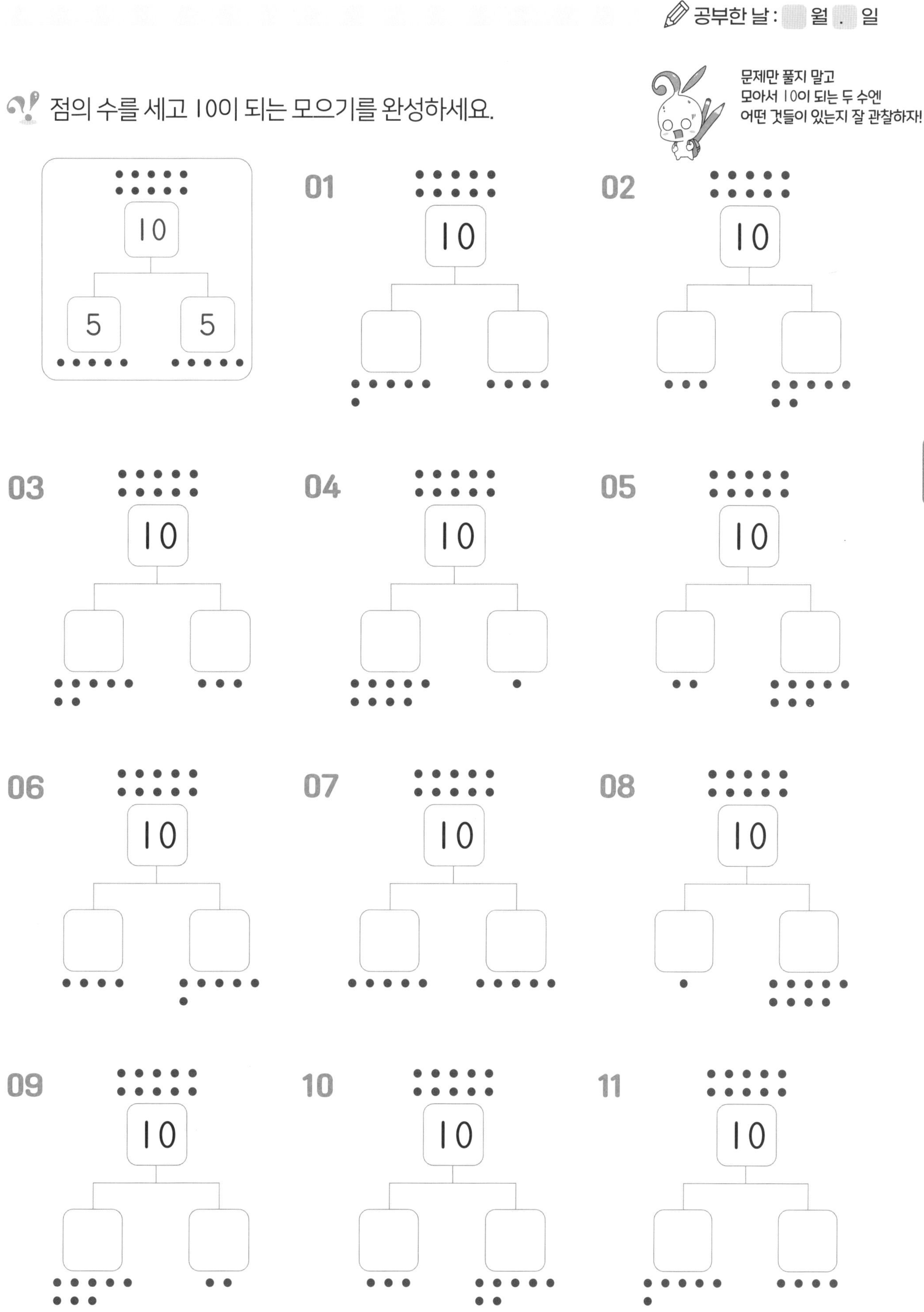

4 PART

10 모으기

10 모으기를 연습해요

모으기를 하는 중입니다. 빈 곳에 알맞은 수를 써넣으세요.

01

8	2

02

10	
9	

03

6	4

04

10	
	1

05

1	9

06

10	
	6

07

10	
	5

08

10	
2	

09

10	
	4

10

10	
3	

11

5	5

12

10	
	8

13

3	7

14

10	
	7

15

10	
5	

두 수를 모은 수가 10이 되는 것에 모두 ○표 하세요.

01

2	7

7	3

4	4

6	1

4	6

6	3

02

5	4

2	6

8	2

3	7

3	5

1	8

03

4	5

8	1

6	2

1	9

3	6

2	8

04

6	4

7	2

5	5

1	7

3	5

4	3

10 가르기

24 A 10을 두 수로 가를 수 있어요

9는 10보다 1 작은 수입니다. 여러 가지 방법으로 10을 두 수로 가를 수 있습니다.

9는 10보다 1 작은 수니까
10은 9와 1로 가를 수 있어!
10개의 사탕도 9개, 1개로 가를 수 있지!

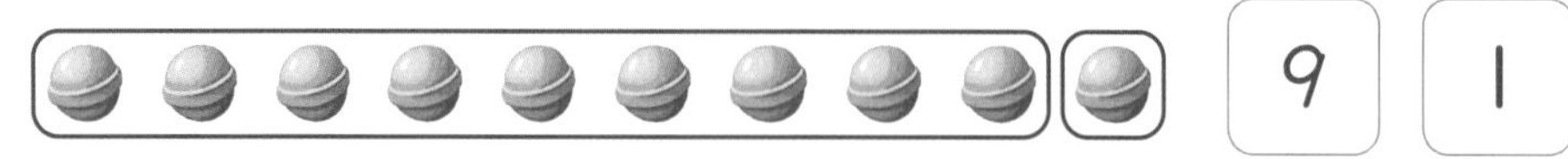

9 | 1

10개의 사탕을 여러 가지 방법으로 두 묶음으로 묶고 오른쪽에 묶은 개수를 써넣으세요.

01  ☐ ☐

02  ☐ ☐

03  ☐ ☐

04  ☐ ☐

05  ☐ ☐

06  ☐ ☐

07  ☐ ☐

08 ☐ ☐

공부한 날 : 월 일

모아서 10이 되는 두 수를 잘 떠올려서 풀어 봐!

수만큼 점을 그리고 가르기를 하세요.

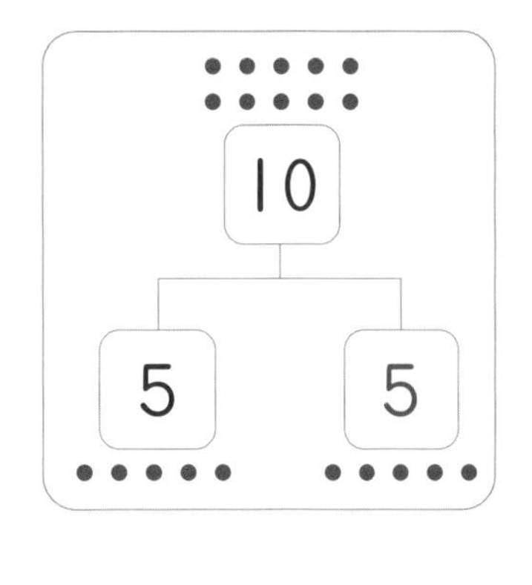

01

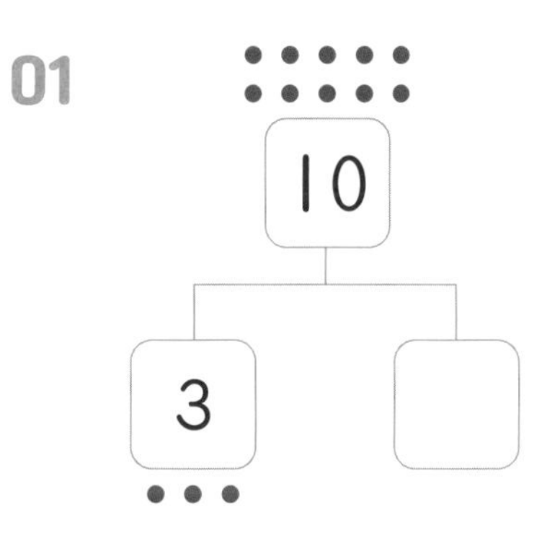

02

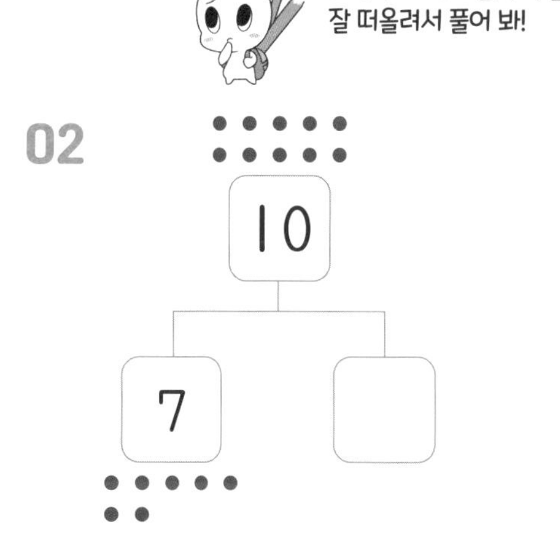

03

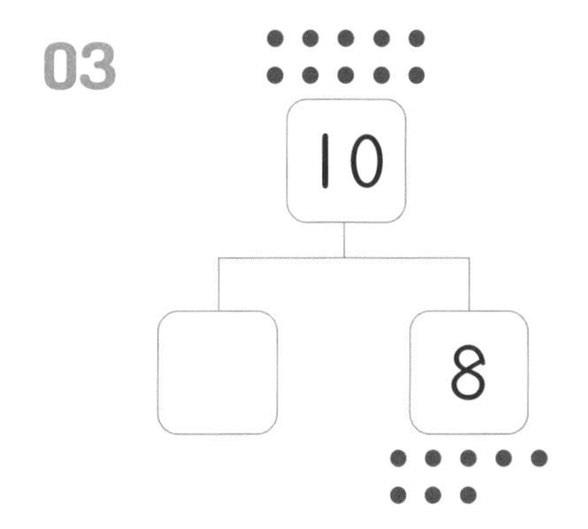

04

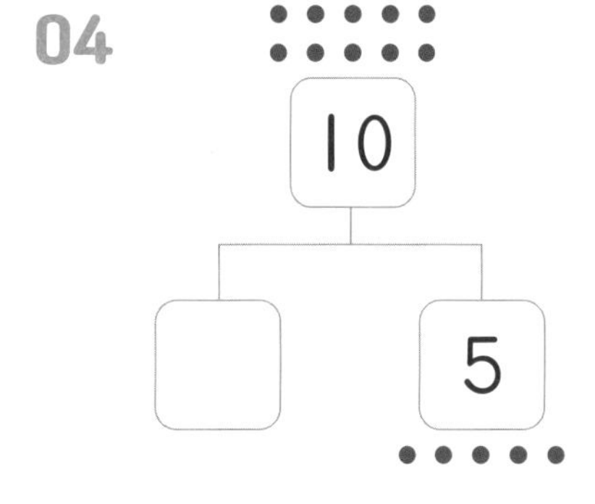

05

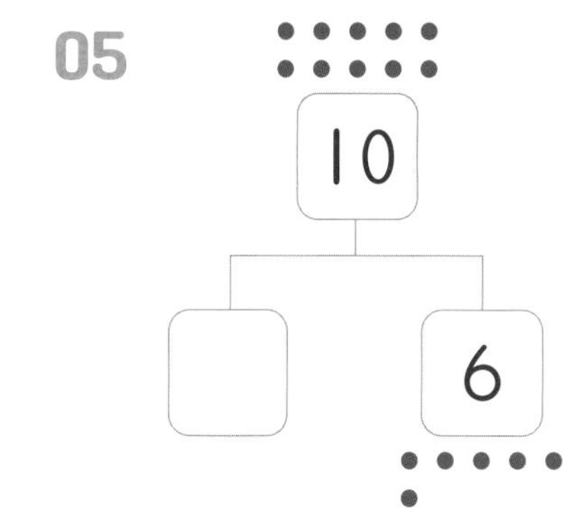

06

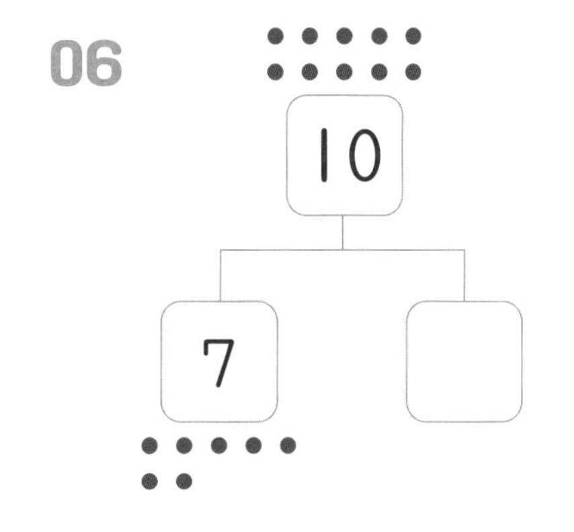

07

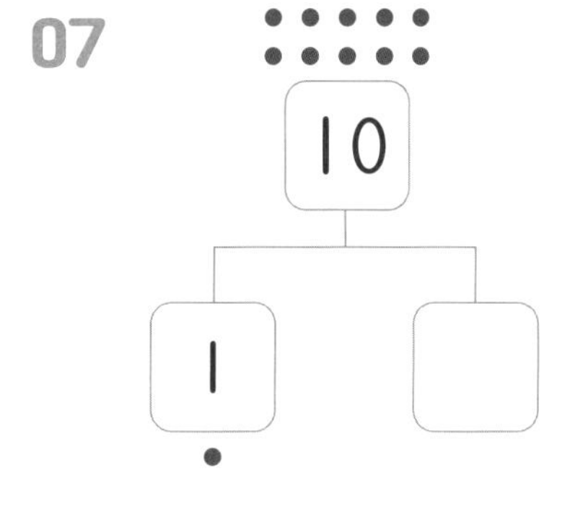

08

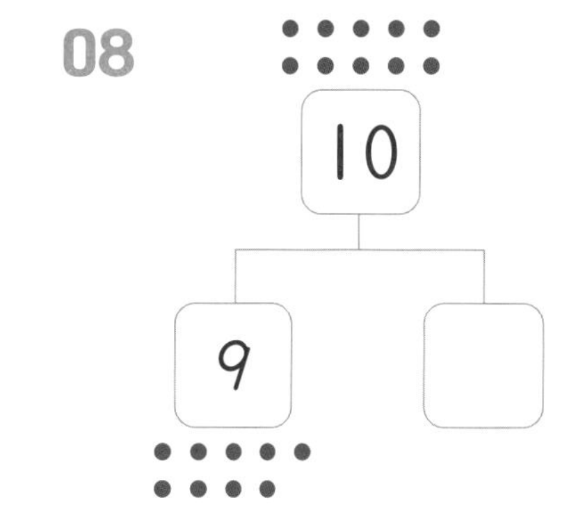

09

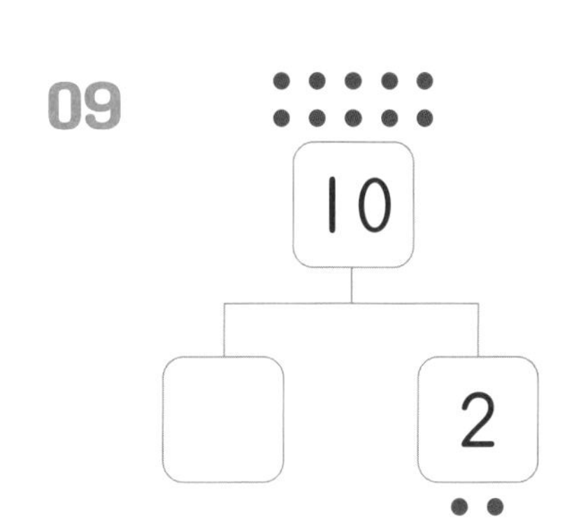

10

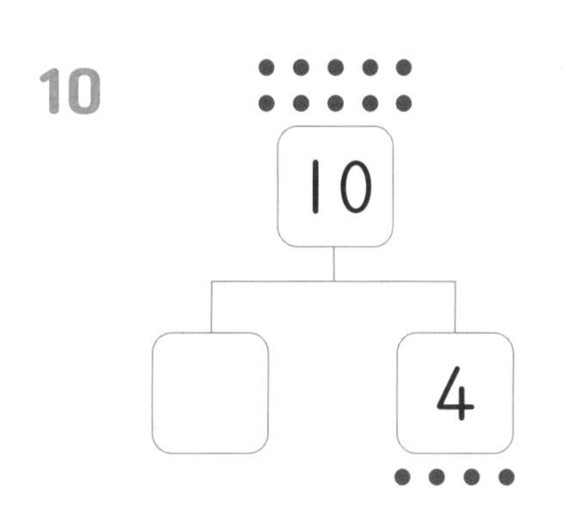

11

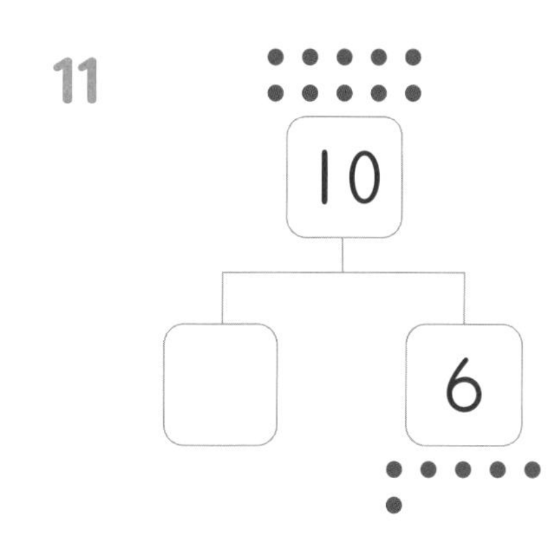

24 B

10 가르기

10 가르기를 연습해 볼까요?

10을 두 수로 가르세요.

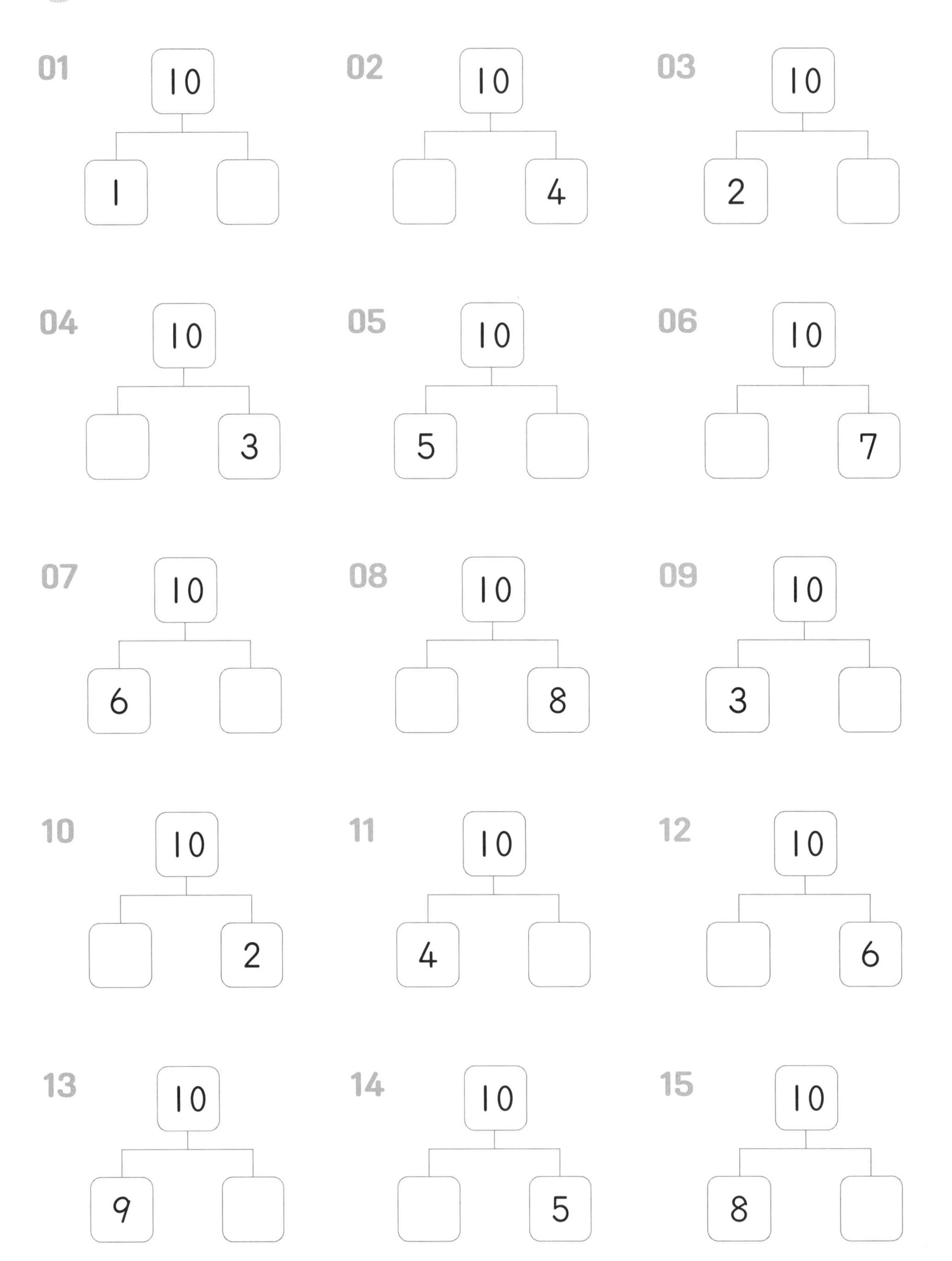

왼쪽, 오른쪽의 수를 모아서 가운데에 써넣었습니다. 빈 곳에 알맞은 수를 써넣으세요.

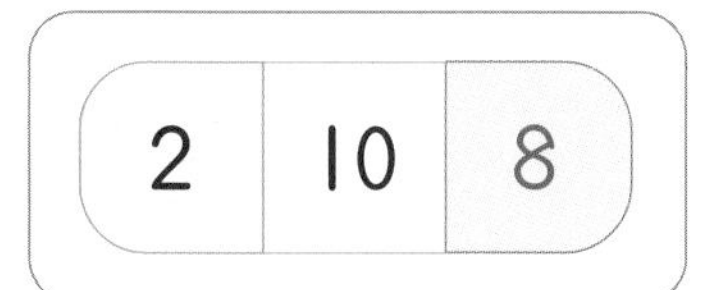

번호	왼쪽	가운데	오른쪽
01		10	7
02	4	10	

번호	왼쪽	가운데	오른쪽
04	7	10	
05		10	1

번호	왼쪽	가운데	오른쪽
07		10	6
08	6	10	
09		10	8
10	8	10	
11		10	3
12	2	10	
13		10	4
14	9	10	
15		10	9
16	3	10	
17		10	5

4 PART

25 A 10 모으기, 가르기 연습

10 모으기, 가르기를 함께 연습해요

모으기, 가르기를 하세요.

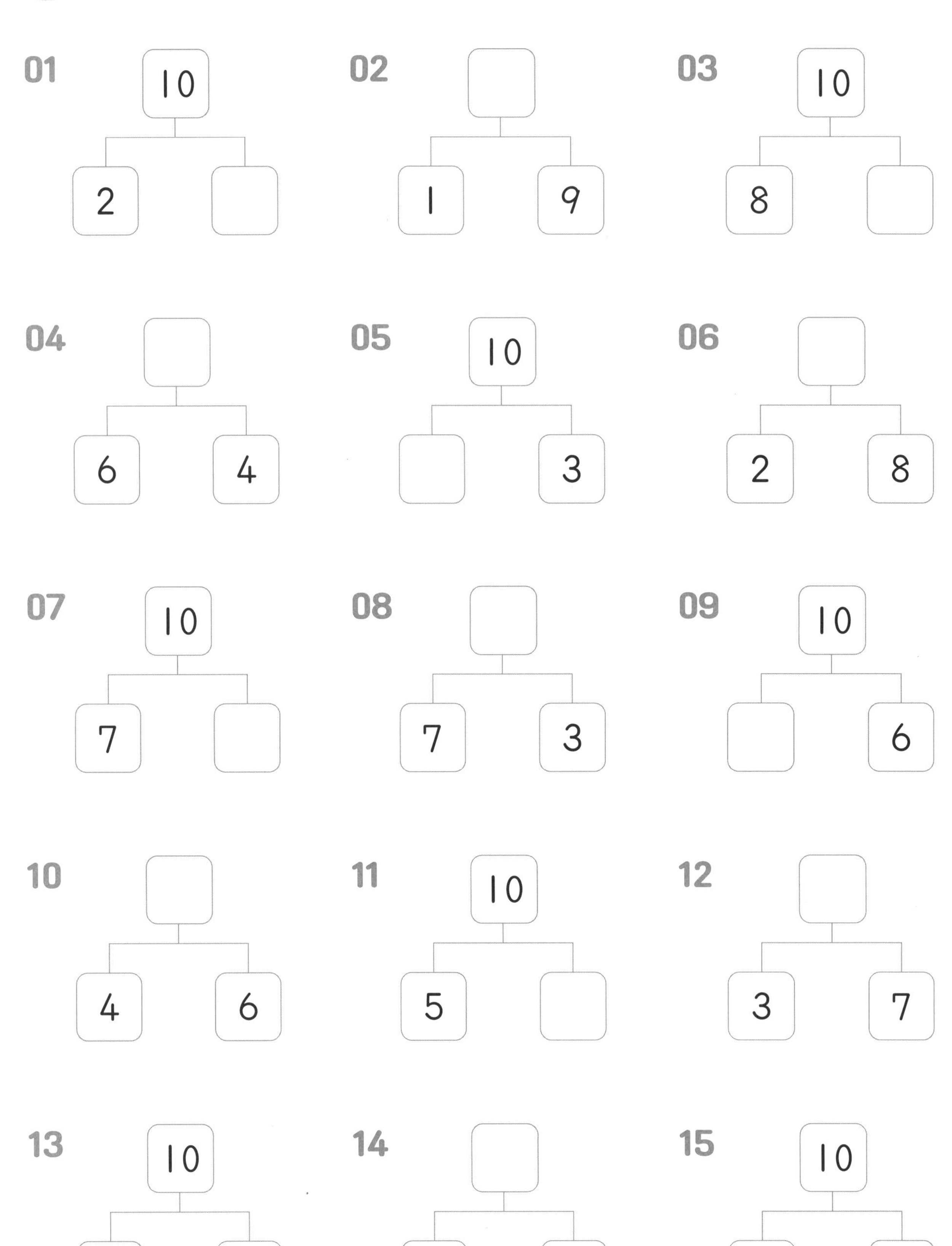

묶은 수를 모으면 10이 되도록 가로, 세로로 이웃한 두 수를 모두 묶으세요.

8	1	3
2	5	2
6	3	7

01

1	5	5
4	3	2
6	2	7

02

2	7	3
1	1	4
8	2	5

03

4	1	8
5	3	2
5	2	6

04

1	8	1
5	2	7
4	6	2

05

1	6	2
4	4	5
3	2	5

06

3	2	7
6	1	3
1	8	2

07

3	2	5
6	4	1
2	3	7

08

3	7	1
4	2	3
4	5	5

09

2	1	9
5	2	
4	3	
6	1	4

10

4	2	8
5	2	
3	4	
5	5	2

11

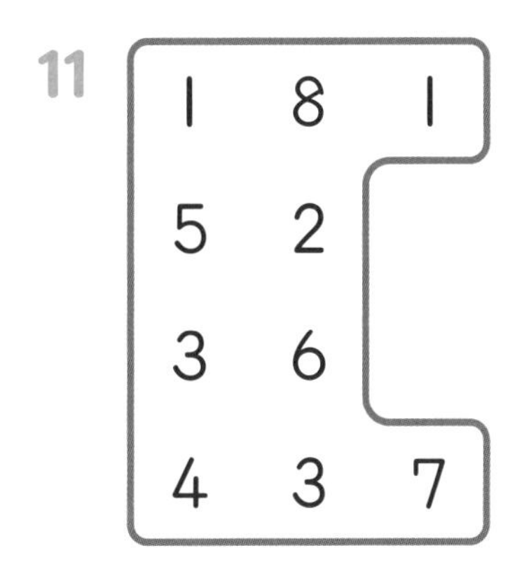

25 10 모으기, 가르기 연습

B 다양한 10 모으기, 가르기 문제를 풀어요

○ 안의 수는 □ 안의 두 수를 모은 수입니다. 빈 곳에 알맞은 수를 써넣으세요.

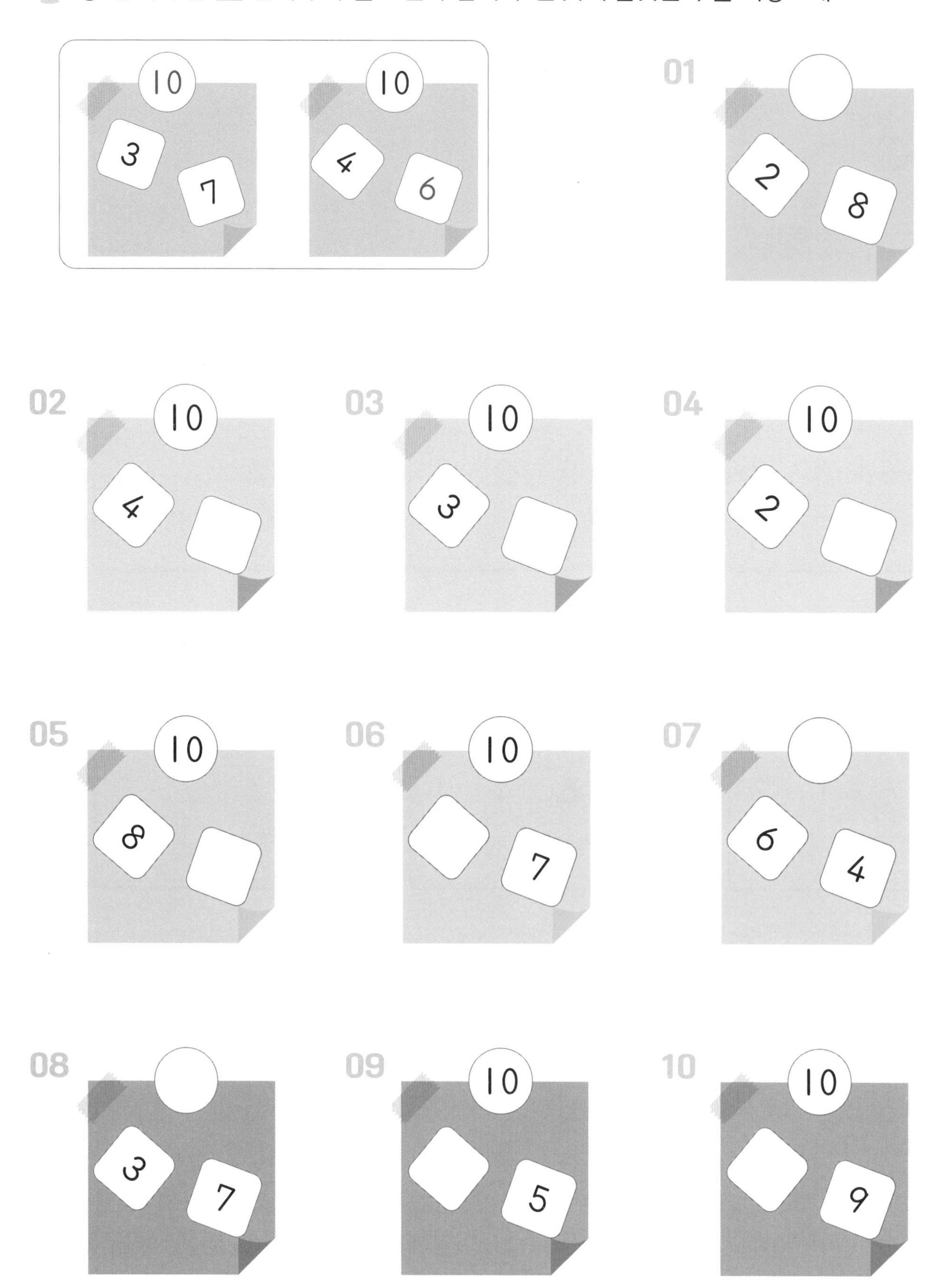

모아서 10이 되는 두 수에 ○표 하세요.

01

1 8
5 4
3 2

02

03

5 3
1 5
8 6

04

7 9
2 3
5 4

05

06

5 9
6 2
3 7

07

8 4
3 1
9 5

08

09

5 6
8 9
7 4

10

9 5
2 3
4 5

11

26 A 10과 몇을 모으면 십몇이 돼요

10과 몇을 모아서 11부터 19까지의 수를 만들 수 있습니다.

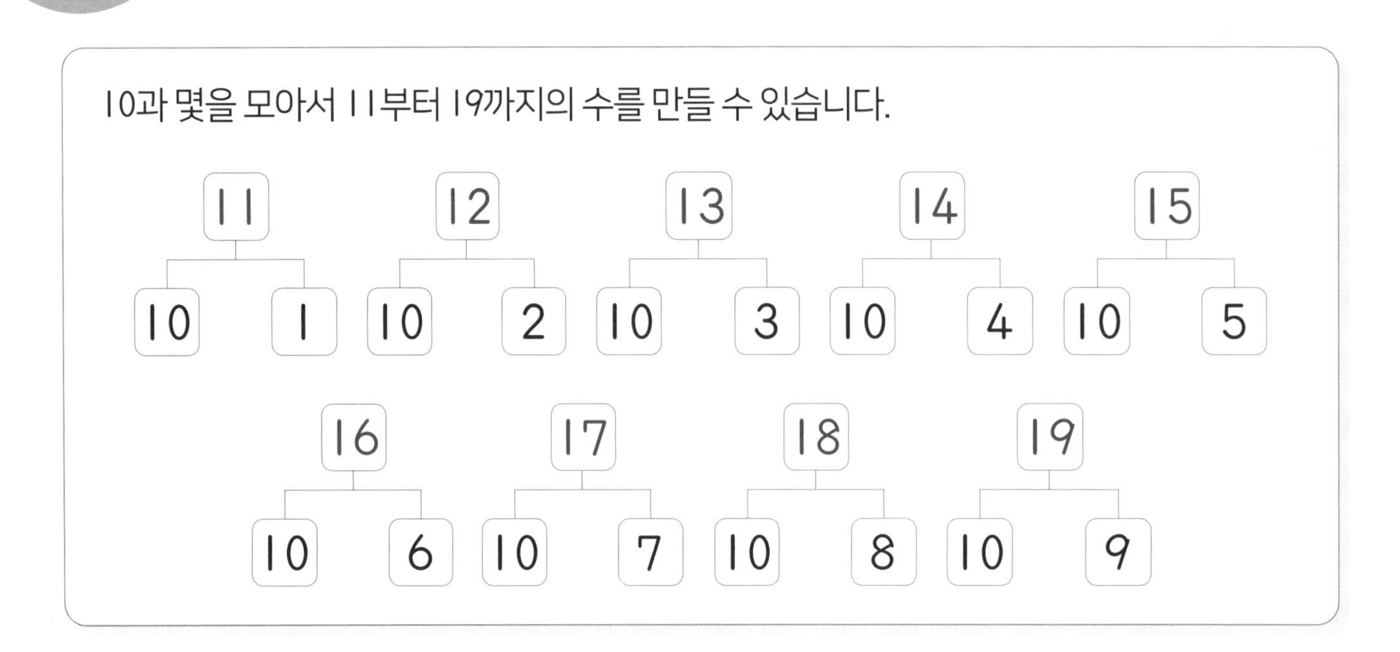

모으기를 하세요.

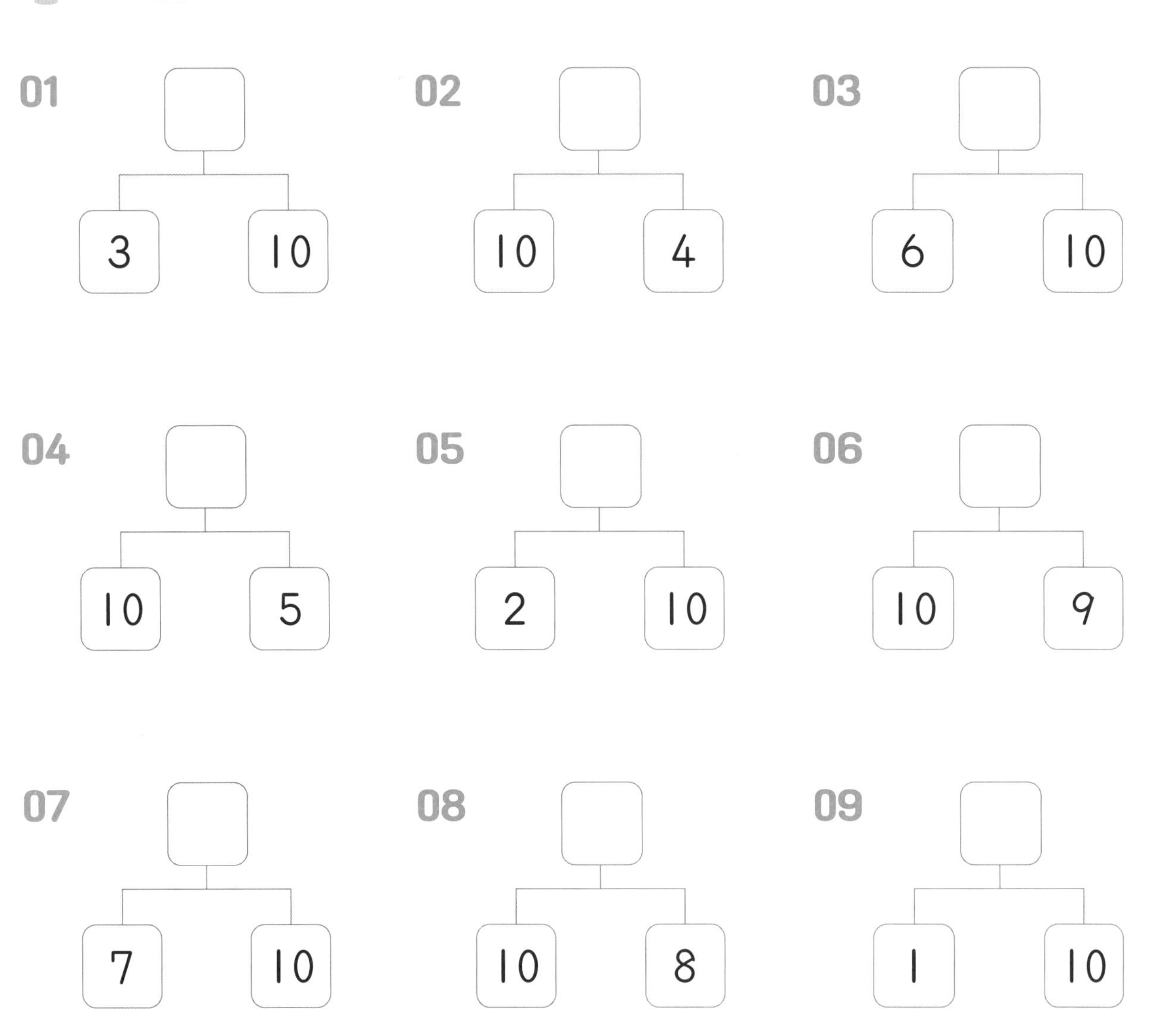

공부한 날 : 월 일

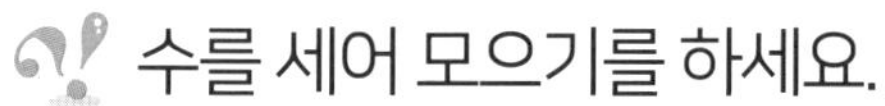

수를 세어 모으기를 하세요.

10보다 큰 수의 덧셈을 하려면 십몇으로 모으기를 확실하게 알아야 해!

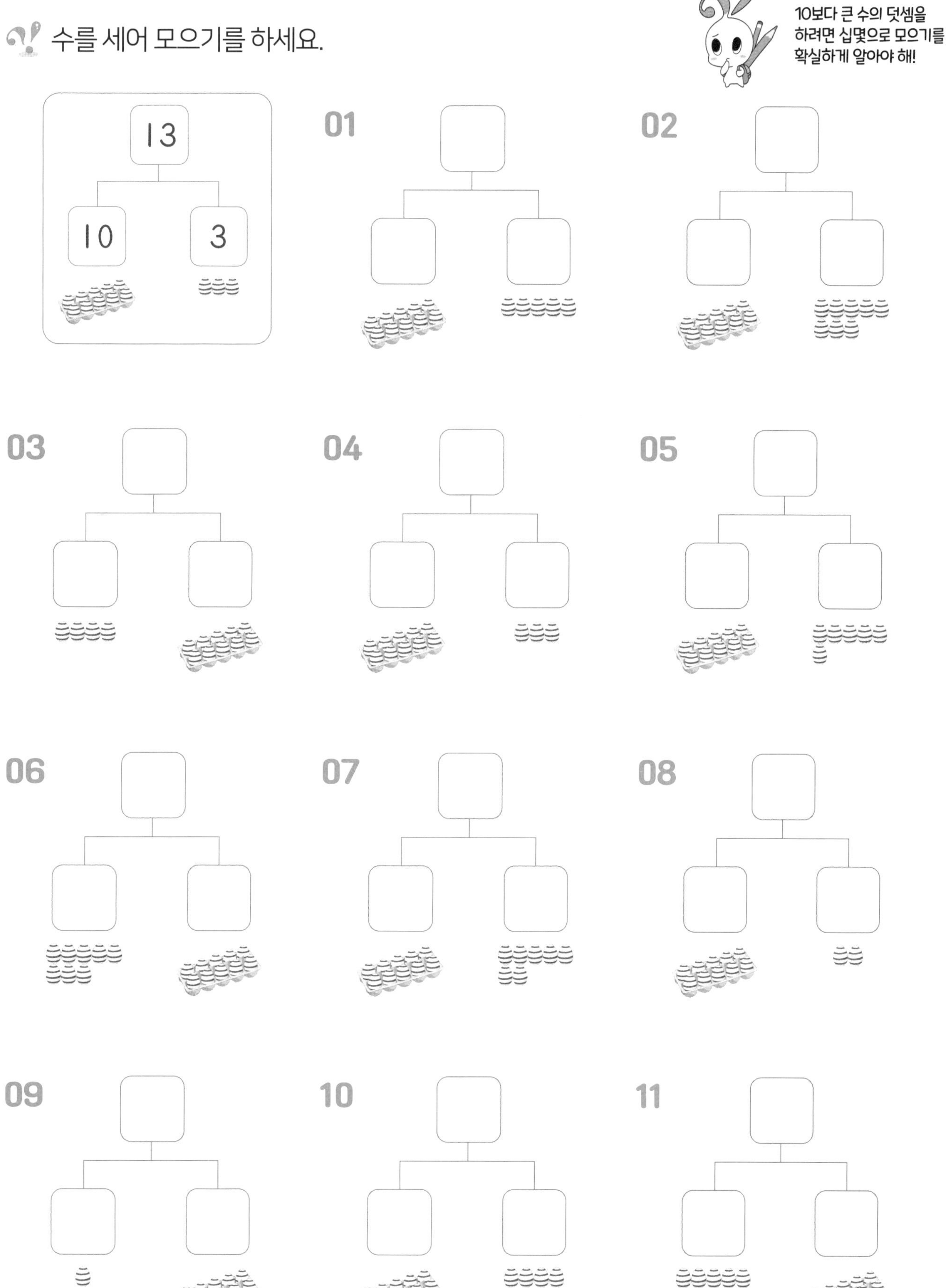

4 PART

26 B 10과 몇 모으기와 가르기

십몇은 10과 몇으로 가를 수 있어요

십몇은 10과 몇을 모은 수이기 때문에 반대로 십몇을 10과 몇으로 가를 수 있습니다.

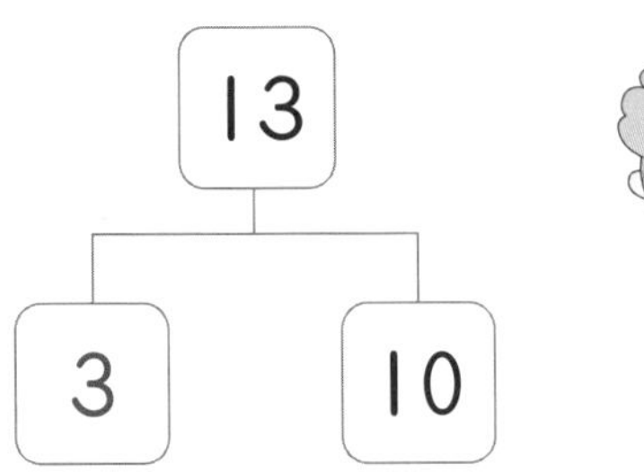

10과 3이 모여서 13이 되니까 13은 10과 3으로 가를 수 있어!

가르기를 하세요.

01
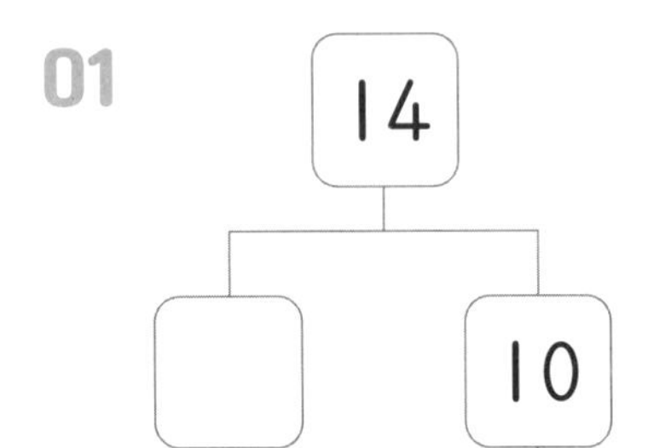

02
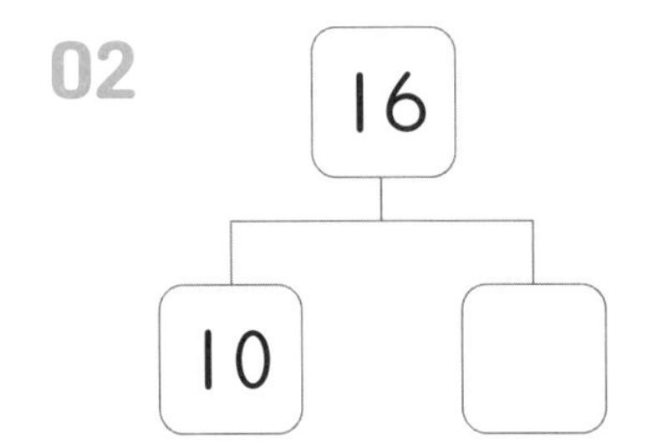

03
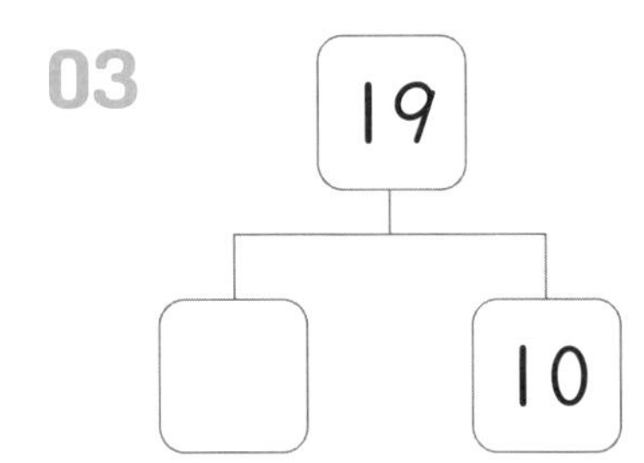

04
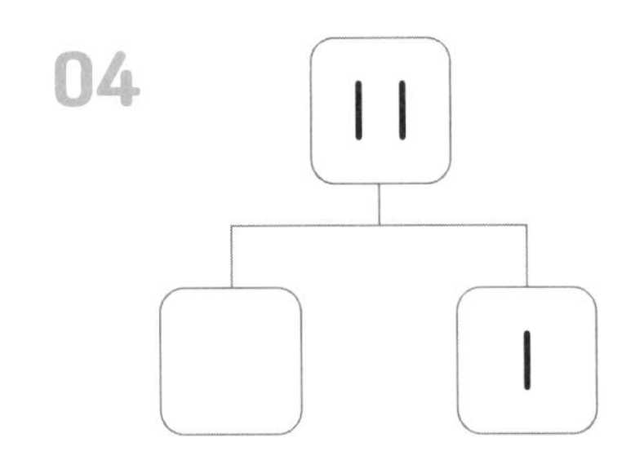

05
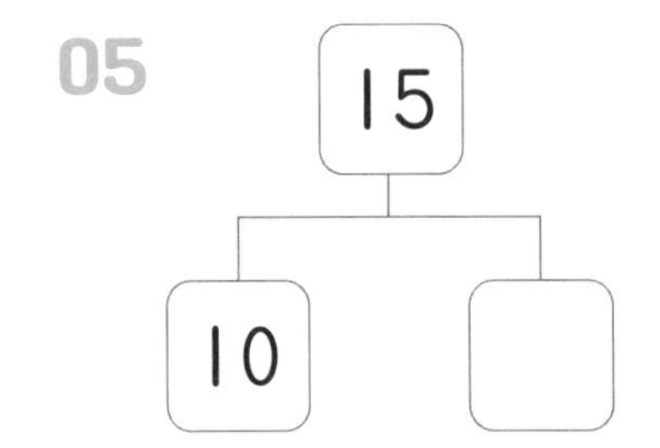

06
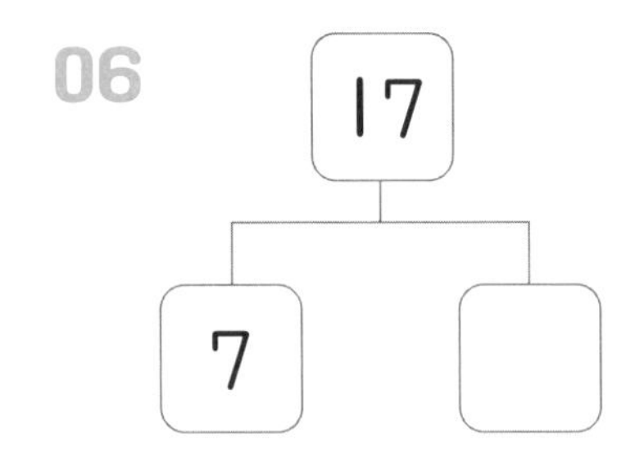

07
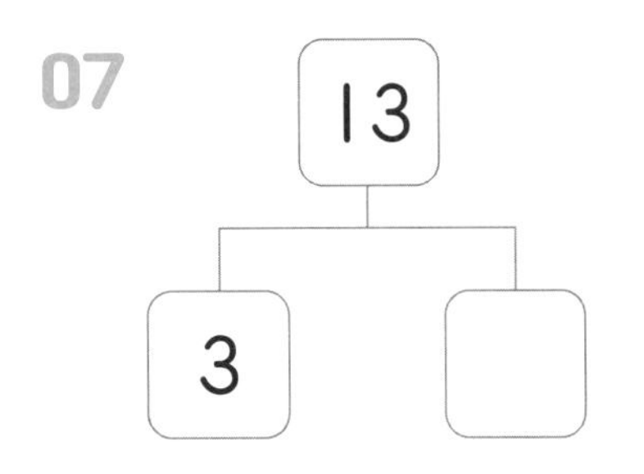

08
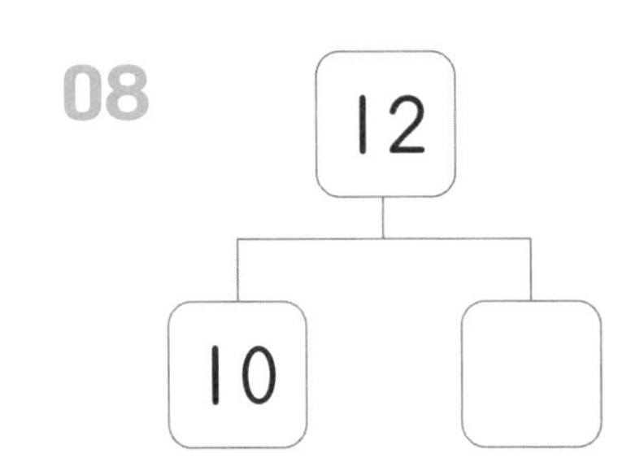

09
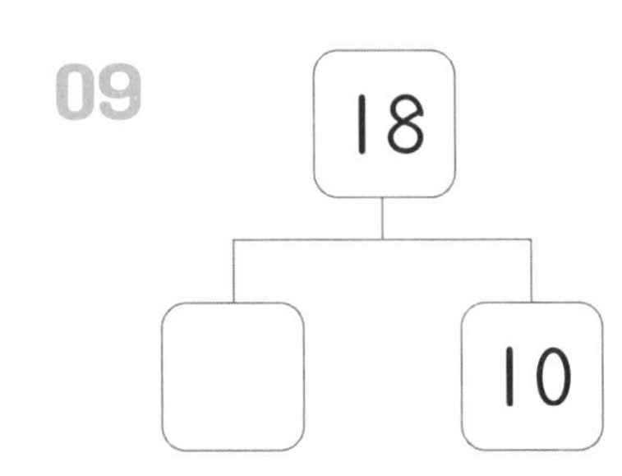

수를 세어 가르기를 하세요.

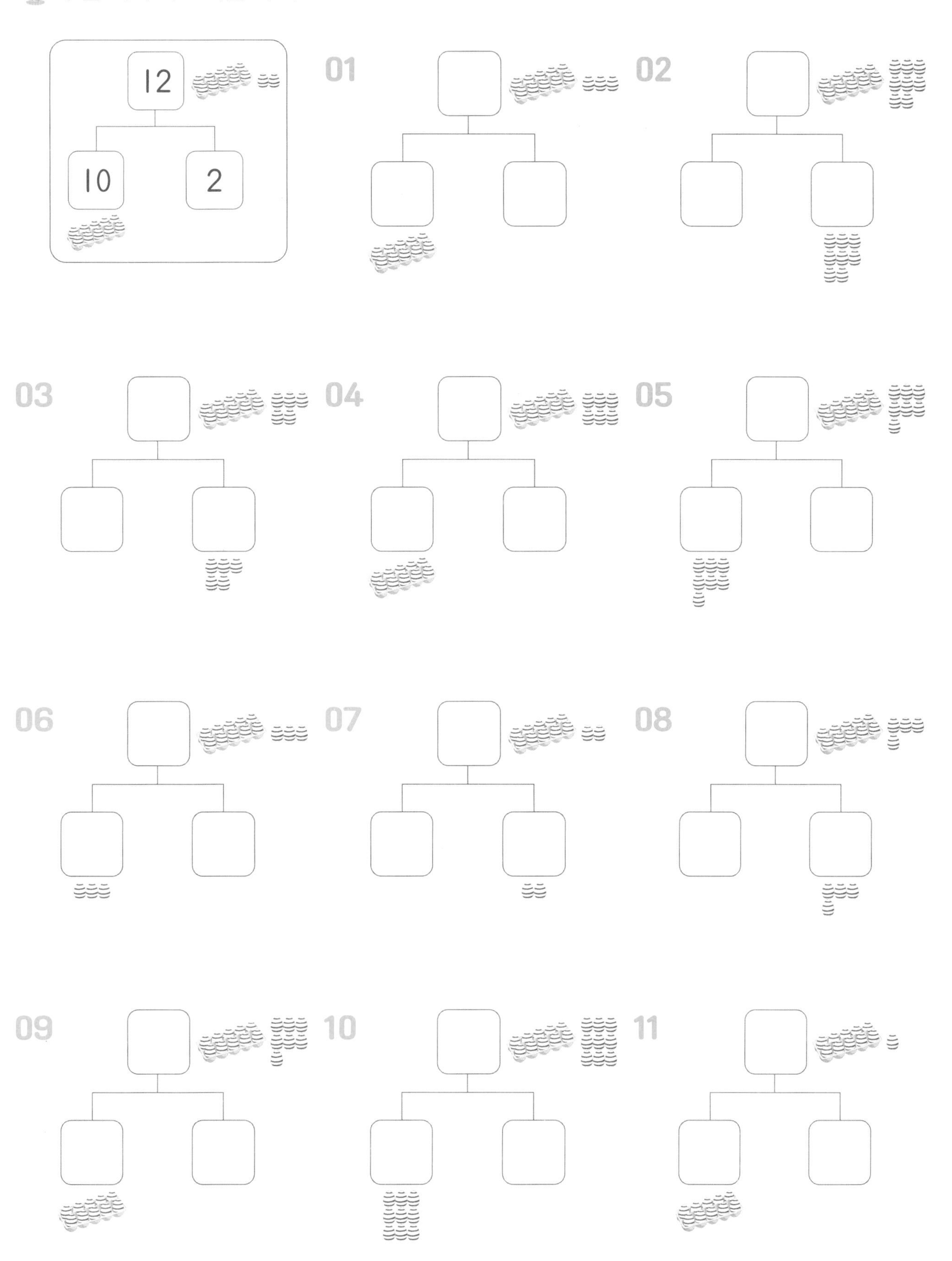

A 먼저 합이 10인 수를 찾아요

세 수를 모을 때 합이 10 되는 두 수를 모은 다음 나머지 수를 모아 십몇으로 모을 수 있습니다.

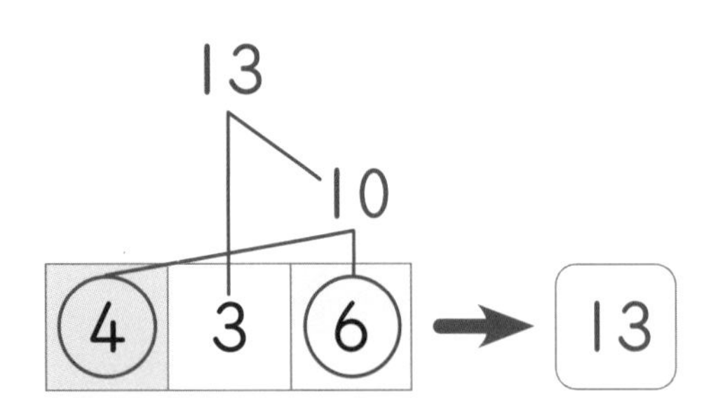

모아서 10이 되는 두 수에 ○표 하세요. 그다음 □ 안에 세 수를 모은 수를 써넣으세요.

01 | 2 | 8 | 4 | → □

02 | 9 | 3 | 1 | → □

03 | 7 | 5 | 3 | → □

04 | 3 | 9 | 7 | → □

05 | 6 | 8 | 2 | → □

06 | 2 | 6 | 4 | → □

07 | 7 | 5 | 5 | → □

08 | 1 | 9 | 8 | → □

09 | 4 | 6 | 5 | → □

10 | 7 | 3 | 1 | → □

모아서 10이 되는 두 수에 ◯표 하세요. 그다음 △ 안에 세 수를 모은 수를 써넣으세요.

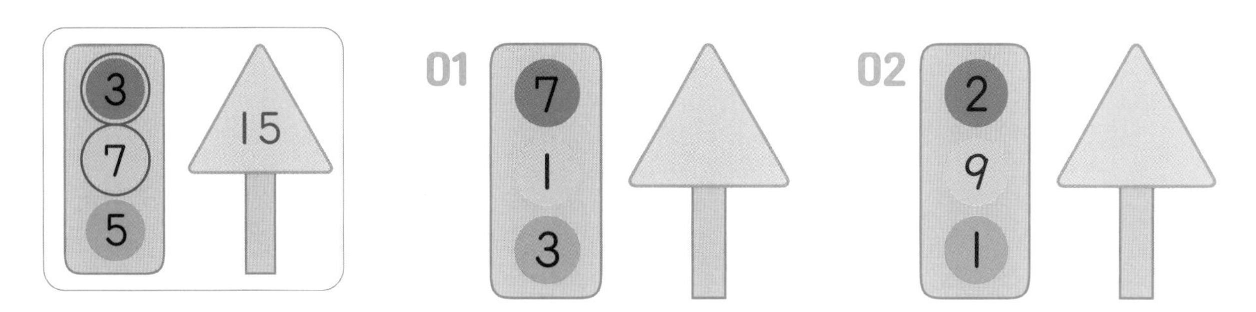

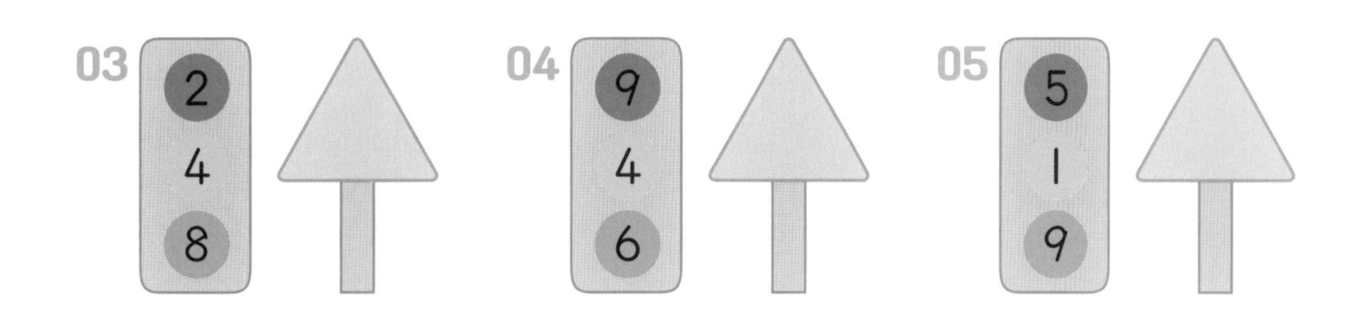

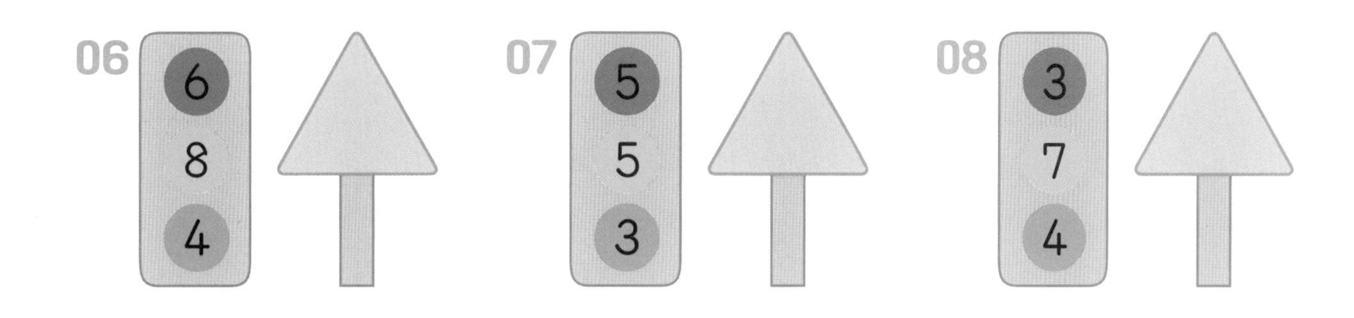

B 두 수의 합이 10인 것을 이용해요

세 수의 가르기를 할 때 다른 두 수의 합이 10이면 십몇을 10과 몇으로 가르는 가르기로 생각해 빈칸의 수를 구할 수 있습니다.

가르기를 하세요.

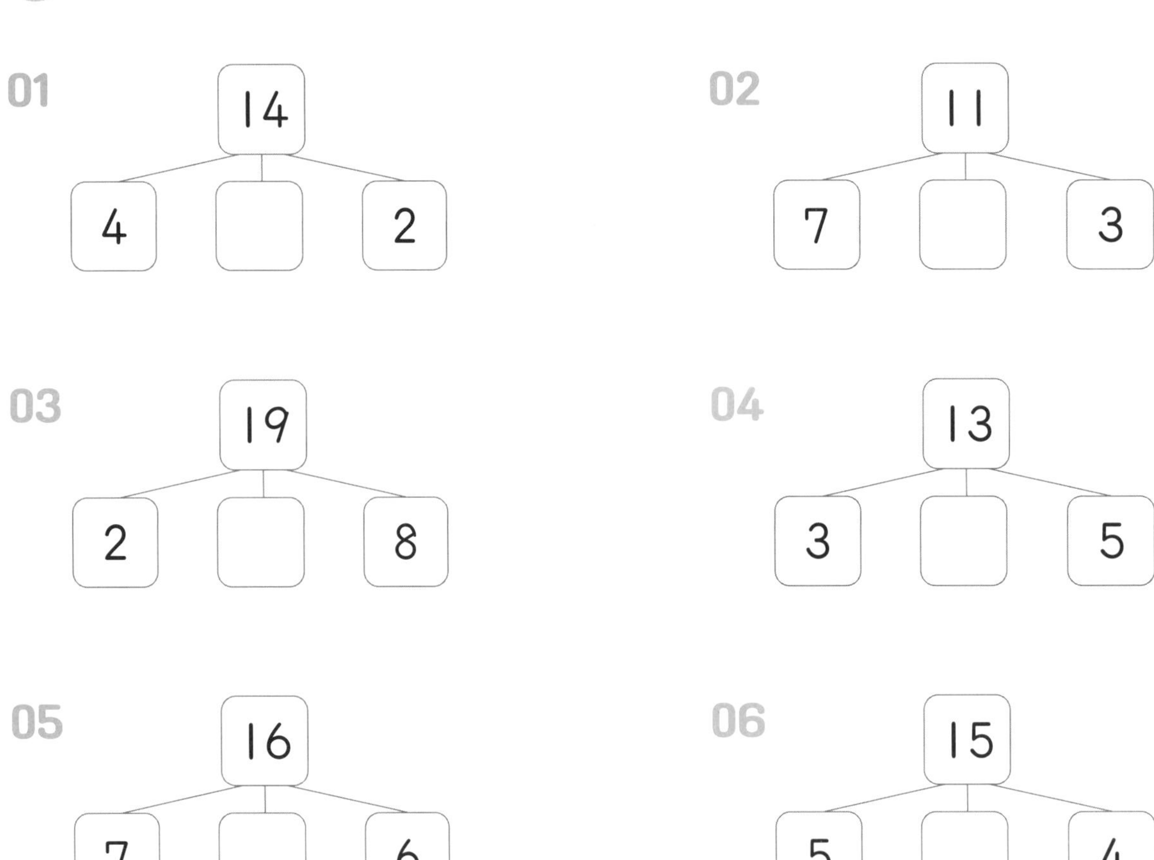

공부한 날 : 월 일

먼저 합이 10인 두 수를 찾으면
가르기를 더 빠르게 할 수 있어!

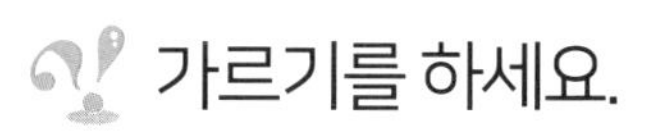

가르기를 하세요.

01

02
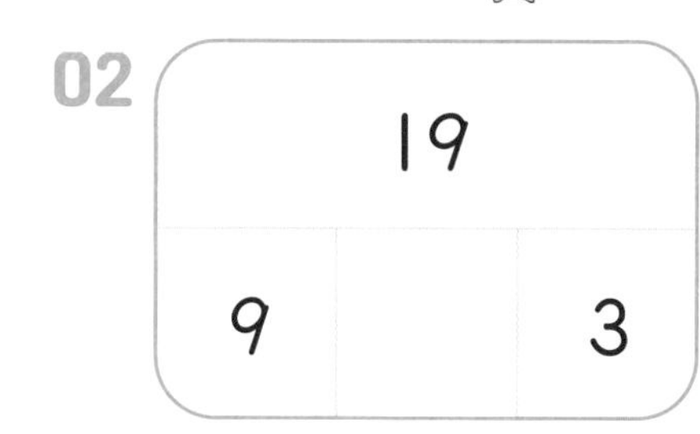

03
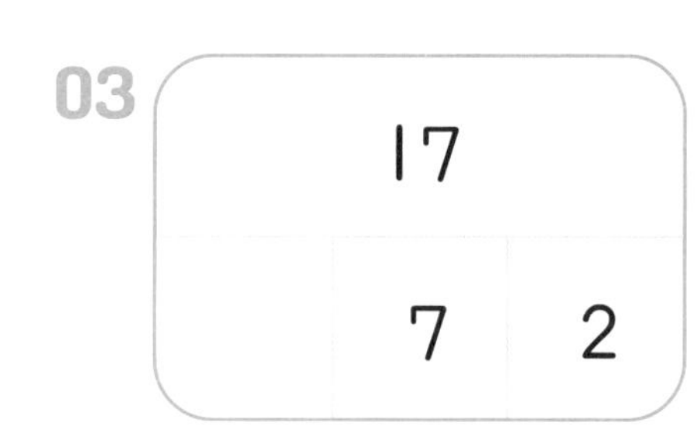

04
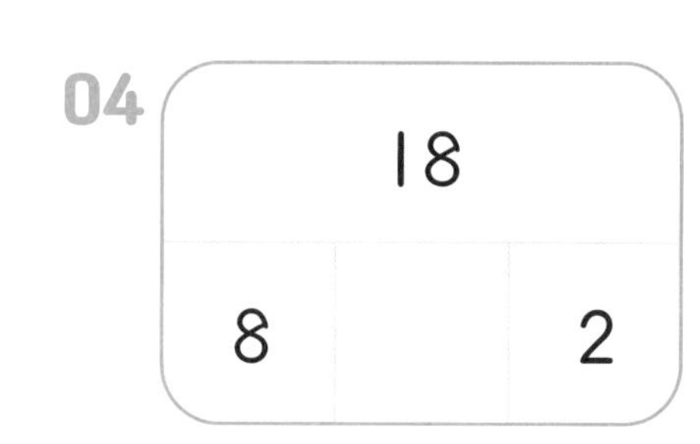

05

11		
3		7

06

16		
6		3

07
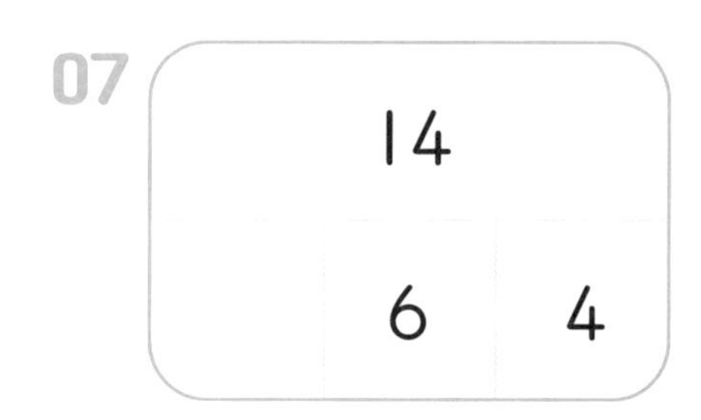

08

09
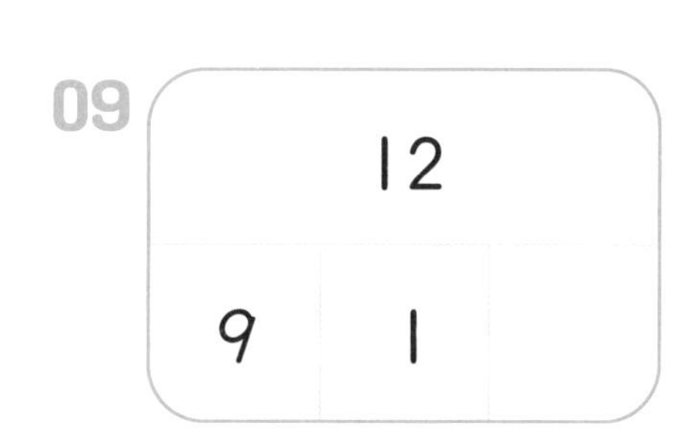

10

10을 이용한 모으기

28 A 10을 만들어 모으기를 해요

수를 옮겨서 10을 만든 다음 모으기를 합니다.

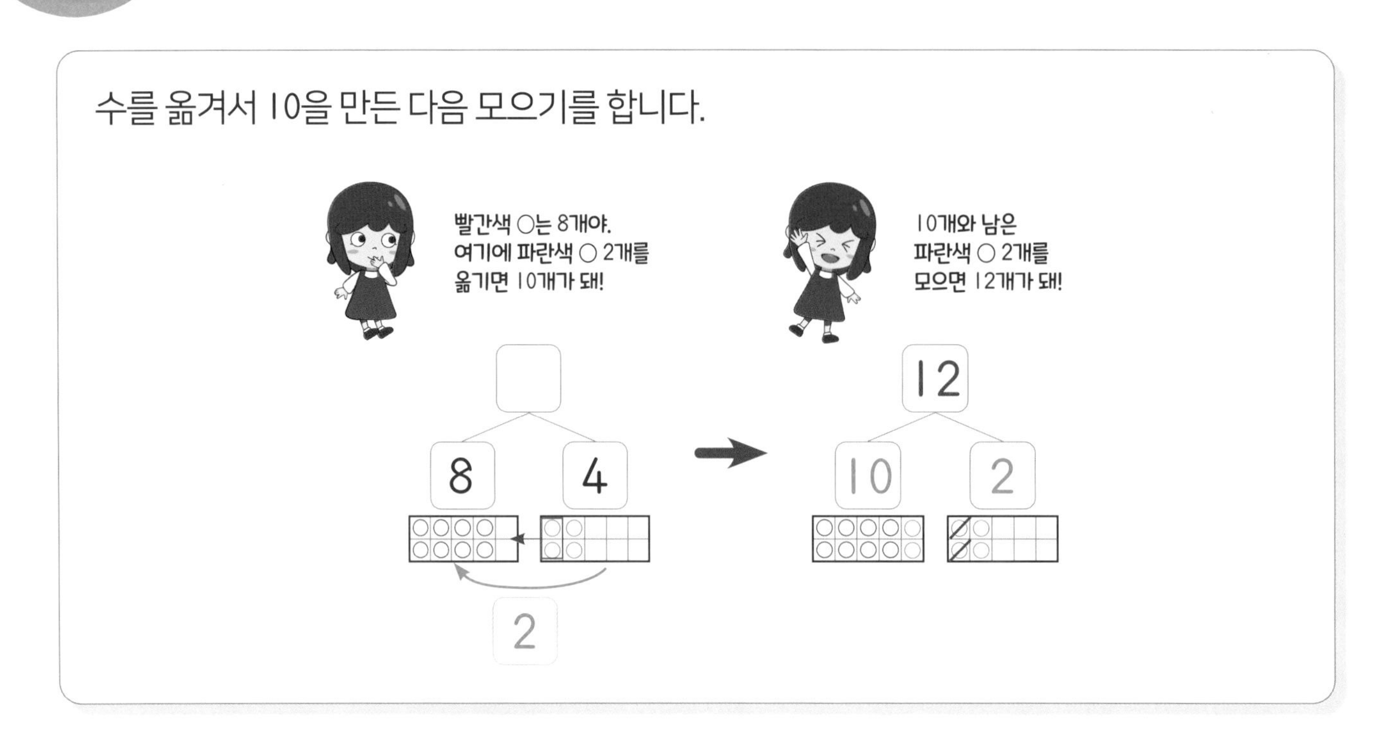

그림을 보고 모으기를 하세요.

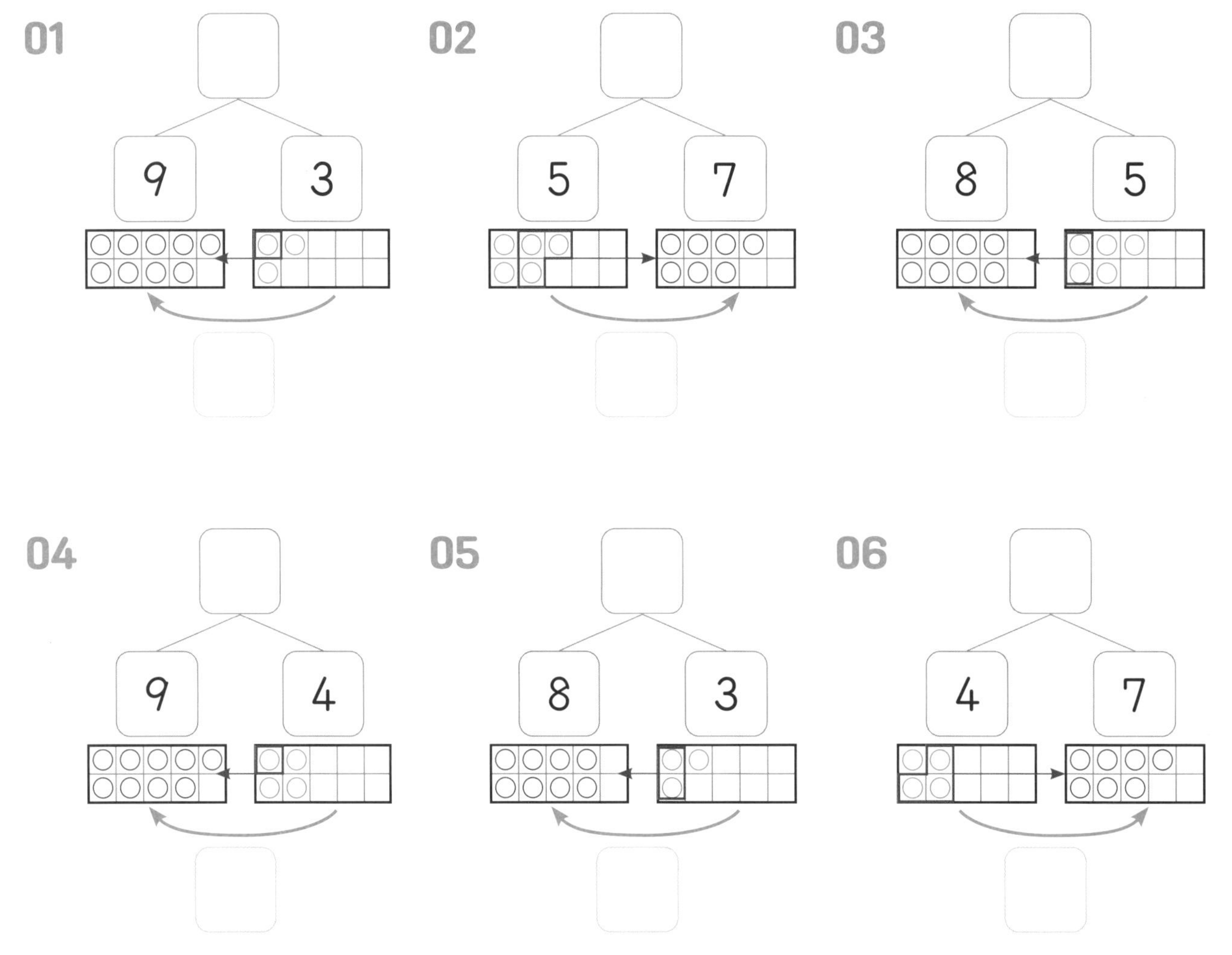

그림을 보고 모으기를 하세요.

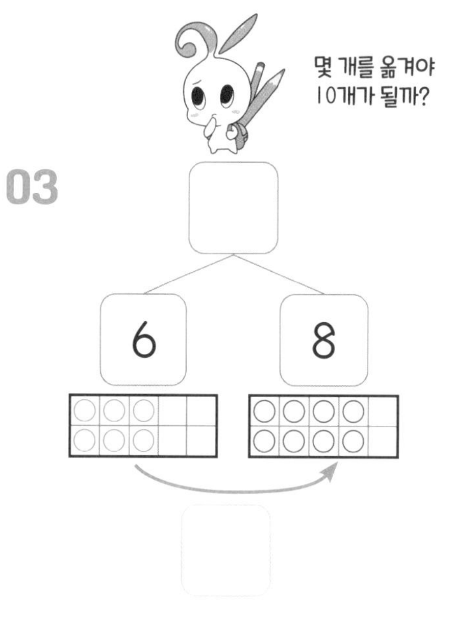

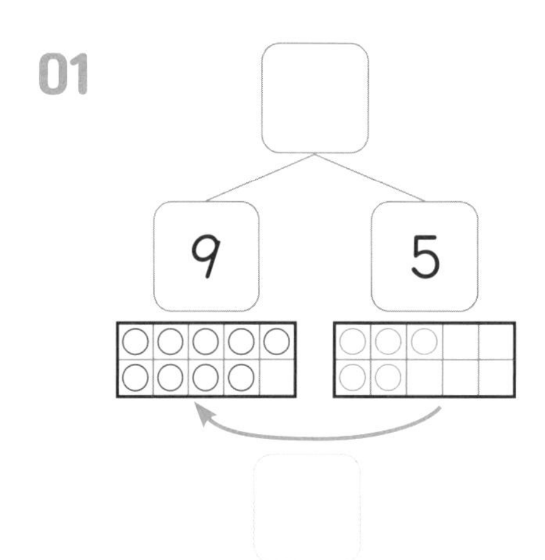

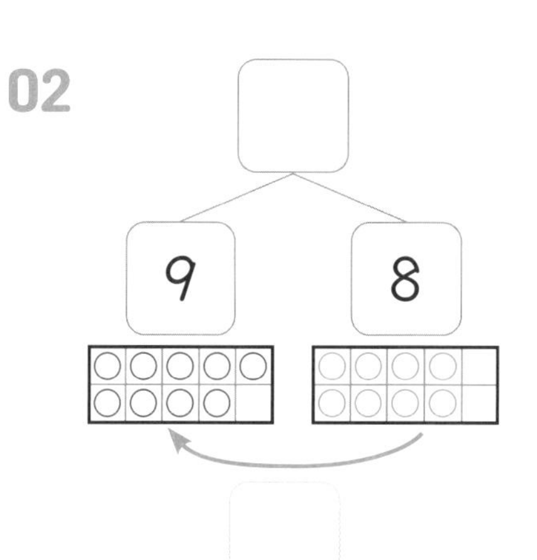

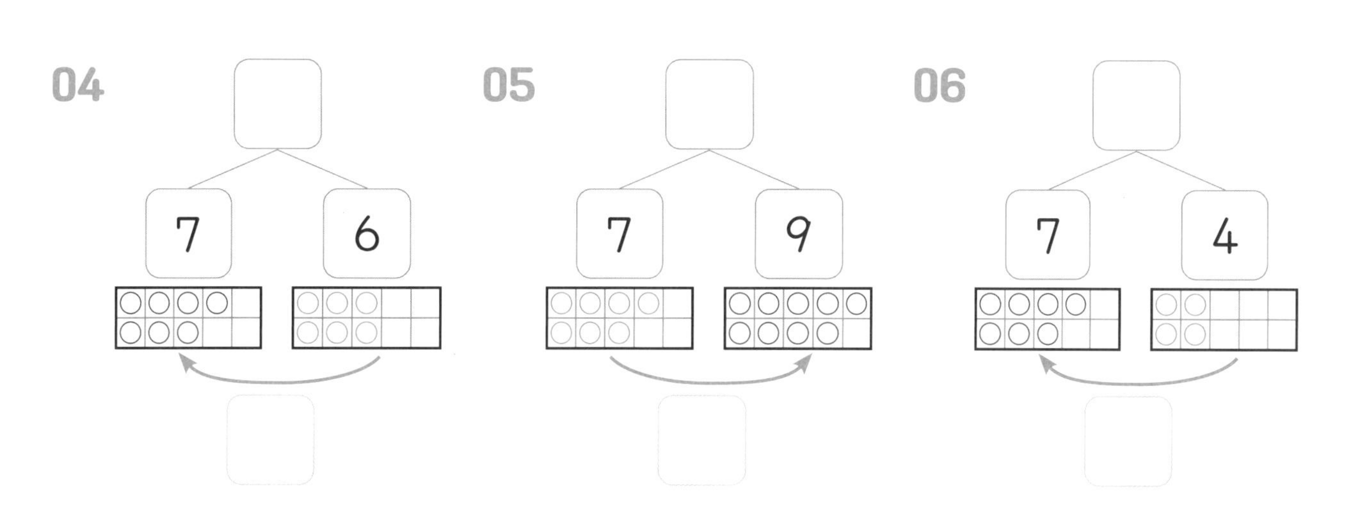

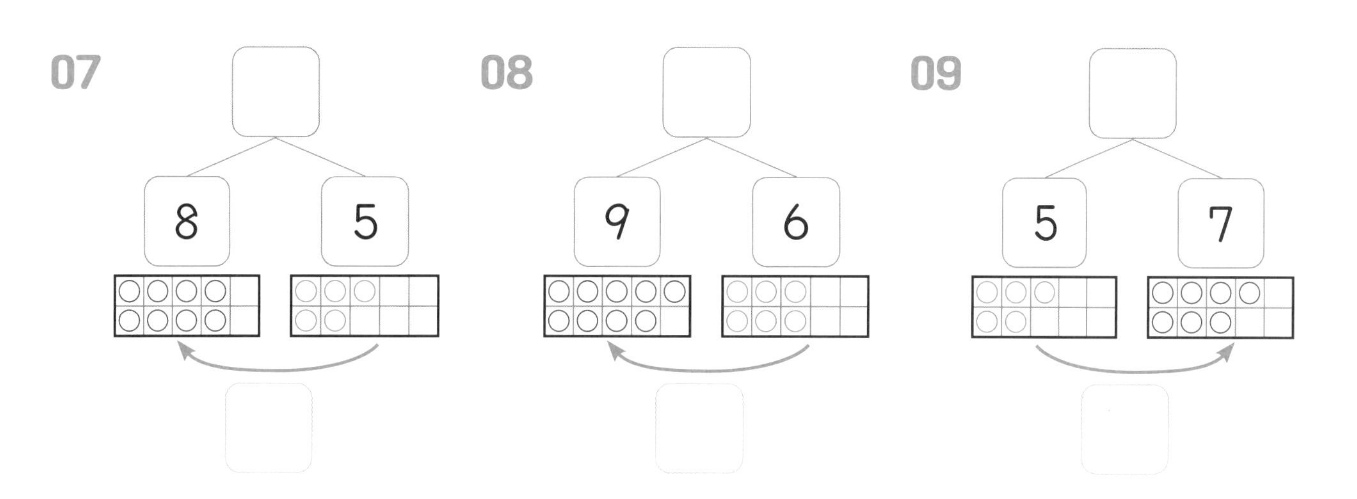

10을 이용한 모으기

28 B 수만 보고 10을 만들어 모으기를 해요

모으기를 하세요.

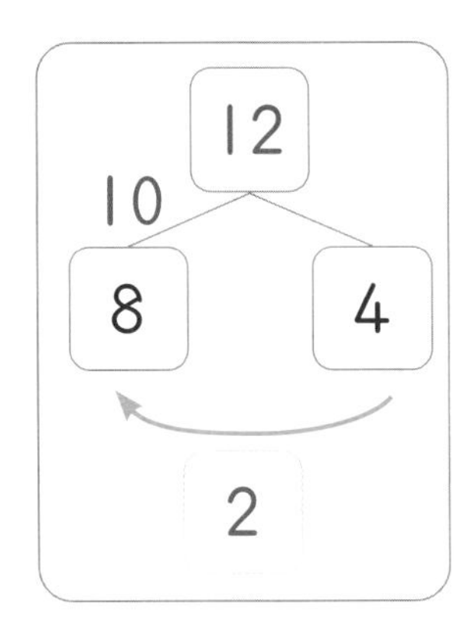

01
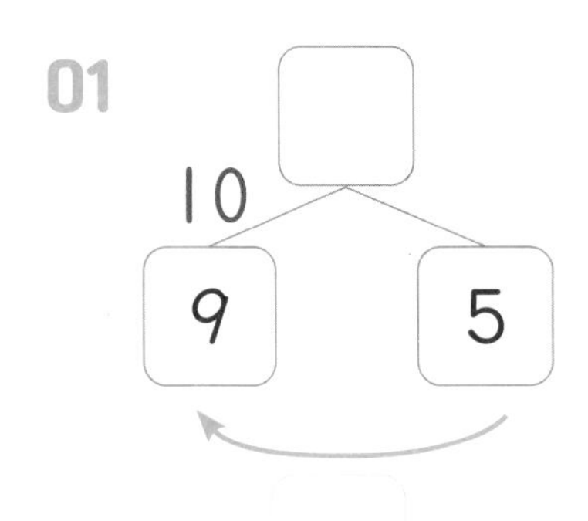

02
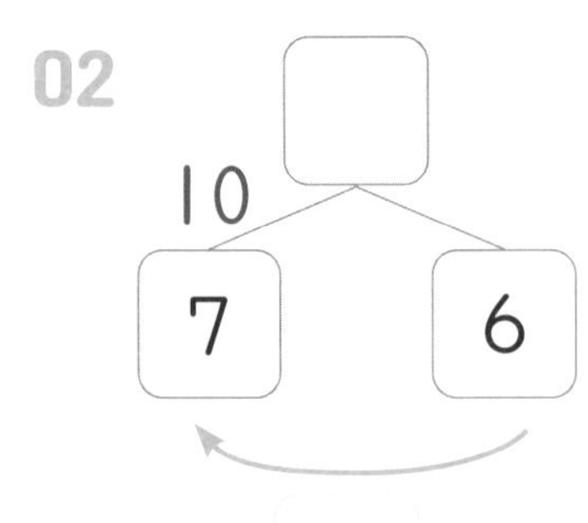

03
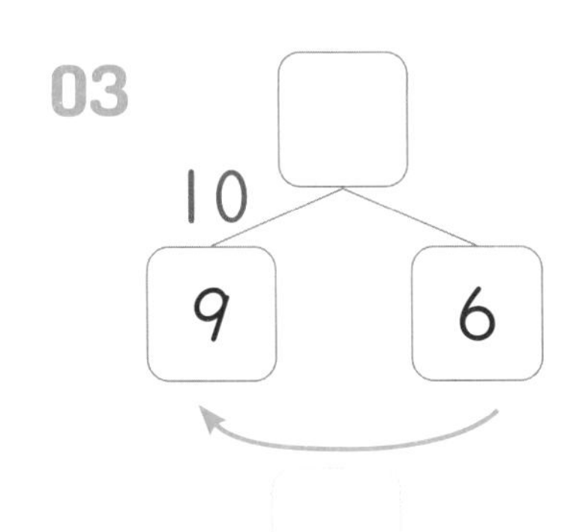

04
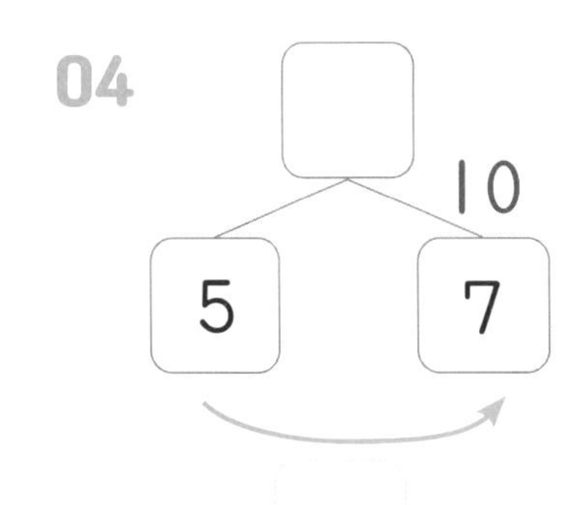

05
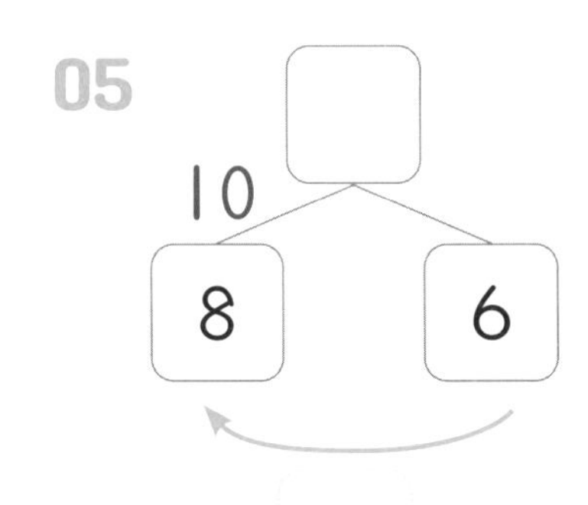

06
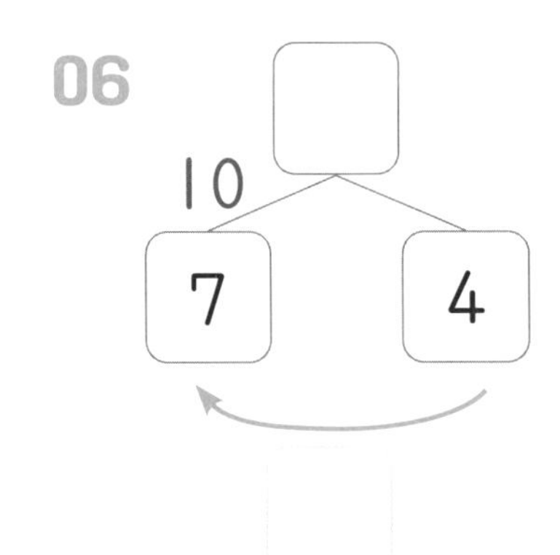

07
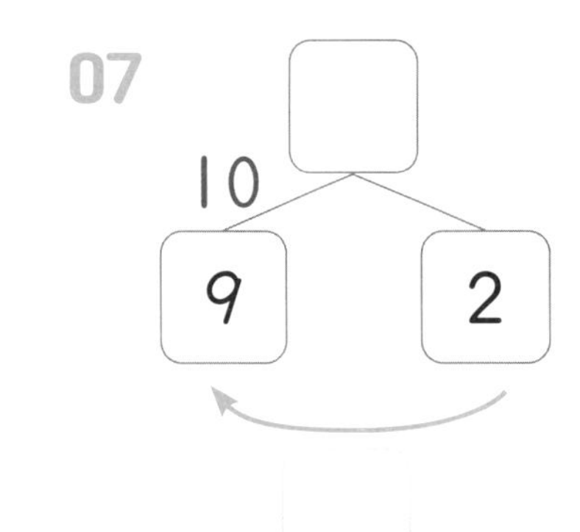

08
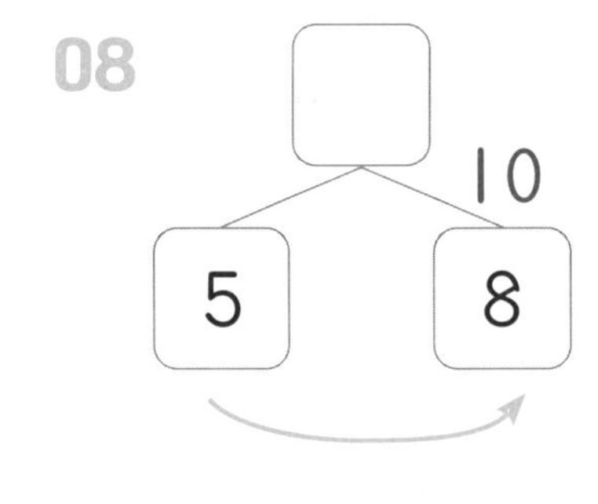

09
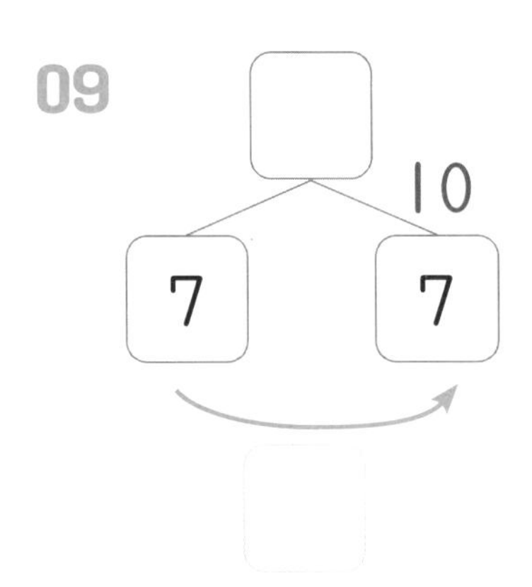

10
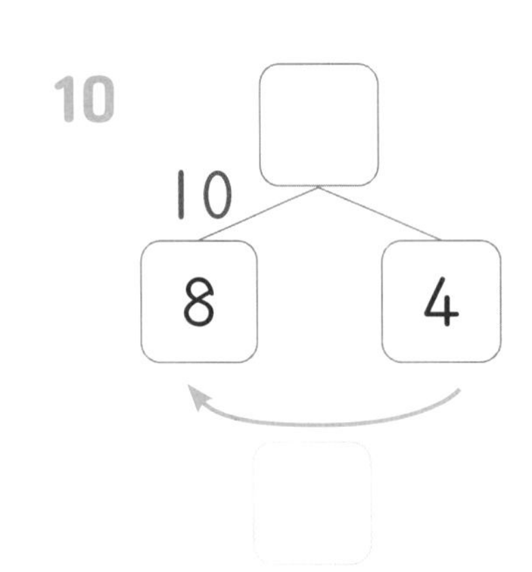

11
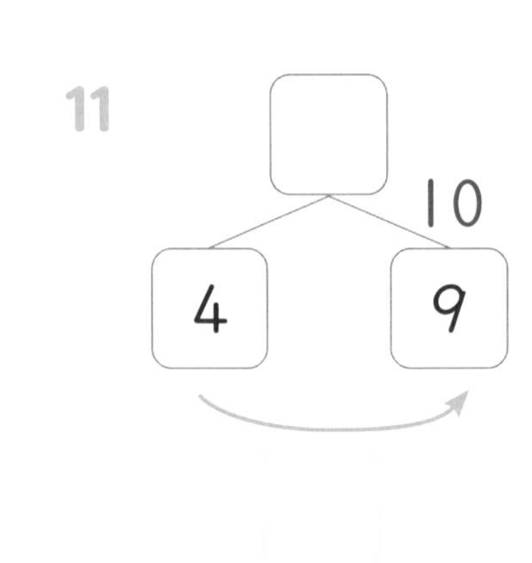

공부한 날 : 월 일

어려우면 왼쪽 문제를 참고해서 10을 만든 다음 모아 보자!

모으기를 하세요.

01

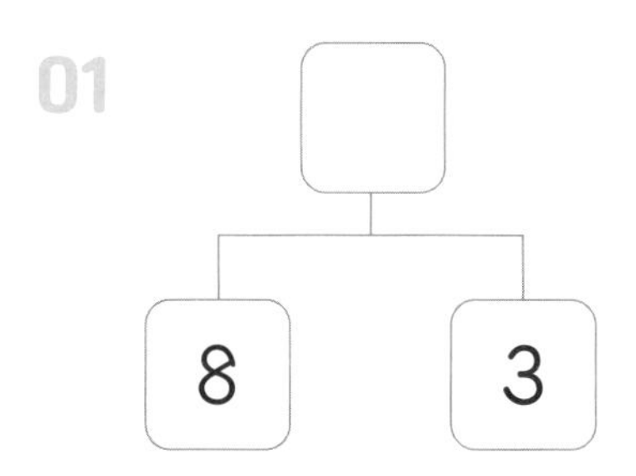

02

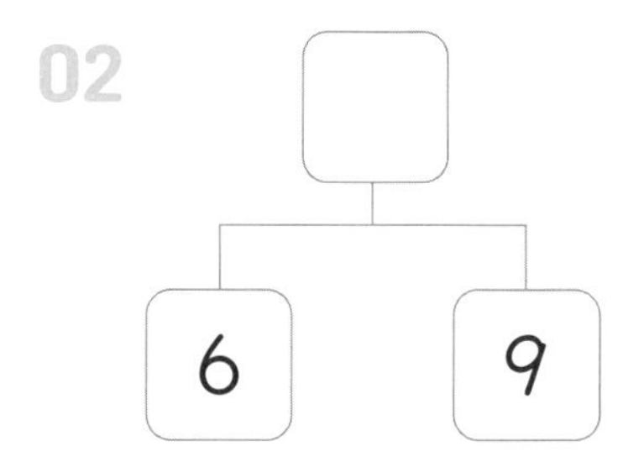

03

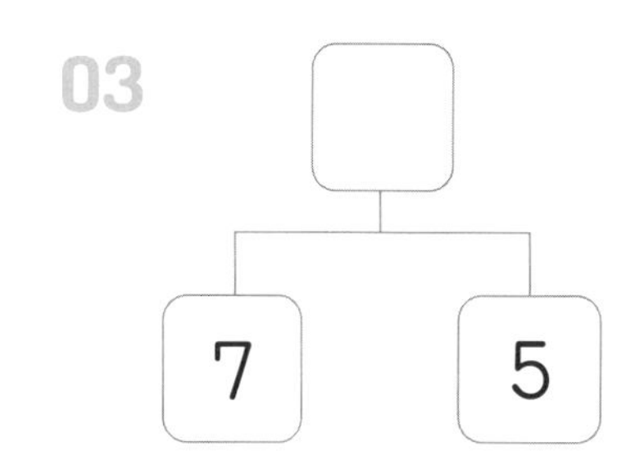

04

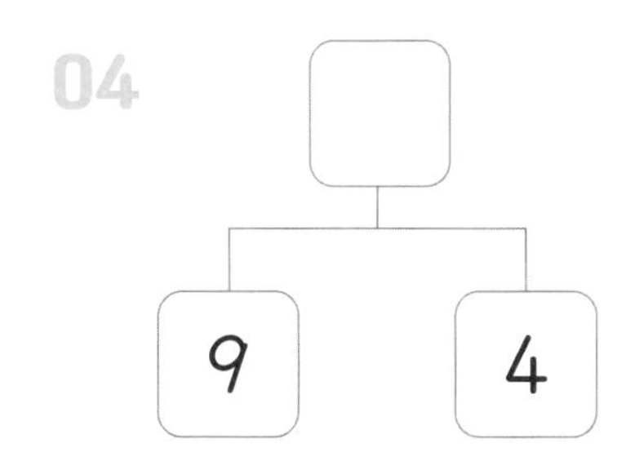

05

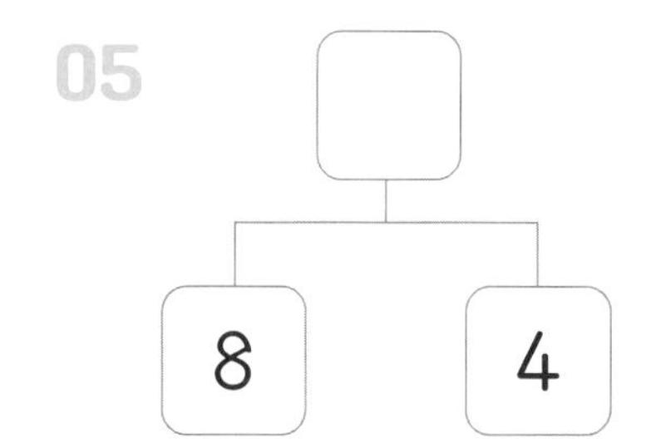

06

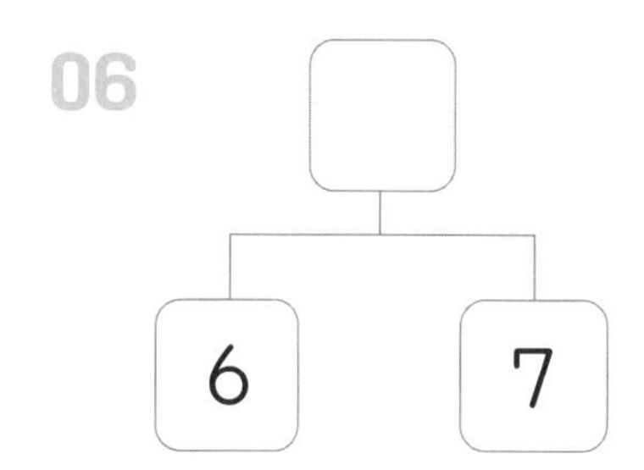

07

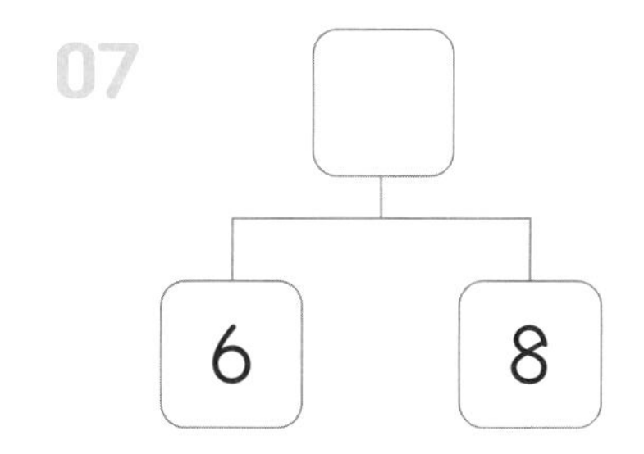

08

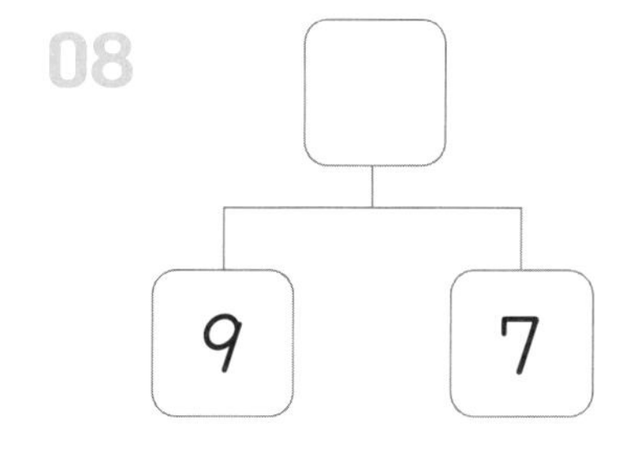

09

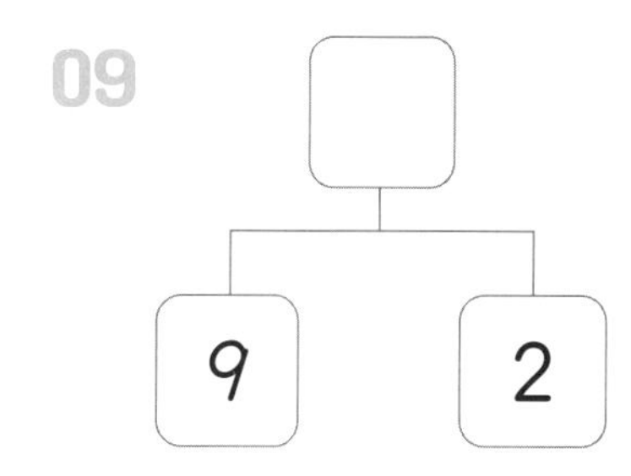

10

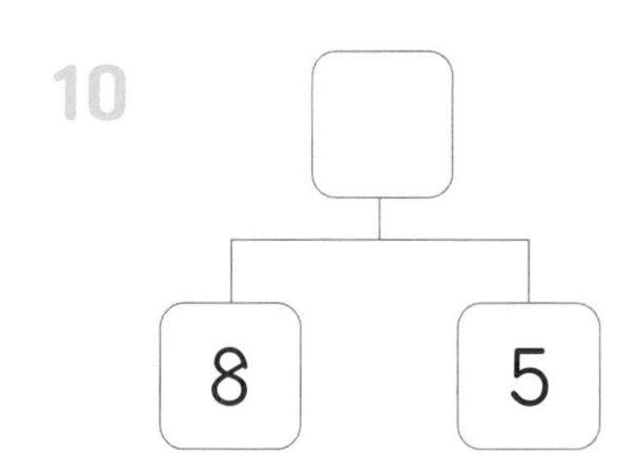

11

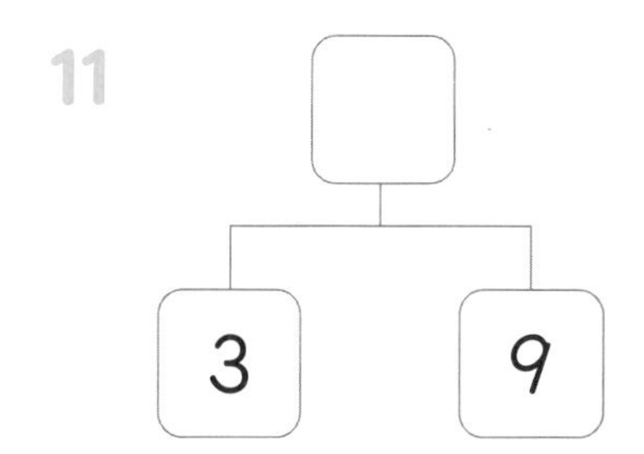

12

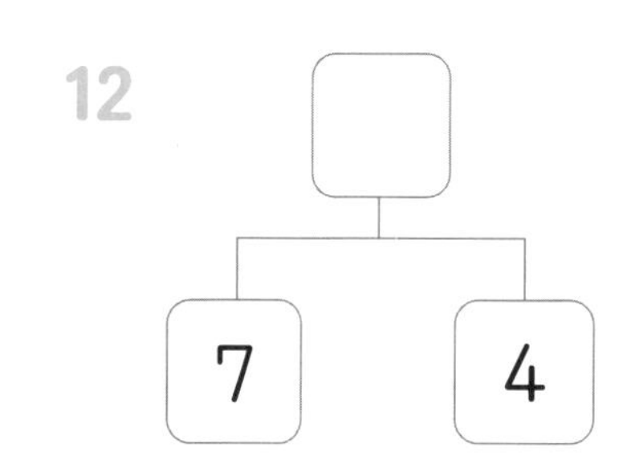

10을 이용한 가르기 1

29 A 10에서 옮긴 가르기로 생각해요

10과 몇의 가르기로 생각한 다음 10에서 몇으로 수를 옮겨 가르기를 합니다.

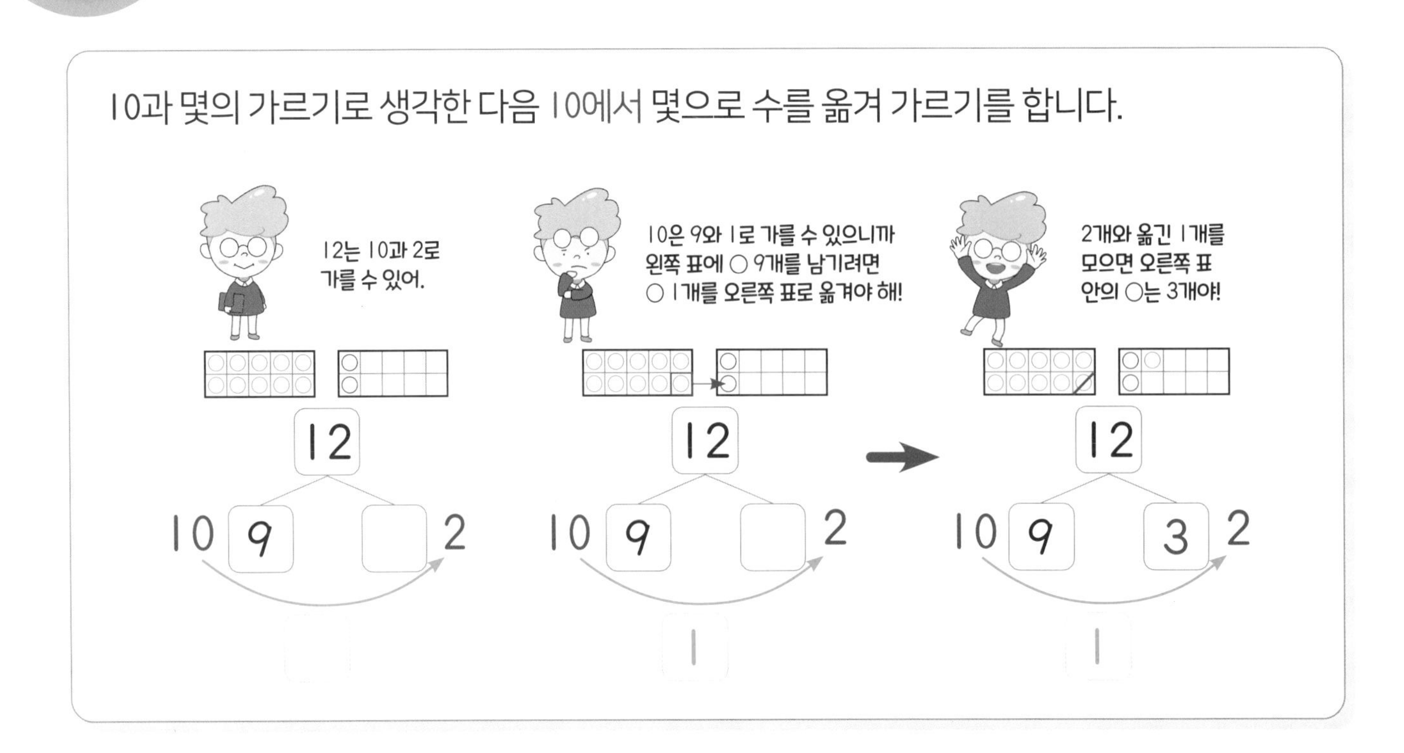

그림을 보고 가르기를 하세요.

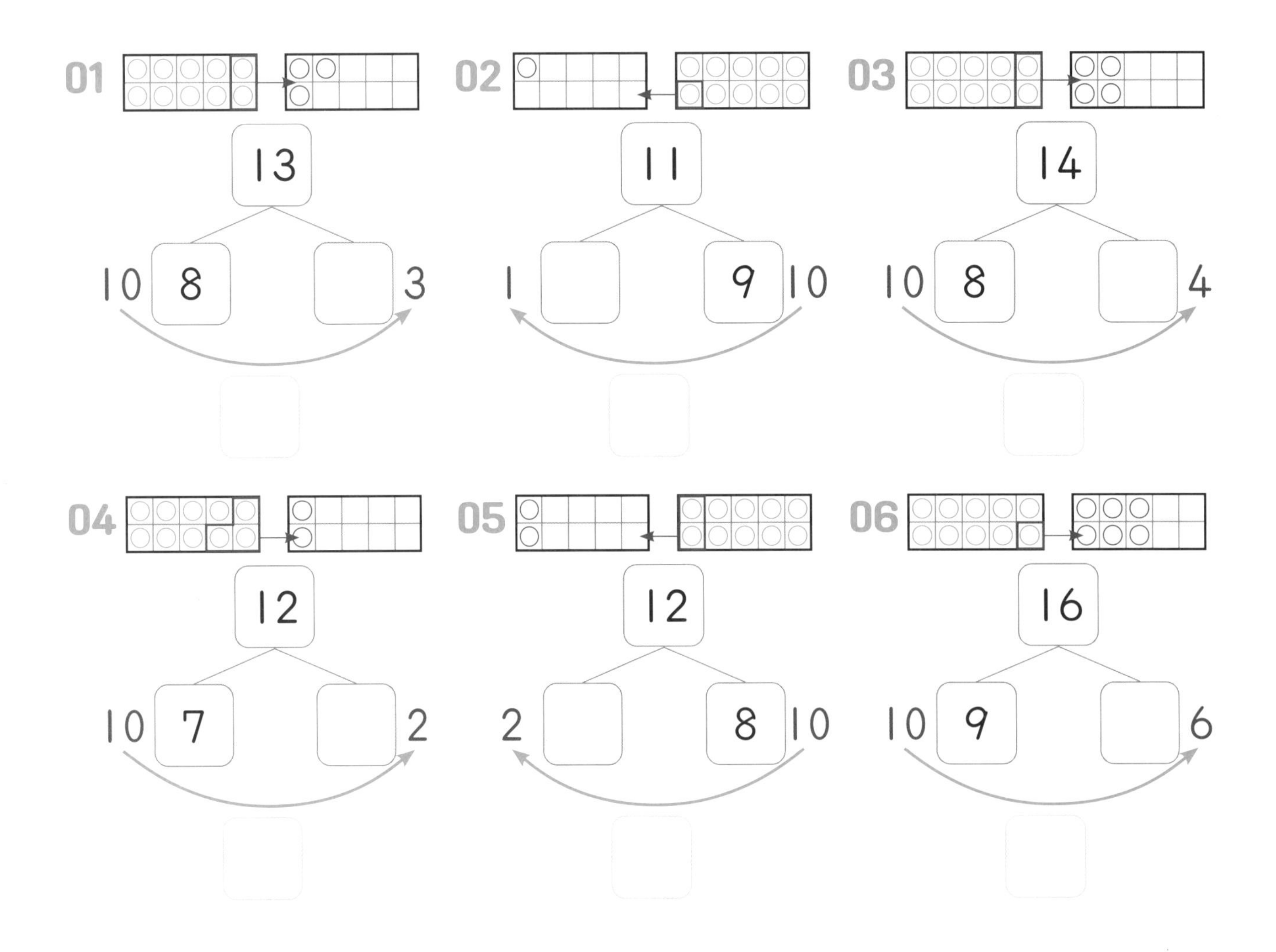

공부한 날 : 월 일

10에서 몇을 옮긴 걸까?

그림을 보고 가르기를 하세요.

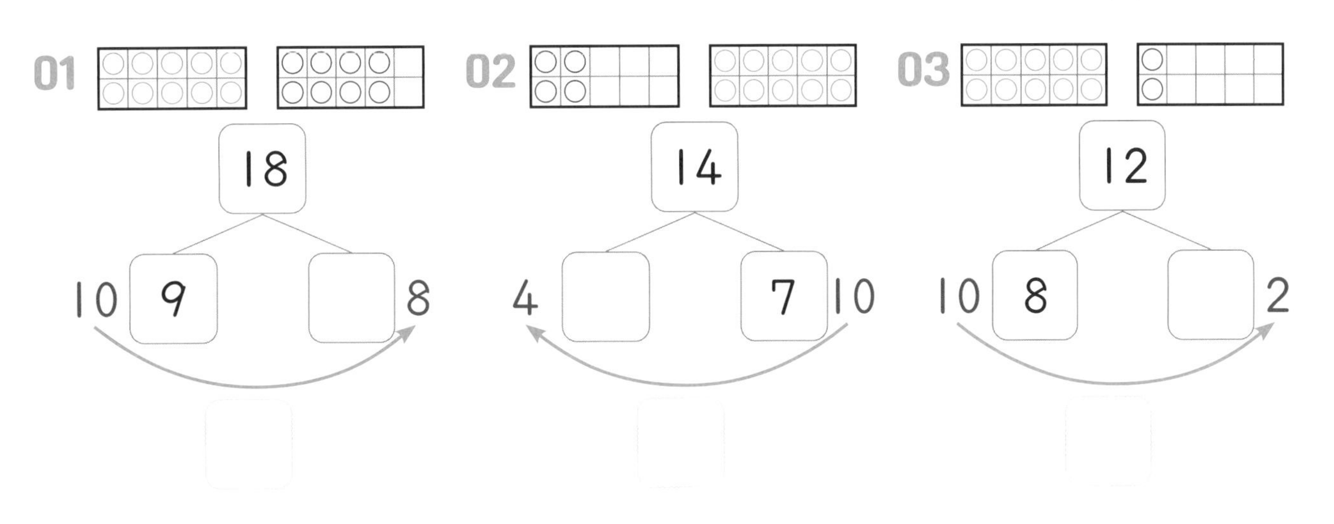

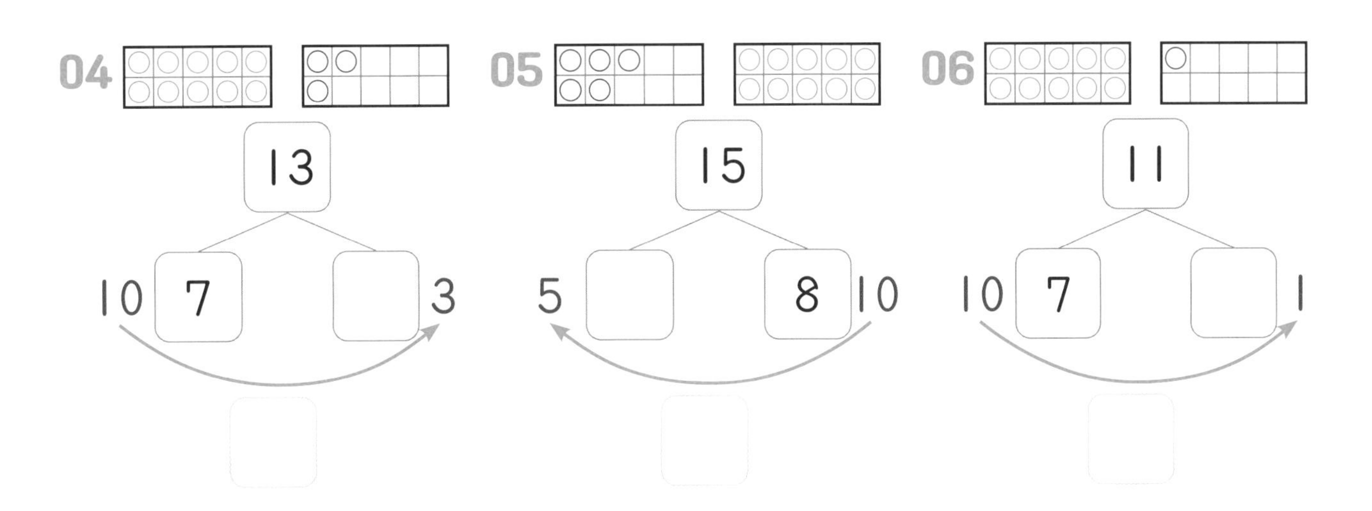

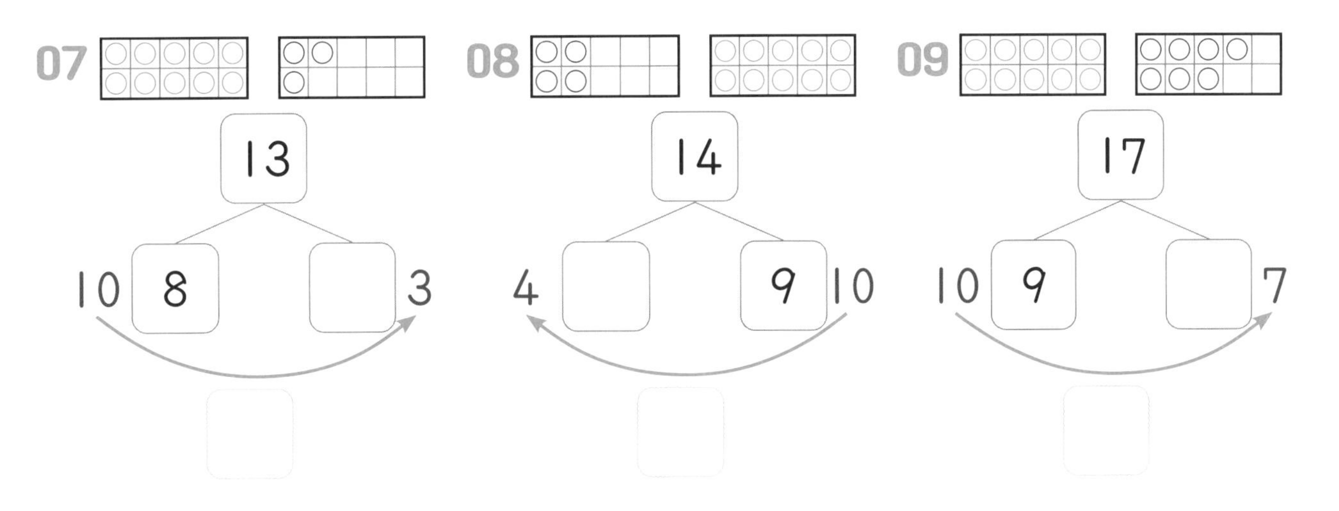

4 PART

10을 이용한 가르기 1

29 B 수만 보고 가르기를 해요

두 수로 가르세요.

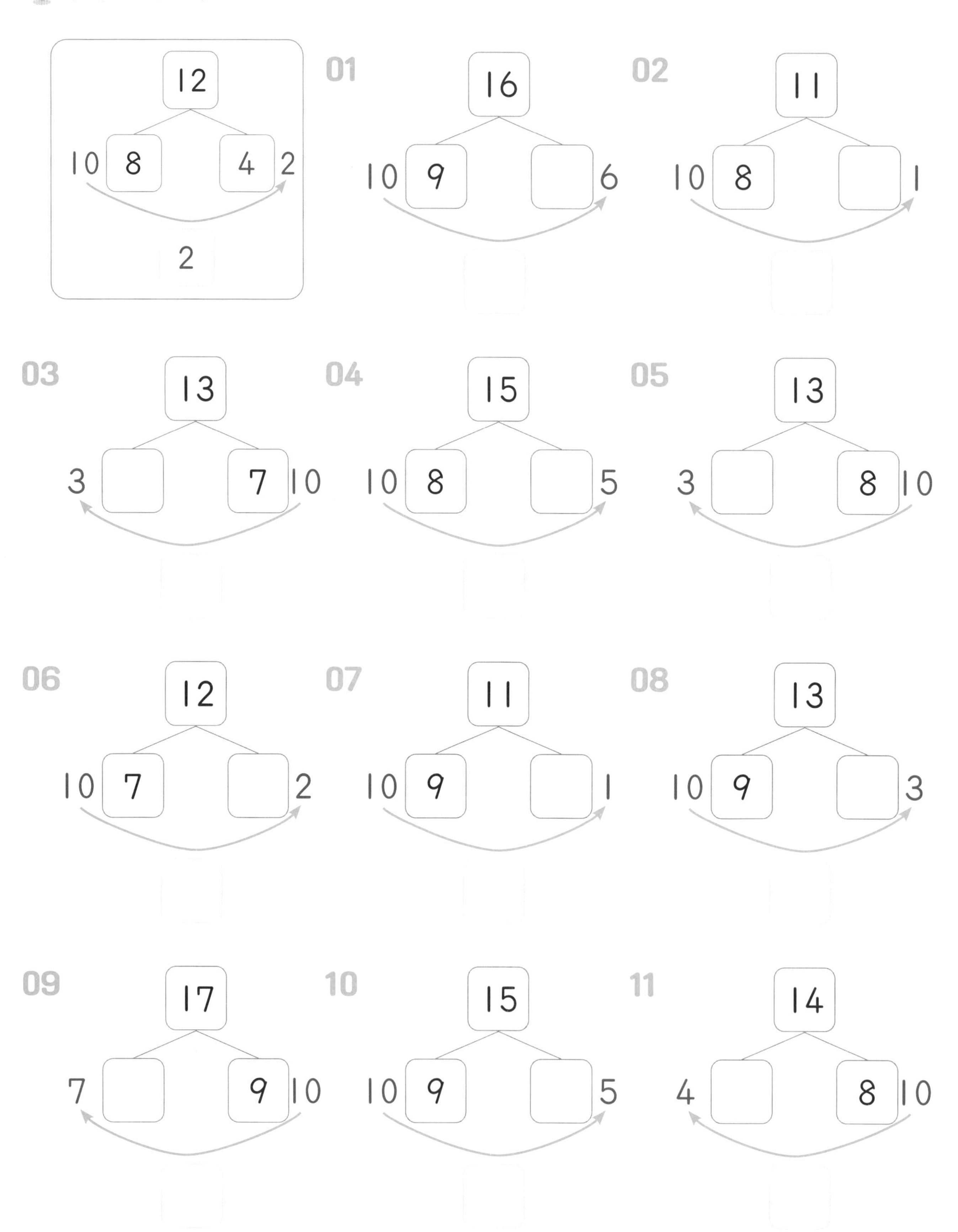

공부한 날 : 월 일

가르기를 하세요.

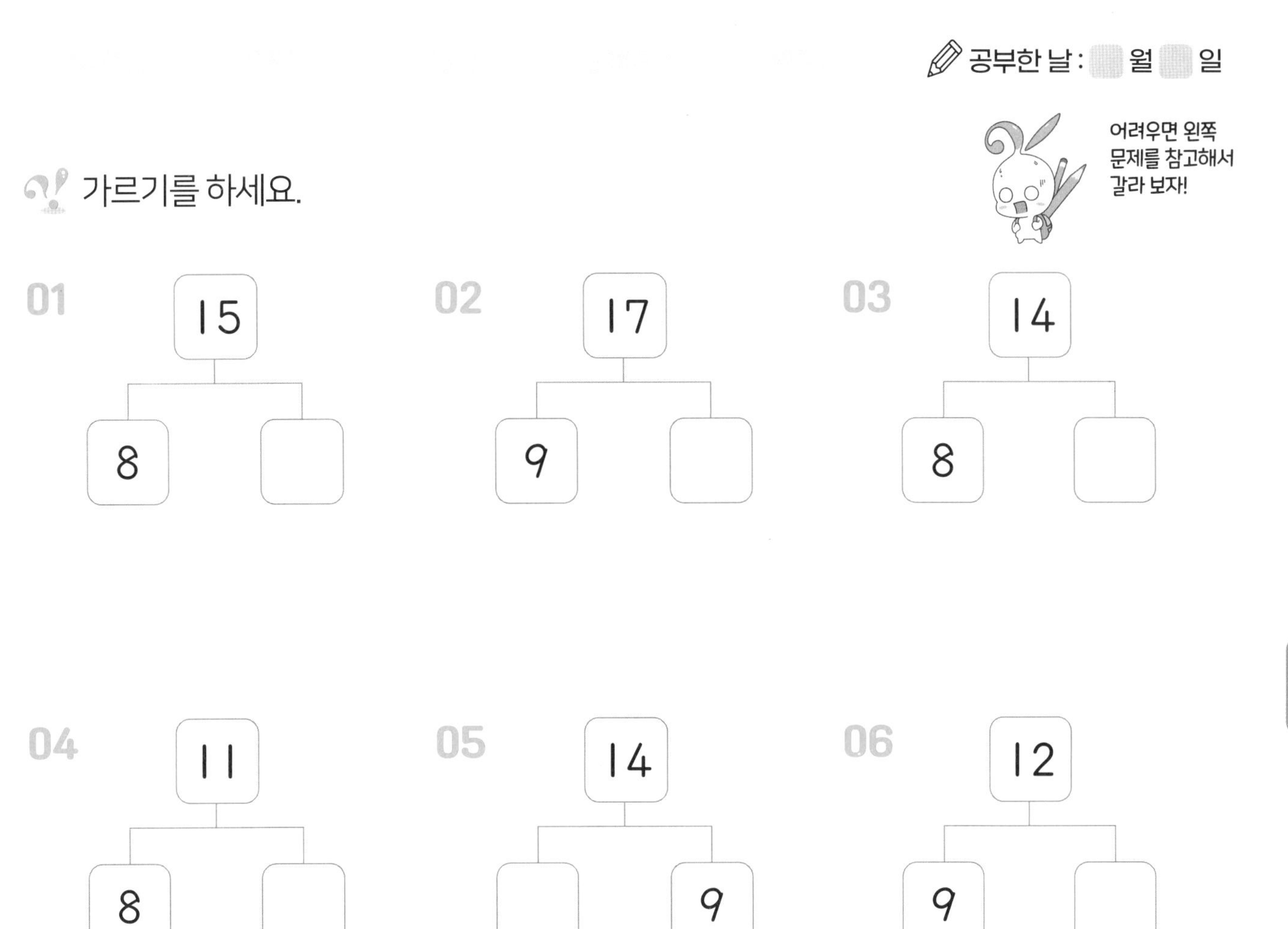

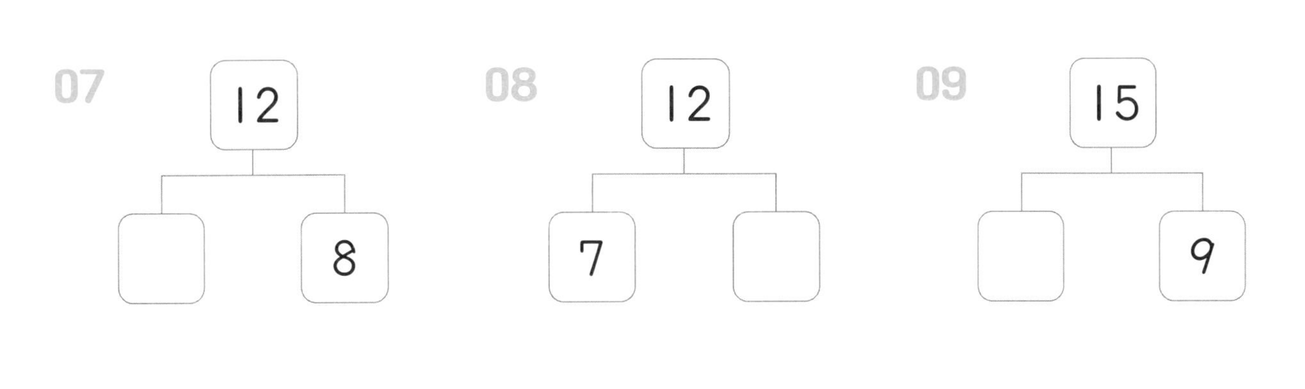

07 12 / 8

08 12 / 7

09 15 / 9

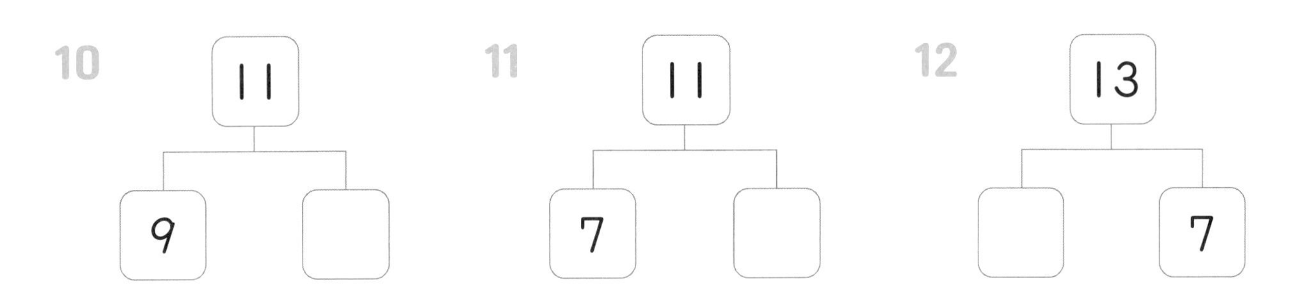

4 PART

30 A 몇으로 옮긴 가르기로 생각해요

10과 몇의 가르기로 생각한 다음 10에서 몇으로 수를 옮겨 가르기를 합니다.

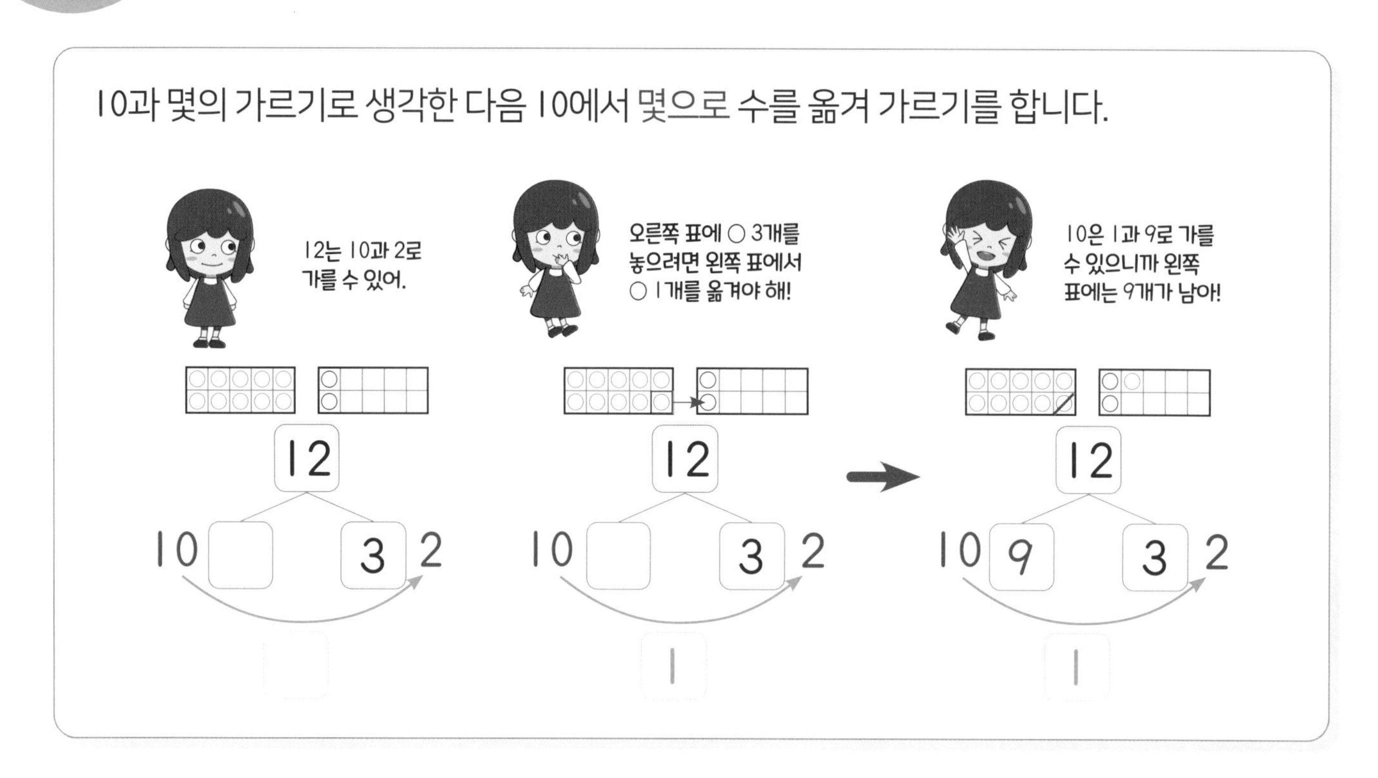

그림을 보고 가르기를 하세요.

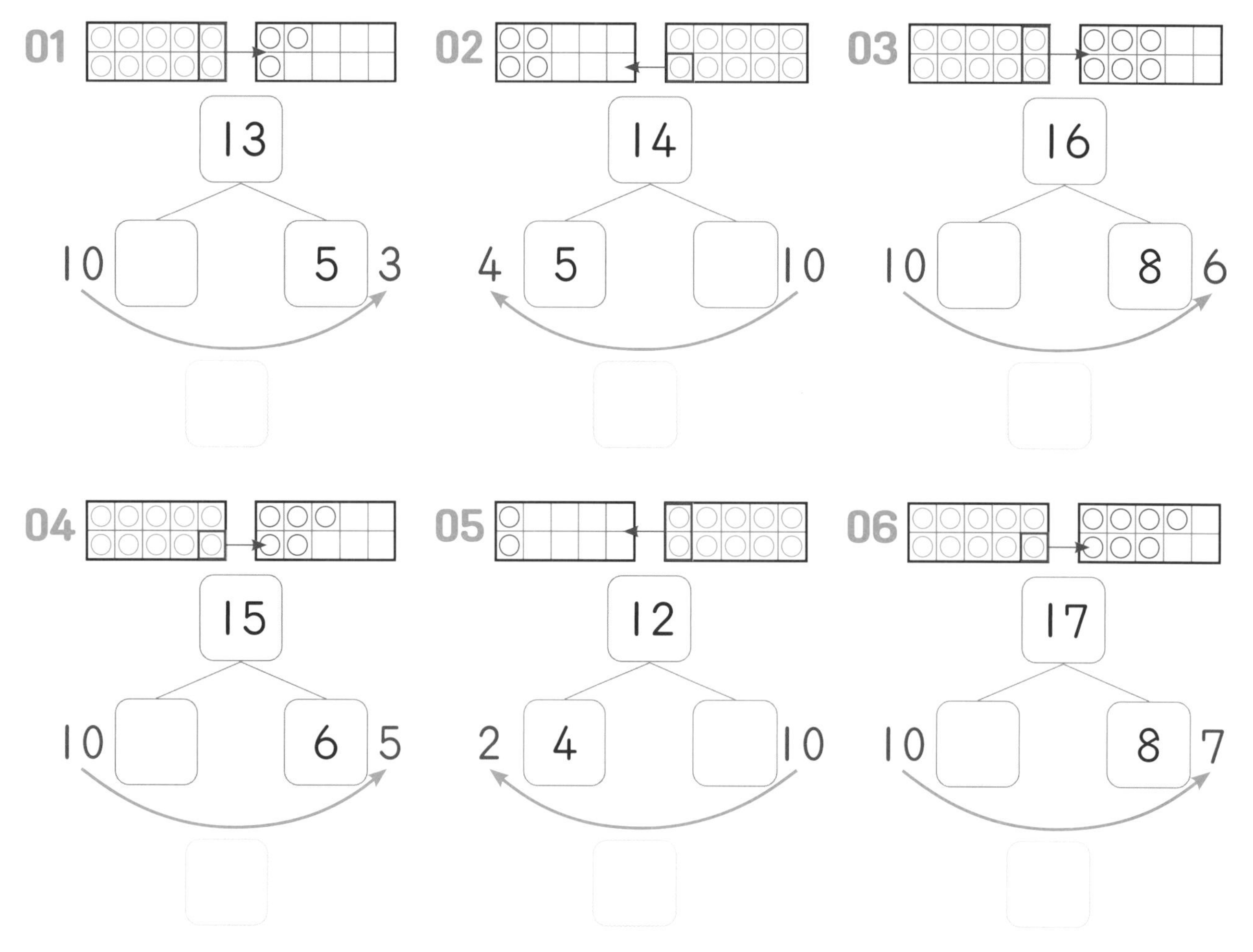

공부한 날 : 월 일

몇으로 옮기고 나면 10은 얼마가 될까?

그림을 보고 가르기를 하세요.

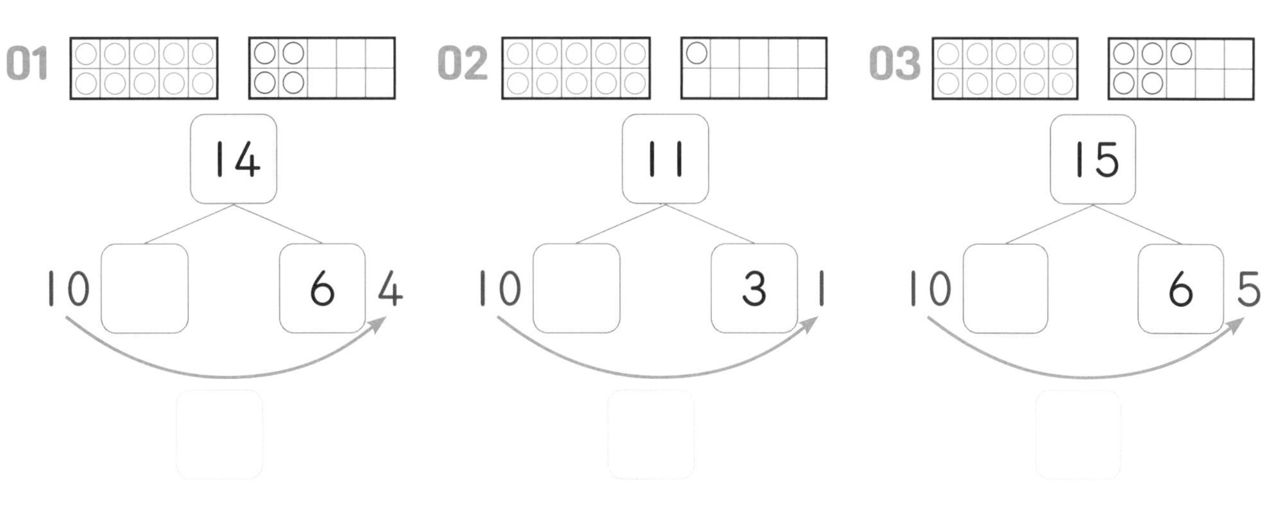

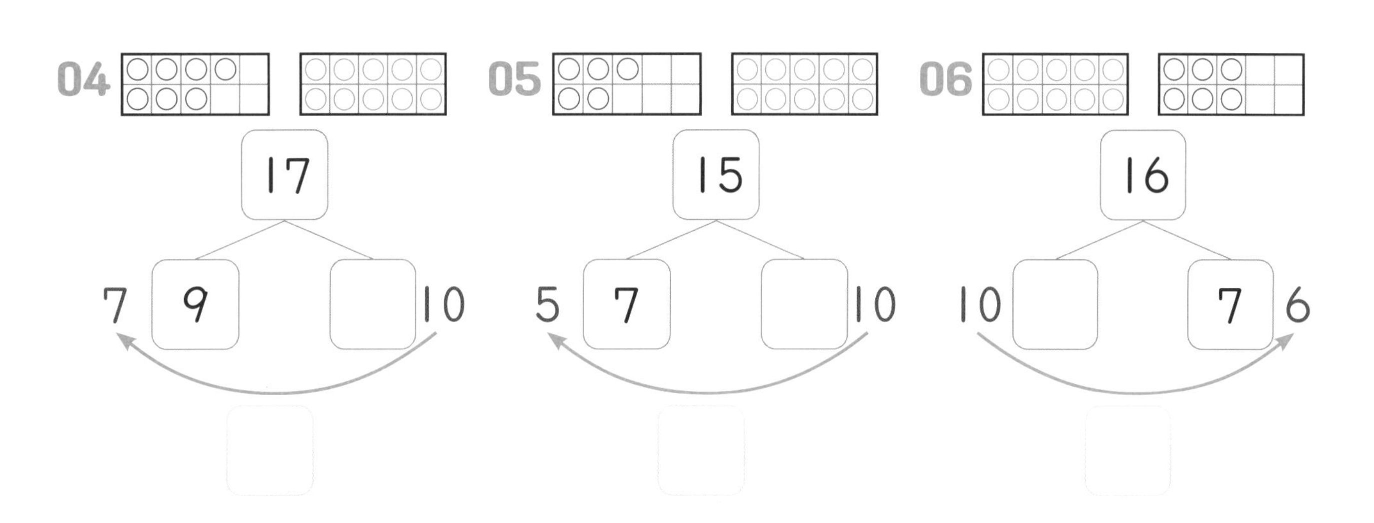

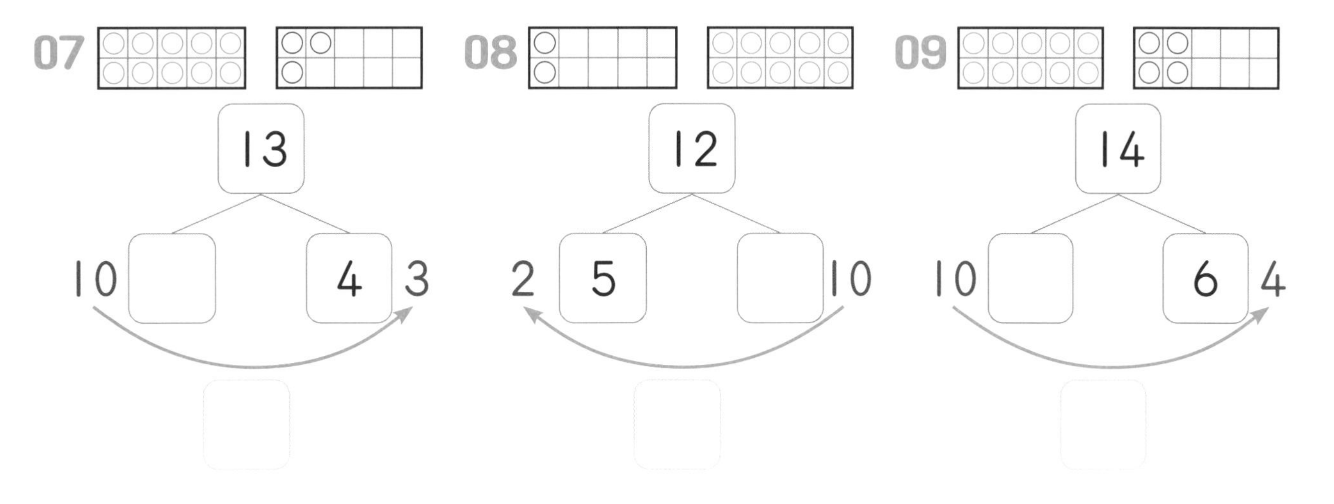

30 B 10을 이용한 가르기 2
수만 보고 가르기를 해요

두 수로 가르세요.

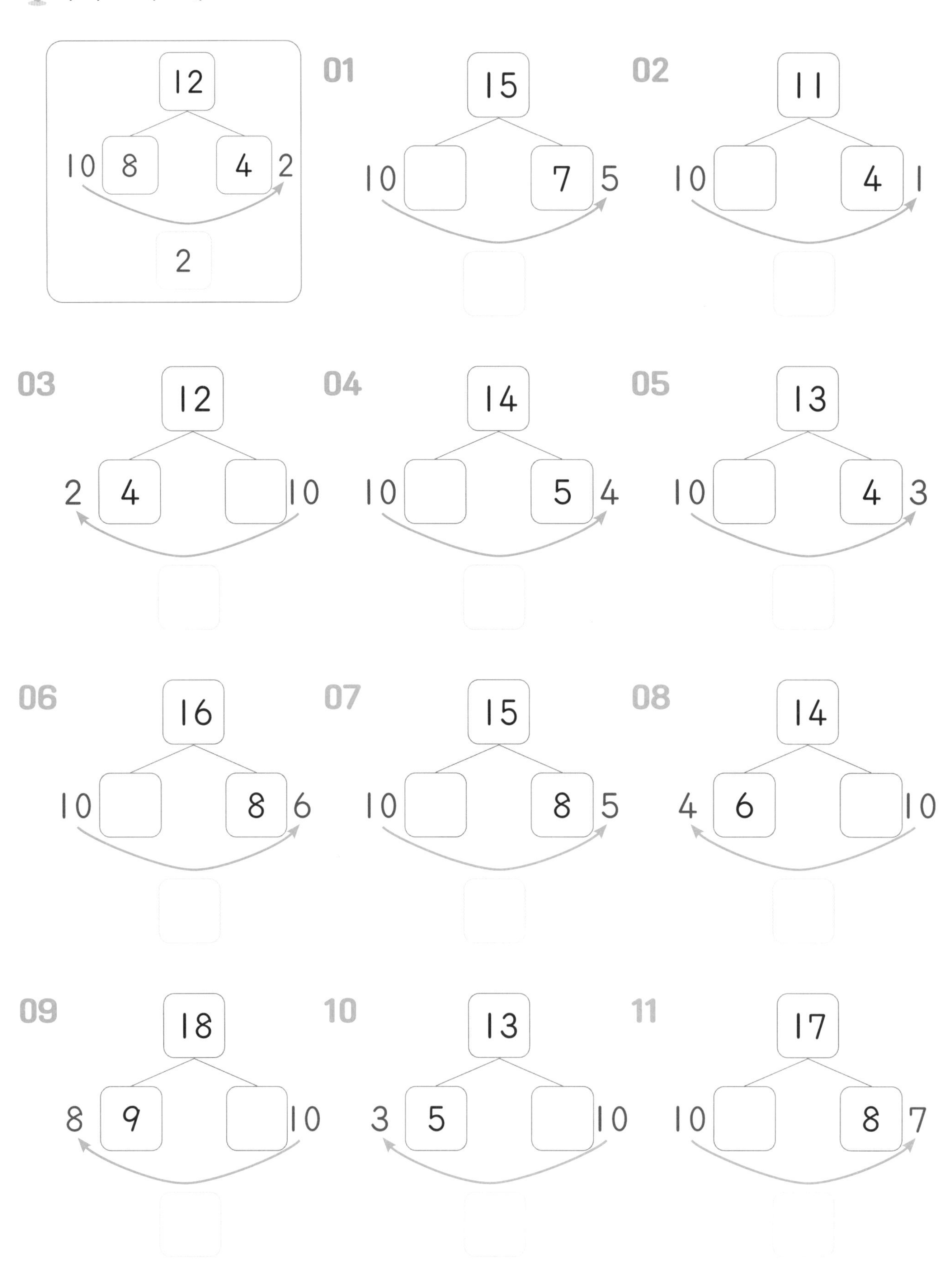

공부한 날 : 월 일

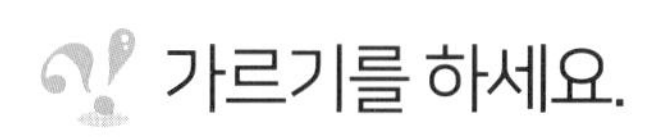

가르기를 하세요.

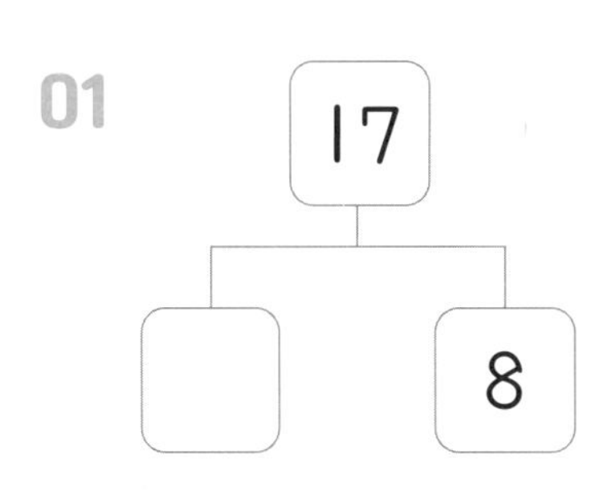

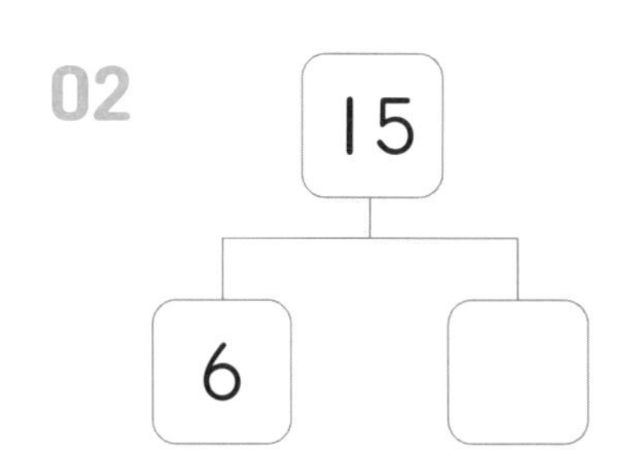

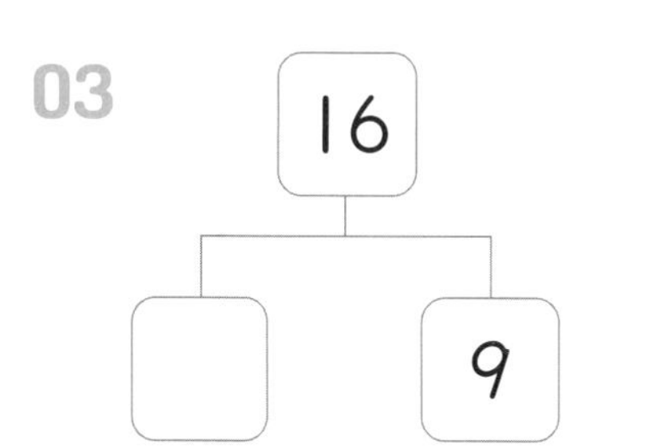

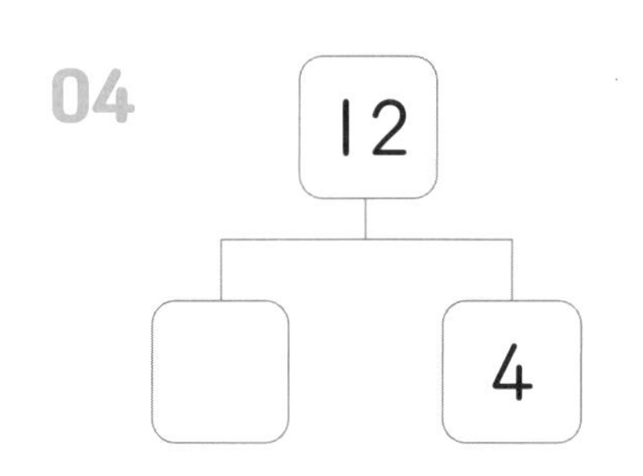

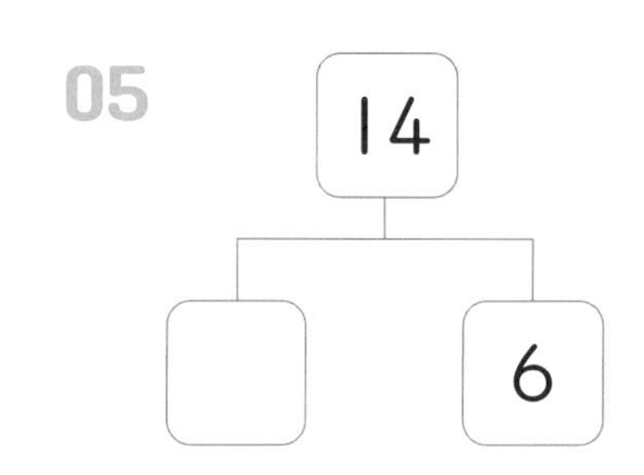

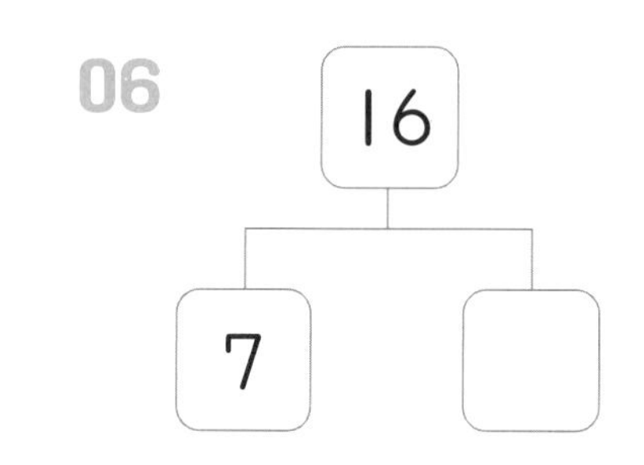

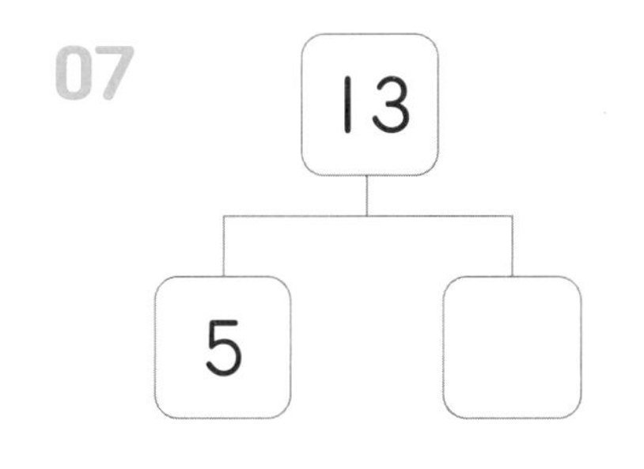

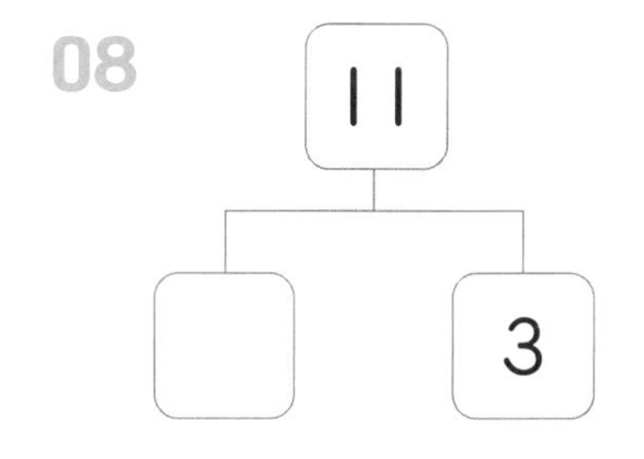

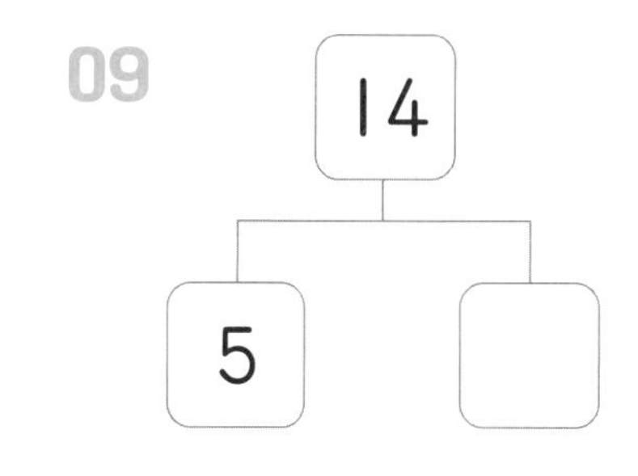

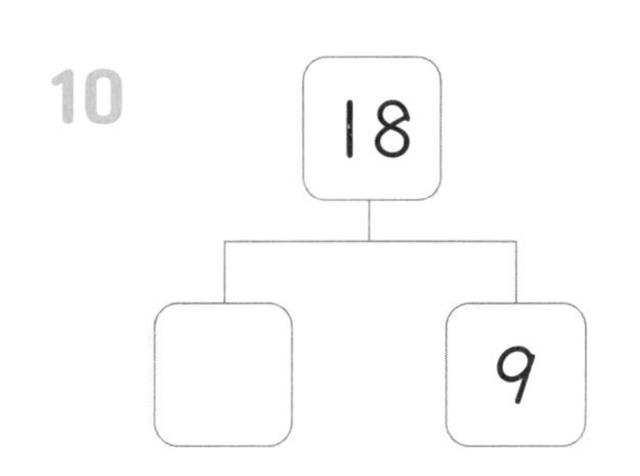

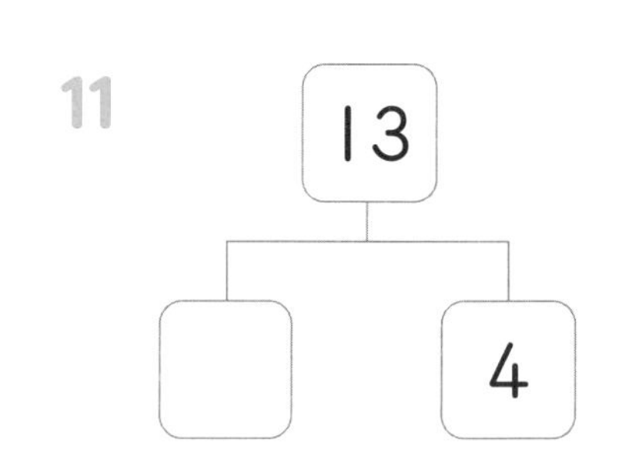

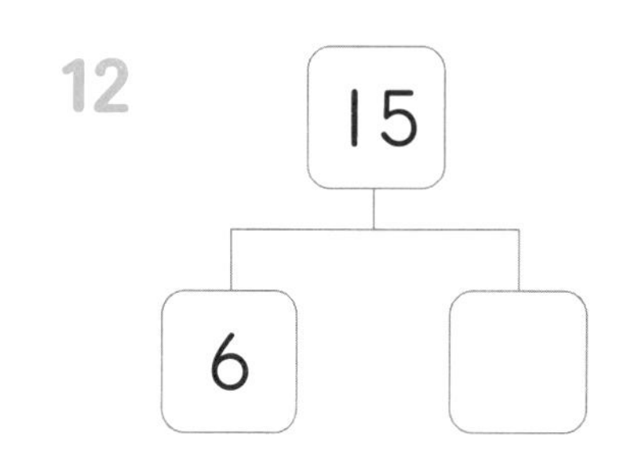

4 PART

A 10을 이용한 모으기, 가르기를 연습해요

모으기, 가르기를 하세요.

01

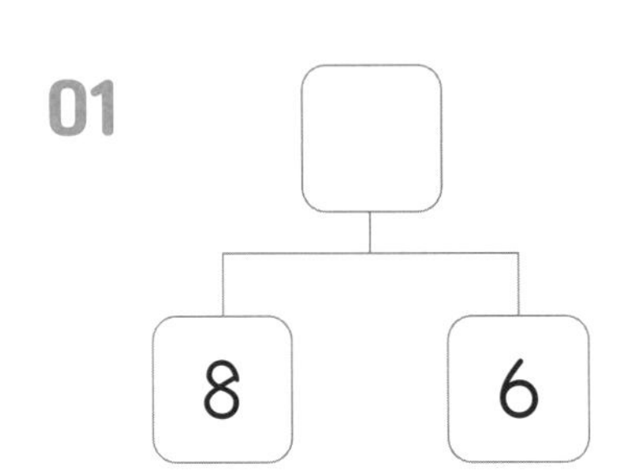

02

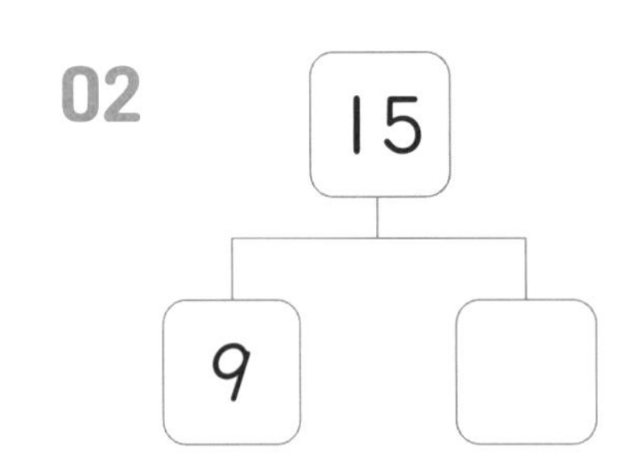

03

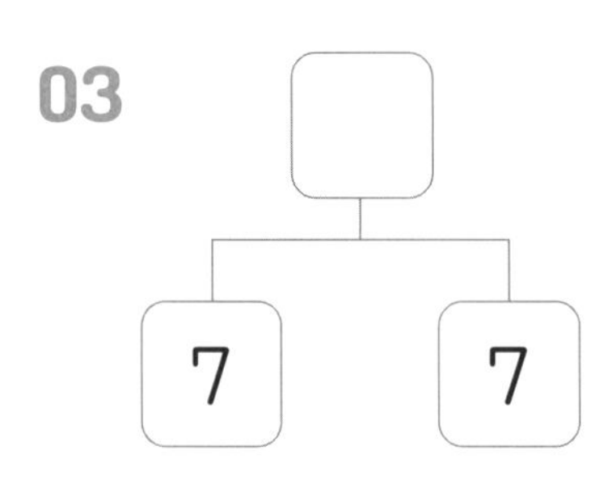

04

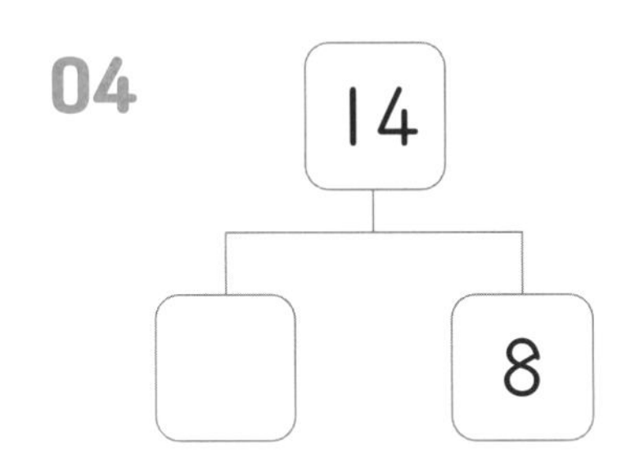

05

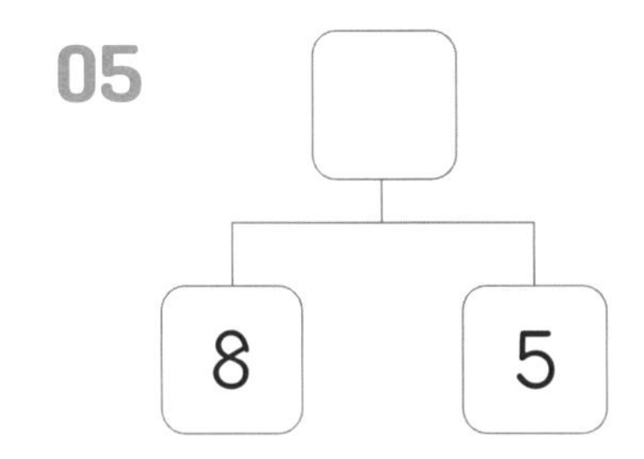

06

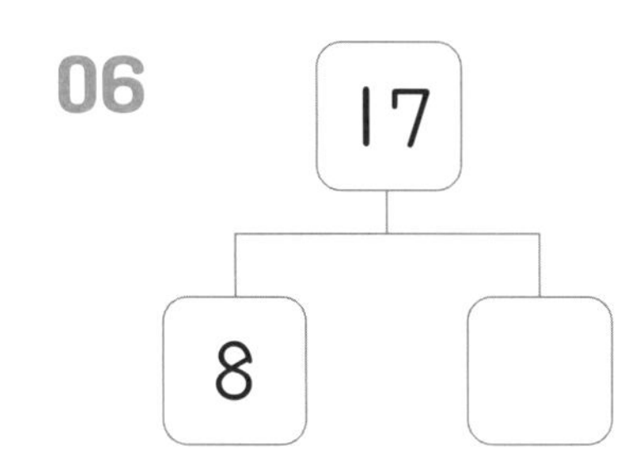

07

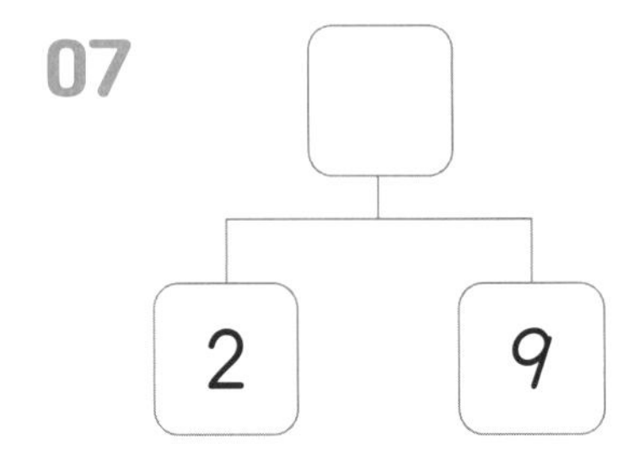

08

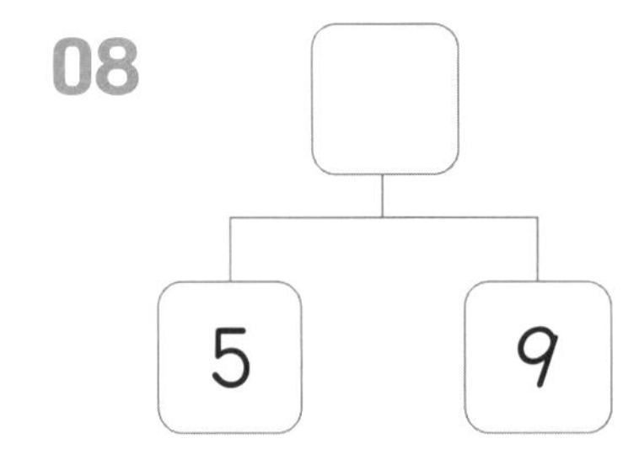

09

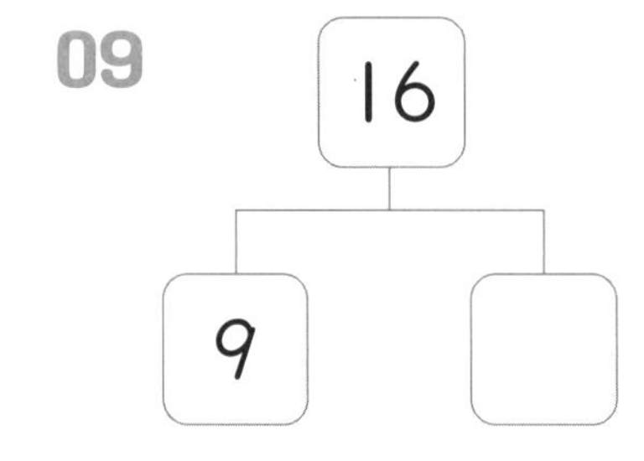

10

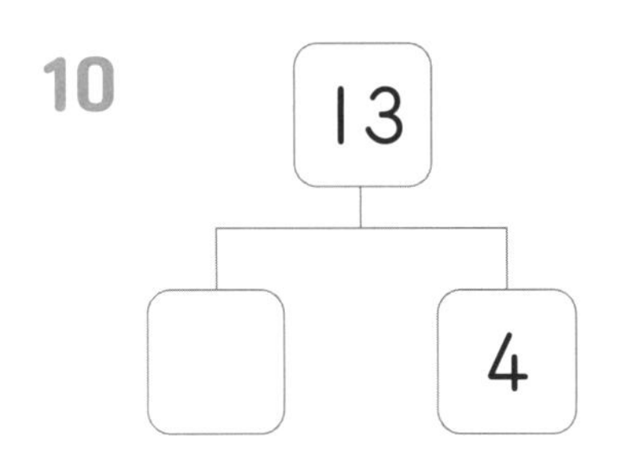

11

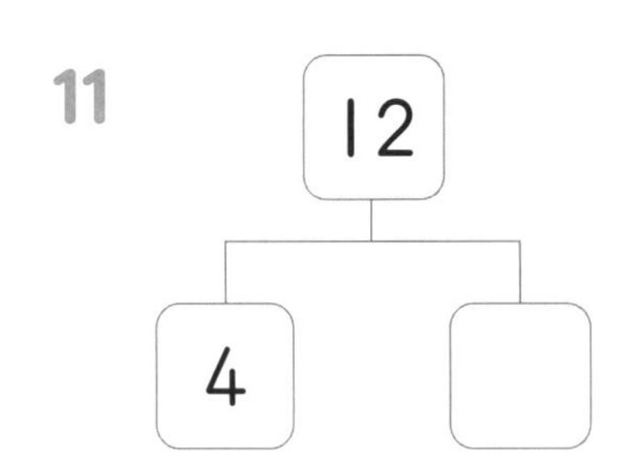

12

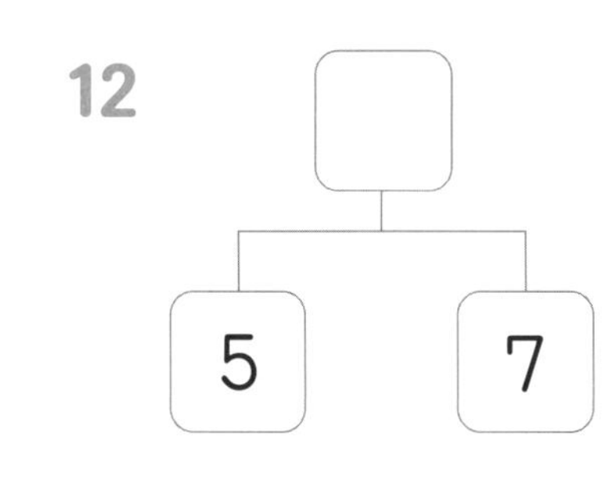

모으기, 가르기를 하세요.

01

14	
	8

02

8	3

03

15	
6	

04

6	7

05

9	6

06

11	
3	

07

12	
5	

08

13	
	6

09

8	5

10

7	4

11

8	9

12

16	
	7

31 Ⓑ 10을 이용한 모으기, 가르기 연습 1

가장 편한 방법이 어떤 것인지 생각하며 풀어 보세요

왼쪽, 오른쪽의 수를 모아서 가운데에 써넣었습니다. 빈 곳에 알맞은 수를 써넣으세요.

번호	왼쪽	가운데	오른쪽
01		13	4
02	6		9
03	7	15	
04	5		7
05		12	7
06	8		4
07		16	9
08	9		4
09		14	5
10	9		2
11		11	3
12	5		8
13	4	12	
14	3		9
15	8	15	

공부한 날 : 월 일

무조건 풀지 말고
어떤 방법이
더 편할지 생각해 봐!

수 모으기를 하는 중입니다. ◯ 안에 알맞은 수를 써넣으세요.

01
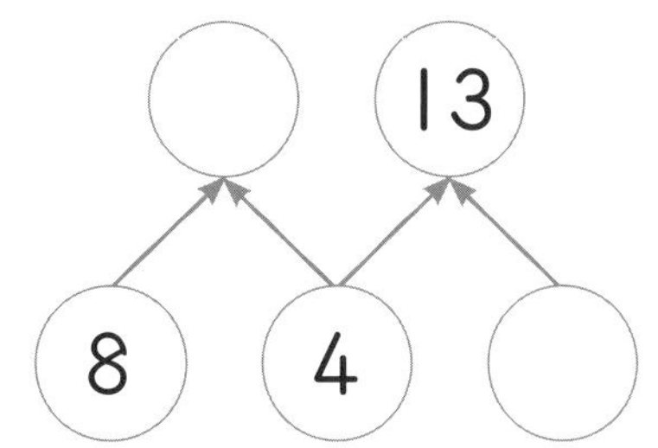

02
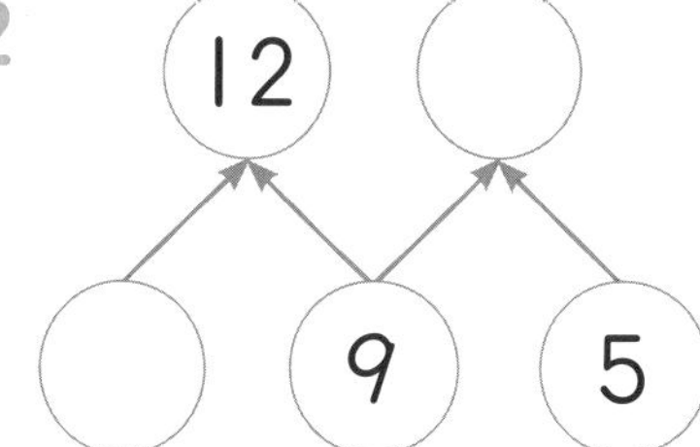

03
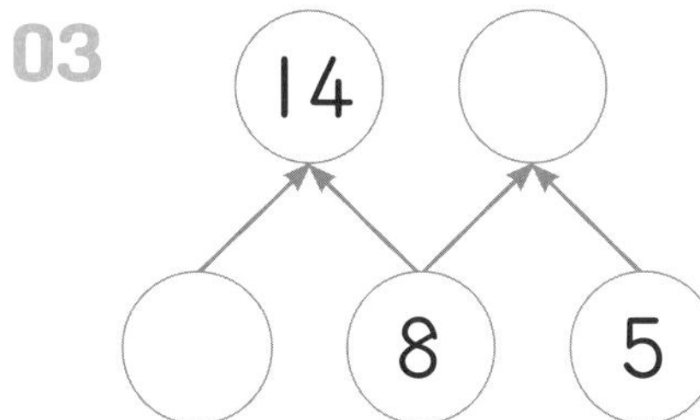

04
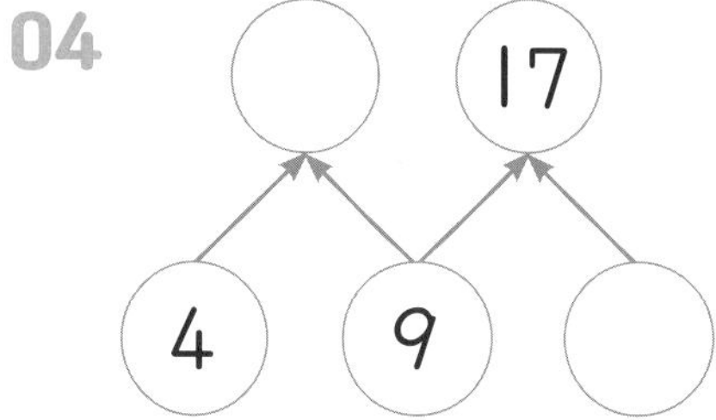

05
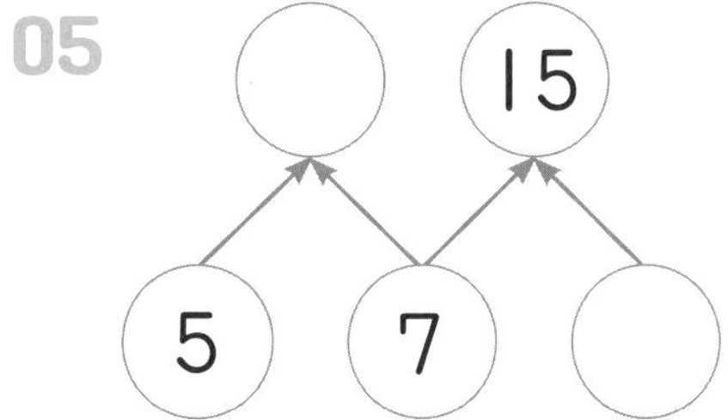

06
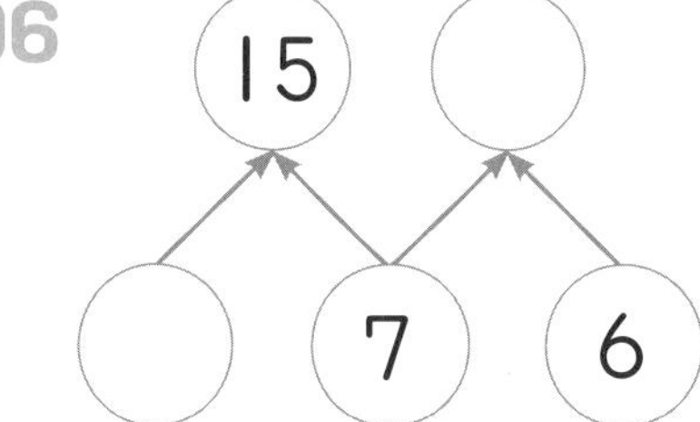

07
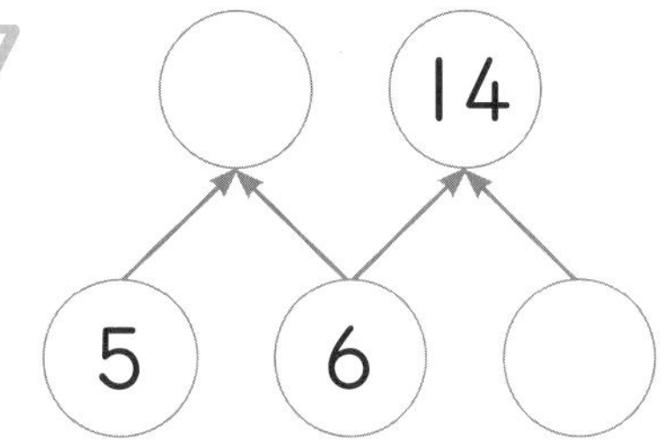

08
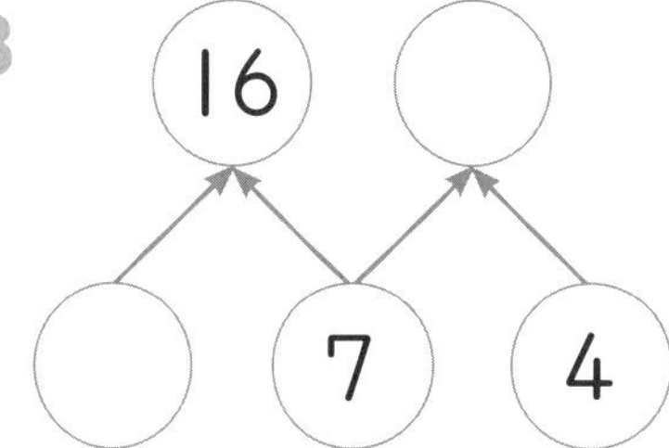

09
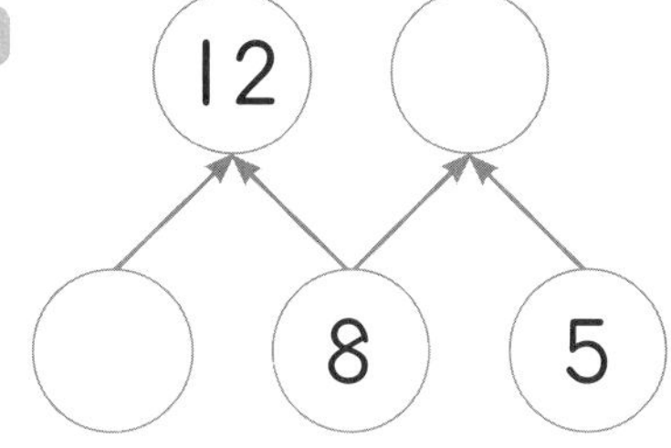

10
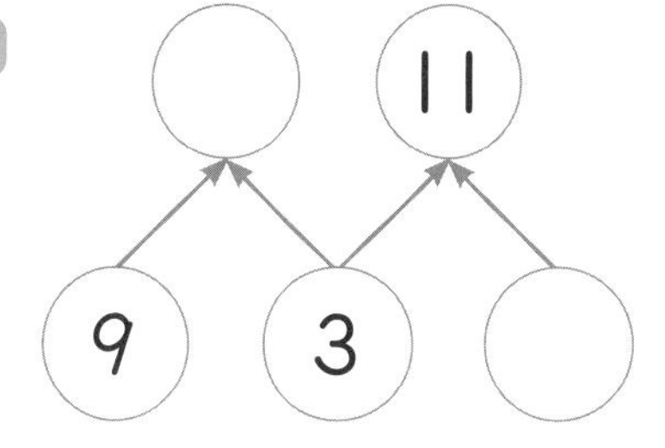

10을 이용한 모으기, 가르기 연습 2

32 A 모으기, 가르기를 마지막으로 더 연습해요

모으기, 가르기를 하세요.

01
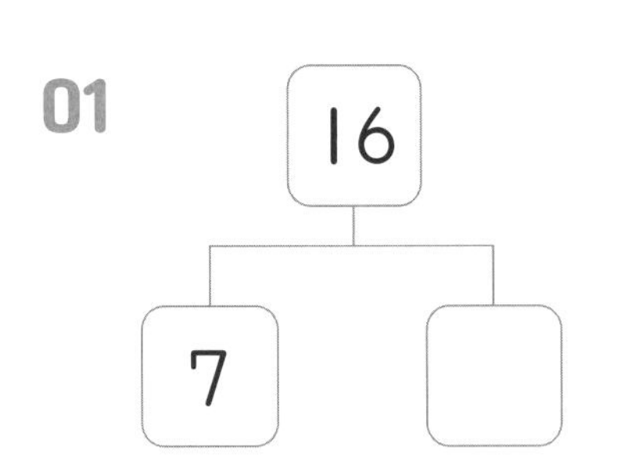

02
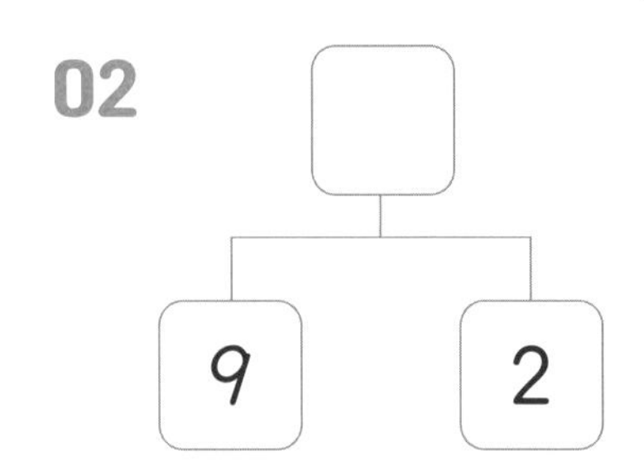

03
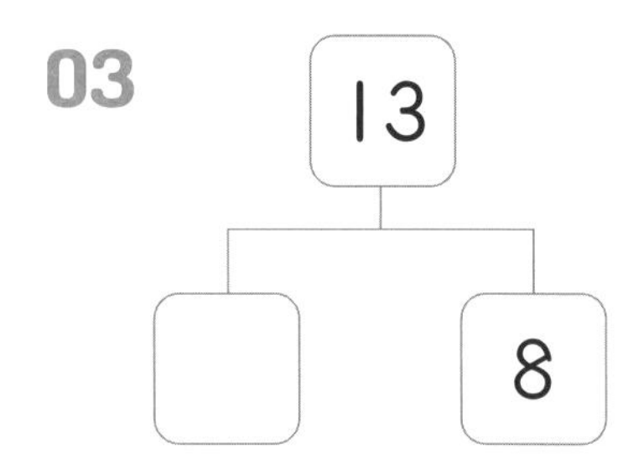

04
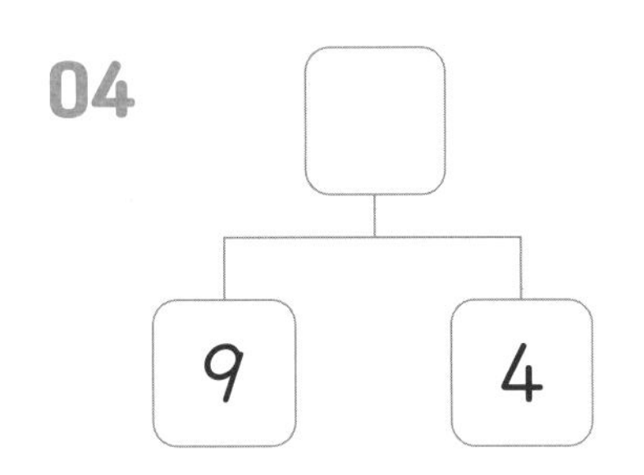

05
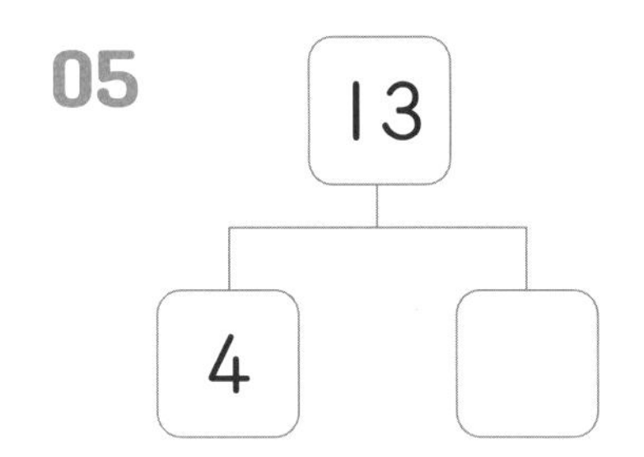

06
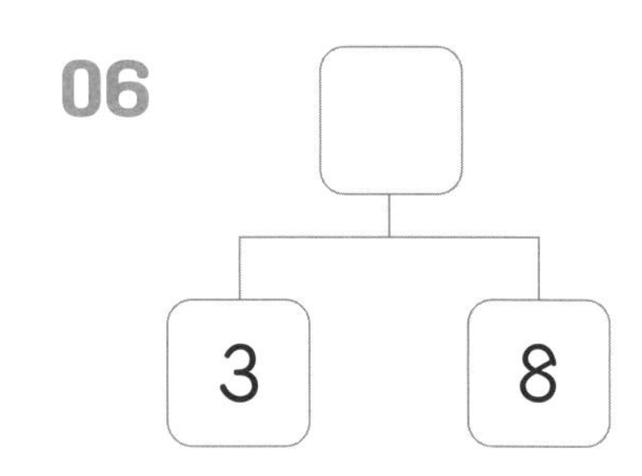

07
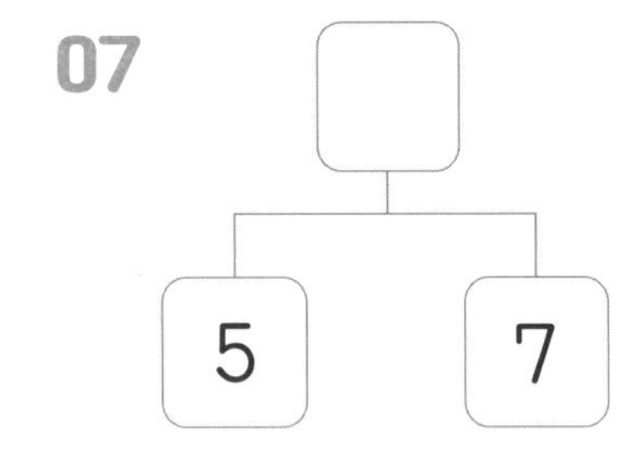

08
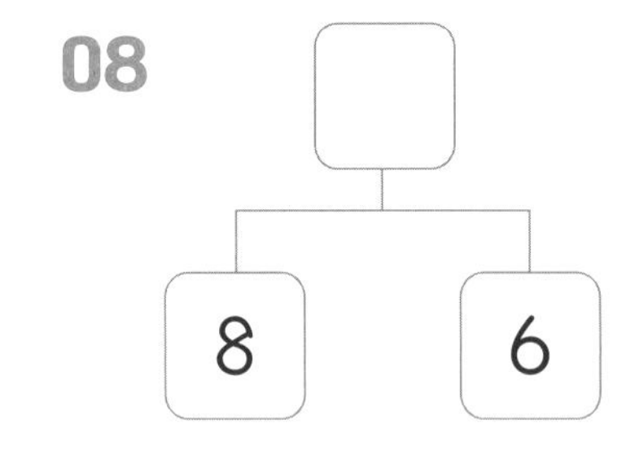

09
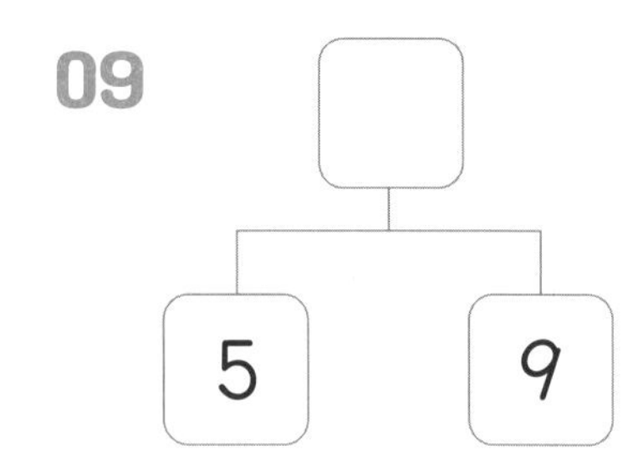

10
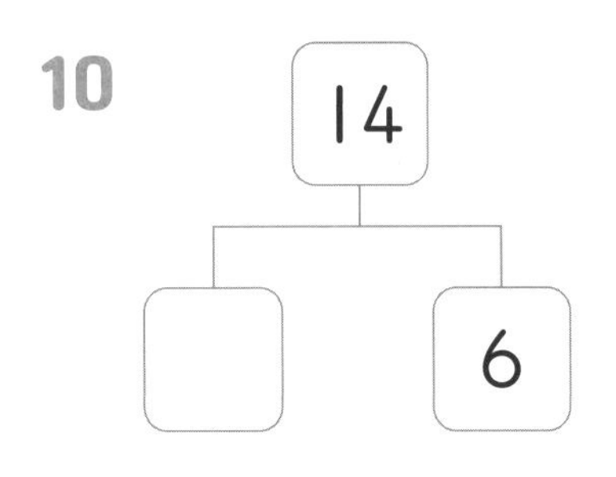

11
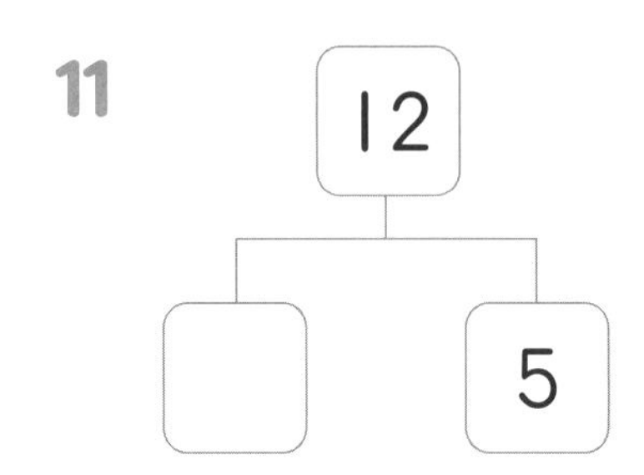

12
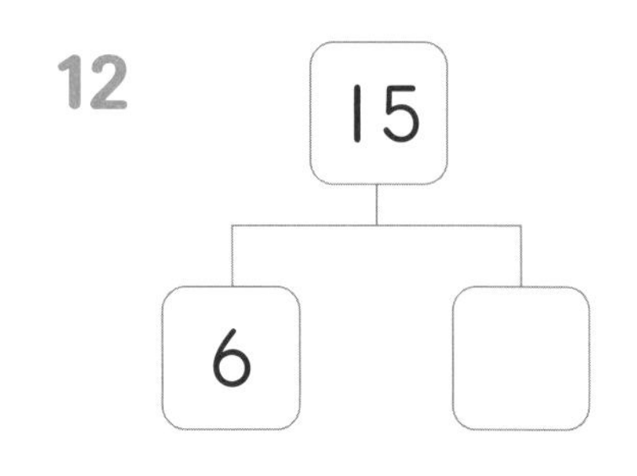

모으기, 가르기를 하세요.

01

02

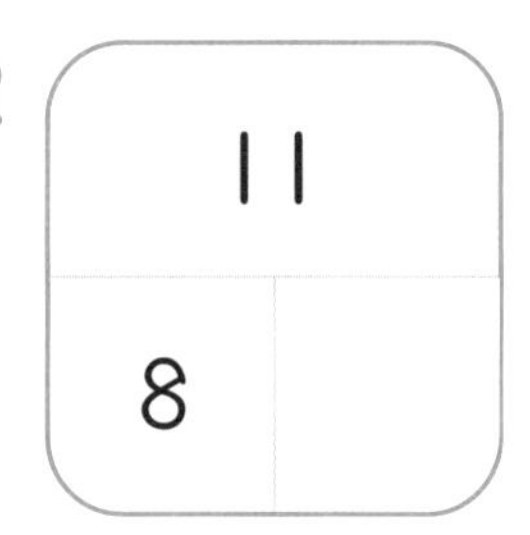

03

04

4 | 9

05

13

5 |

06

07

12

| 3

08

8 | 4

09

15

| 8

10

11

5 | 7

12

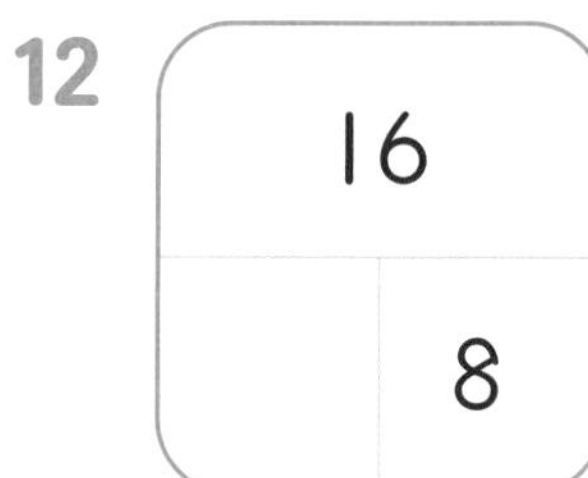

이런 문제를 다루어요

01 모으기, 가르기를 하세요.

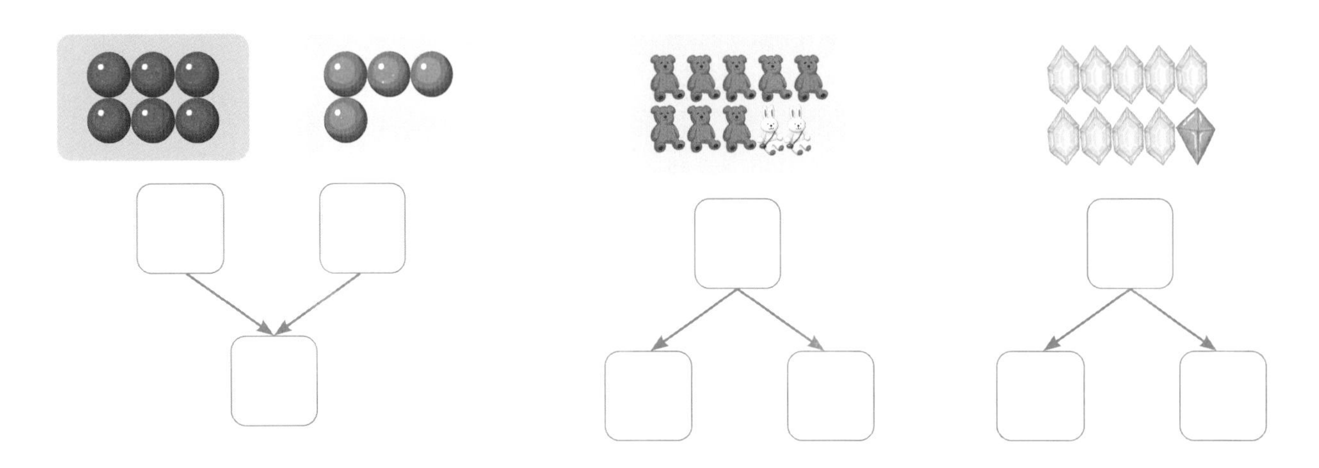

02 10이 되도록 △를 그리고 □ 안에 알맞은 수를 써넣으세요.

8과 □를 모으기 하면 10이 됩니다.

03 □ 안에 알맞은 수를 써넣으세요.

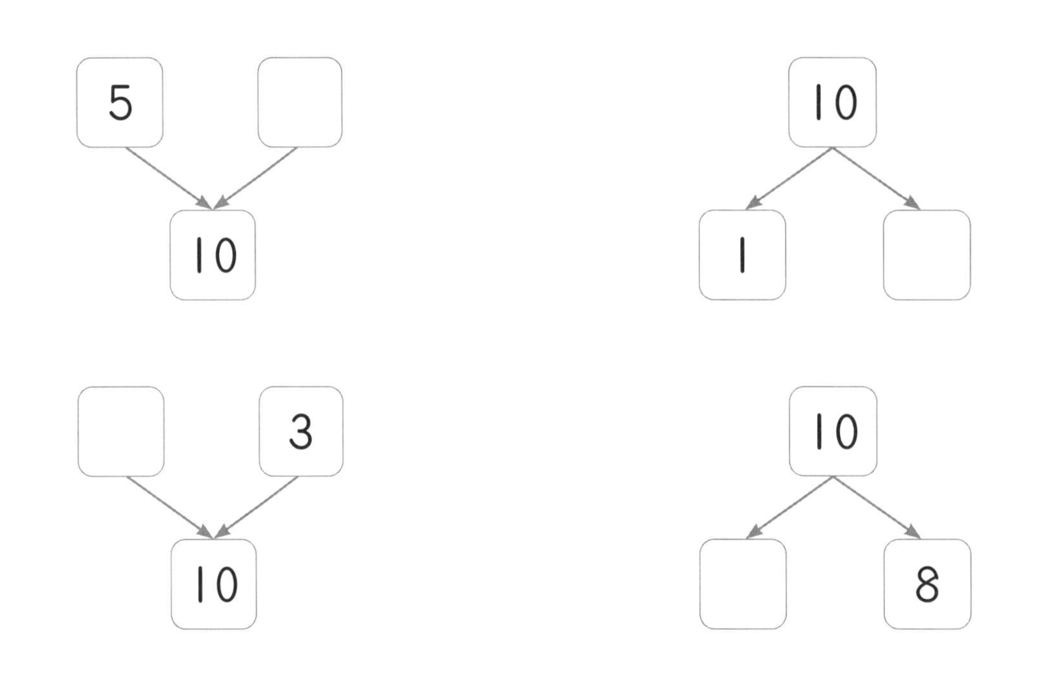

04 모으기, 가르기를 하세요.

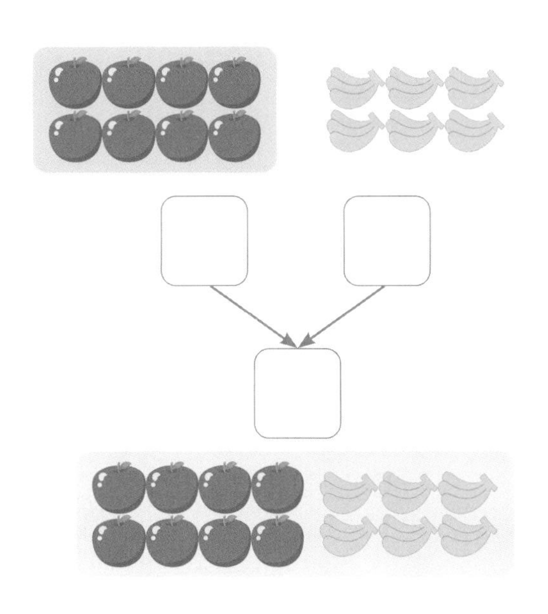

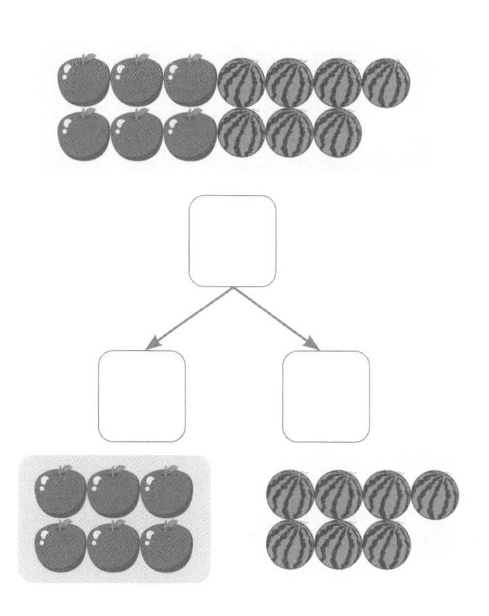

05 모으기를 하여 14가 되는 두 그림끼리 묶으세요.

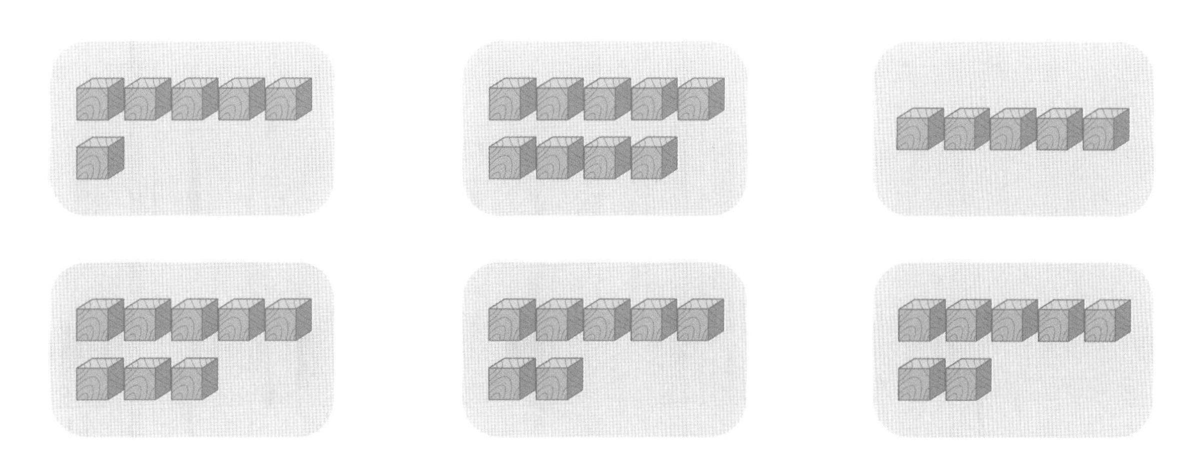

06 과자 10개를 가람이와 나영이가 나누어 가지려고 합니다. 가람이가 나영이보다 과자를 더 많이 가지도록 □를 그려 나타내세요.

가람

나영

사탕의 수는?

가람이와 나영이가 가진 사탕의 수의 합은 10개입니다. 가람이가 나영이에게 사탕을 2개 주면 두 사람이 가진 사탕의 수가 같아집니다. 가람이가 가진 사탕은 몇 개인가요?

2개를 줘서 사탕의 수가 같아지면
일단 가람이가 가진 사탕이
나영이보다 2개 많은 건가?

그렇게 생각하면
안될 텐데...

사탕을 이용해서
직접 확인해 볼까?

PART 1. 9까지의 수

01A ▶ 10쪽

01 ○ 02 ○○○
03 ○○○○○ ○○○○ 04 ○○○○○ ○○ 05 ○○○○○ ○
06 ○○ 07 ○○○○○ ○○○ 08 ○○○○○

▶ 11쪽

01 5
02 9 03 0
04 4 05 8
06 7 07 3

01B ▶ 12쪽

01 6
02 5 03 7
04 4 05 9

▶ 13쪽

01 5, ○○○○○
02 7, ○○○○○ ○○ 03 6, ○○○○○ ○
04 8, ○○○○○ ○○○ 05 1, ○
06 4, ○○○○ 07 3, ○○○

02A ▶ 14쪽

01 5, 6
02 4, 5, 6
03 7, 8, 9

▶ 15쪽

01 3, 4
02 6, 7 03 8, 9
04 4, 5 05 7, 8
06 6, 7, 8 07 4, 5, 6
08 2, 3, 4 09 7, 8, 9
10 4, 5, 6, 7
11 6, 7, 8, 9

02B ▶ 16쪽

01 8, 7
02 5, 4, 3
03 7, 6, 5

▶ 17쪽

01 7, 6
02 4, 3 03 5, 4
04 8, 7 05 3, 2
06 6, 5, 4 07 7, 6, 5
08 3, 2, 1 09 4, 3, 2
10 4, 3, 2, 1
11 6, 5, 4, 3

03A ▶ 18쪽

01 7 / 일곱째
02 8 / 여덟째
03 5 / 다섯째
04 3 / 셋째

▶ 19쪽

01
02
03
04
05
06

03B ▶ 20쪽

01 둘, 다섯
02 여섯, 첫

▶ 21쪽

01 넷, 여섯
02 일곱, 셋
03 첫, 아홉
04 셋, 일곱
05 다섯, 다섯
06 여덟, 둘

04A ▶ 22쪽

01 4, 7, 8
02 7, 5, 2
03 일, 사, 육, 팔
04 칠, 오, 사
05 하나, 넷, 여섯, 여덟
06 아홉, 일곱, 다섯, 둘
07 둘, 셋, 넷, 여섯

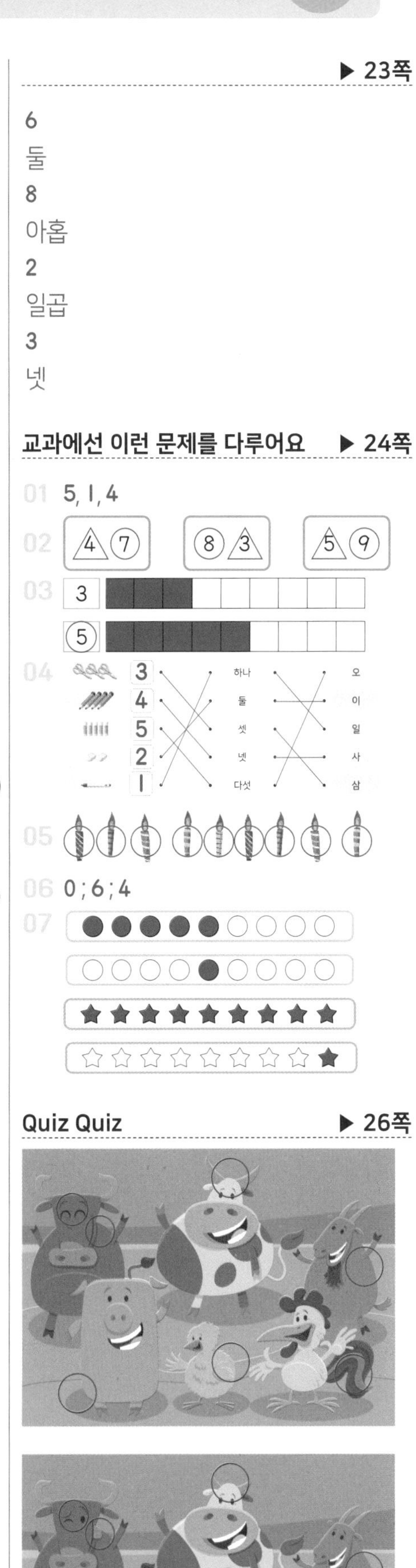

▶ 23쪽

6
둘
8
아홉
2
일곱
3
넷

교과에선 이런 문제를 다루어요 ▶ 24쪽

01 5, 1, 4
02
03 3 / 5
04 3, 4, 5, 2, 1
05
06 0 ; 6 ; 4
07

Quiz Quiz ▶ 26쪽

▶ 141쪽

01 14	02 3	03 15
04 13	05 8	06 14
07 9	08 12	09 7
10 9	11 12	12 8

교과에선 이런 문제를 다루어요 ▶ 142쪽

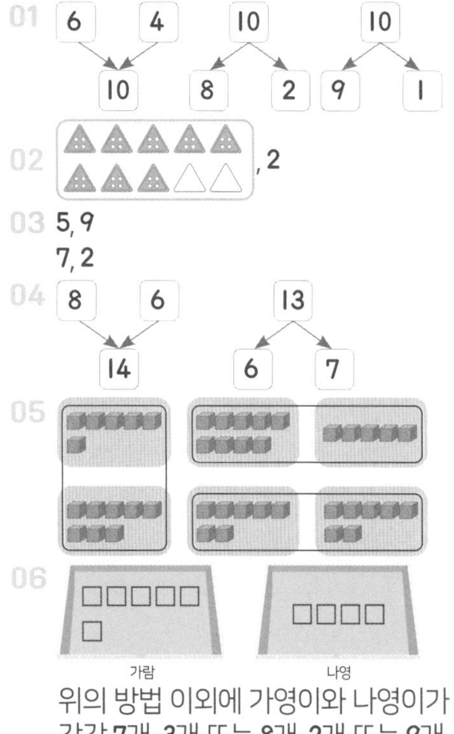

위의 방법 이외에 가영이와 나영이가 각각 7개, 3개 또는 8개, 2개 또는 9개, 1개씩 나누어 가질 수 있습니다.

Quiz Quiz ▶ 144쪽

7개

두 사람이 가진 사탕의 개수의 합은 10개입니다. 가람이가 나영이에게 사탕을 나눠주어 두 사람이 가진 사탕의 개수가 같아지면 두 사람은 각각 5개씩을 가지게 됩니다.
가람이가 나영이에게 주기 전에 두 사람이 가진 사탕의 수는 다음과 같습니다.
가람 : 5+2=7(개)
나영 : 5−2=3(개)

▶ 85쪽

01 7　02 7
03 9　04 9
05 9　06 9
07 6　08 9
09 8　10 6
11 5　12 8
13 7　14 7

19A ▶ 86쪽

01 6, 4, 4　02 4, 2, 2
03 4, I, I　04 5, 2, 2

▶ 87쪽

01 3, 2, 2　02 4, 2, 2
03 6, 3, 3　04 4, 3, 3　05 5, 2, 2
06 3, I, I　07 7, 2, 2　08 2, I, I
09 3, I, I　10 4, 2, 2　11 6, 4, 4

19B ▶ 88쪽

01 3　02 3
03 2　04 3
05 2　06 4
07 I　08 2
09 I　10 3
11 I　12 4
13 I　14 6

▶ 89쪽

01 2　02 I
03 3　04 3
05 2　06 I
07 3　08 4
09 4　10 2
11 3　12 I
13 I　14 4

20A ▶ 90쪽

01 8　02 I
03 2　04 6
05 6　06 8
07 I　08 9
09 8　10 3
11 3　12 9
13 9　14 3

▶ 91쪽

01 4　02 7
03 9　04 I
05 9　06 4
07 I　08 9
09 8　10 I
11 7　12 I
13 3　14 9

20B ▶ 92쪽

01 7　02 8
03 9　04 6　05 9
06 8　07 8　08 7
09 8　10 9　11 7

▶ 93쪽

01 3
02 I　03 I
04 2　05 I
06 2　07 3
08 4　09 2
10 2　11 3

21A ▶ 94쪽

01 5　02 8　03 3
04 6　05 3　06 8
07 3　08 7　09 I
10 9　11 6　12 8
13 5　14 8
15 8　16 2
17 2　18 7

▶ 95쪽

01 9　02 5　03 9
04 3　05 7　06 5
07 8　08 4　09 7
10 I　11 5　12 5
13 8　14 I
15 2　16 9
17 7　18 3

21B ▶ 96쪽

01 9, 5　02 8, 2
03 6, 2　04 6, 4　05 7, 3
06 9, 3　07 4, 2　08 7, 5
09 9, I　10 8, 4　11 9, 7

▶ 97쪽

01 8, 4
02 5, I　03 8, 6
04 9, 5　05 7, 5
06 7, I　07 9, 3
08 3, I　09 9, I
10 6, 2　11 6, 4

22A ▶ 98쪽

01 2　02 8　03 2
04 6　05 2　06 7
07 5　08 9　09 3
10 7　11 4　12 6
13 3　14 8
15 9　16 I
17 5　18 7

▶ 99쪽

01 5　02 5　03 6
04 7　05 9　06 2
07 7　08 5　09 8
10 I　11 8　12 5
13 8　14 I
15 2　16 9
17 9　18 2

교과에선 이런 문제를 다루어요 ▶ 100쪽

01 3+4=7　3+3=6　3+2=5
02 5, 7, 7
03 9, 6, 3, 9　3, 2, I, 3　7, 5, 2, 7
04 0, 4　0, 3　6, 0
05 8−4=4　7−3=4　6−3=3
06 4, 8, 4, 4　2, 7, 5, 2　6, 9, 3, 6
07 5−4=I　6−3=3　7−3=4
08 +, −, −

Quiz Quiz ▶ 102쪽

가장 큰 5는 2층의 □ 안에, 가장 작은 I, 2는 I층의 □ 안에 써넣습니다.
5=I+4로 나타내는 경우와 5=3+2로 나타내는 경우에 □ 안에 수들을 아래와 같이 써넣을 수 있습니다.

	3	5	
2	I	4	

	4	5	
I	3	2	

다양한 정답이 나올 수 있습니다.

16 7　17 6　18 8
19 8　20 6　21 8

14B ▶ 68쪽

01
4 4 (○)	2 4	3 6
3 4	2 6 (○)	5 3 (○)

02
6 1 (○)	4 3 (○)	4 4
1 5	3 6	2 5 (○)

03
3 2	4 2 (○)	5 2
3 3 (○)	1 5 (○)	1 4

04
4 4	1 7	3 6 (○)
7 2 (○)	4 5 (○)	5 2

▶ 69쪽

01 6　02 7
03 4　04 9
05 7　06 8
07 6　08 5
09 9　10 8
11 7　12 8

15A ▶ 70쪽

01 6, 4, 2　02 7, 6, 1
03 2, 2, 0　04 4, 4, 0

▶ 71쪽

01 8, 2, 6　02 8, 5, 3
03 3, 1, 2　04 4, 2, 2　05 5, 4, 1
06 6, 4, 2　07 9, 3, 6　08 8, 3, 5
09 6, 1, 5　10 7, 3, 4　11 5, 5, 0
12 7, 6, 1　13 9, 7, 2　14 4, 3, 1

15B ▶ 72쪽

01 7, 2, 5　02 6, 4, 2
03 4, 0, 4　04 7, 0, 7

▶ 73쪽

01 9, 4, 5　02 5, 2, 3
03 7, 2, 5　04 8, 4, 4　05 4, 2, 2
06 9, 5, 4　07 7, 4, 3　08 6, 1, 5
09 9, 6, 3　10 8, 5, 3　11 9, 3, 6
12 8, 1, 7　13 7, 5, 2　14 6, 3, 3

16A ▶ 74쪽

01 5, 5　02 2, 2　03 7, 7
04 4, 4　05 5, 5　06 1, 1
07 4, 4　08 6, 6　09 3, 3

▶ 75쪽

01 5　02 1
03 4　04 2　05 3
06 3　07 5　08 3
09 4　10 2　11 3
12 5　13 5　14 4

16B ▶ 76쪽

01 3　02 2
03 3　04 2　05 1
06 2　07 3　08 5
09 6　10 2　11 2
12 3　13 4　14 6
15 5　16 0　17 5
18 1　19 4　20 6

▶ 77쪽

01 1　02 4
03 5　04 3　05 3
06 7　07 4　08 1
09 3　10 1　11 2
12 1　13 4　14 5
15 4　16 1　17 7
18 2　19 7　20 8

17A ▶ 78쪽

01 5　02 3　03 3
04 2　05 1　06 1
07 3　08 4　09 3
10 6　11 0　12 5
13 7　14 2　15 3
16 3　17 4　18 6
19 7　20 2　21 5

▶ 79쪽

01 4　02 7　03 8
04 7　05 2　06 2
07 6　08 3　09 4
10 1　11 9　12 3
13 3　14 1　15 3
16 3　17 4　18 2
19 4　20 4　21 1

17B ▶ 80쪽

01
3 5 (○)	7 6	5 8
4 7	6 4 (○)	9 7 (○)

02
6 7 (○)	3 4 (○)	8 6
9 6	3 2 (○)	5 7

03
5 9	7 2	2 6
4 7 (○)	8 5 (○)	4 1 (○)

04
7 2	8 4 (○)	4 7
6 2 (○)	3 8	5 9 (○)

▶ 81쪽

01 4　02 3　03 7
04 2　05 5　06 5
07 4　08 6　09 4
10 3　11 1　12 5
13 1　14 1　15 6

18A ▶ 82쪽

01 3, 7, 7　02 5, 7, 7
03 4, 7, 7　04 5, 8, 8

▶ 83쪽

01 5, 9, 9　02 4, 6, 6
03 5, 7, 7　04 6, 9, 9　05 7, 9, 9
06 6, 7, 7　07 6, 8, 8　08 5, 7, 7
09 7, 8, 8　10 4, 9, 9　11 7, 8, 8

18B ▶ 84쪽

01 8　02 9
03 8　04 8
05 7　06 9
07 6　08 9
09 6　10 5
11 8　12 9
13 7　14 8

10A ▶ 48쪽

01 8, 1　02 7, 3　03 6, 4
04 7, 4　05 5, 8　06 1, 6
07 9, 2　08 7, 5　09 9, 2

▶ 49쪽

01 6, 3, 6　02 7, 2
03 4, 4, 8　04 4, 3
05 7, 4, 9　06 8, 1

10B ▶ 50쪽

01 6 / 5, 1　02 6 / 2, 4
03 4 / 2, 2　04 2 / 1, 1　05 7 / 2, 5
06 5 / 2, 3　07 4 / 3, 1　08 5 / 3, 2

▶ 51쪽

01 9 / 3, 4　02 8 / 2, 1
03 6 / 1, 2　04 9 / 3, 1　05 9 / 3, 3
06 6 / 2, 3　07 9 / 4, 3　08 9 / 4, 2

11A ▶ 52쪽

01 1　02 6　03 7
04 6　05 4　06 5
07 4　08 7　09 6
10 1　11 7　12 5
13 4　14 3　15 4

▶ 53쪽

01 9　02 4　03 7
04 2　05 1　06 3
07 5　08 9　09 8
10 4　11 3　12 3
13 6　14 3　15 5

교과에선 이런 문제를 다루어요 ▶ 54쪽

01
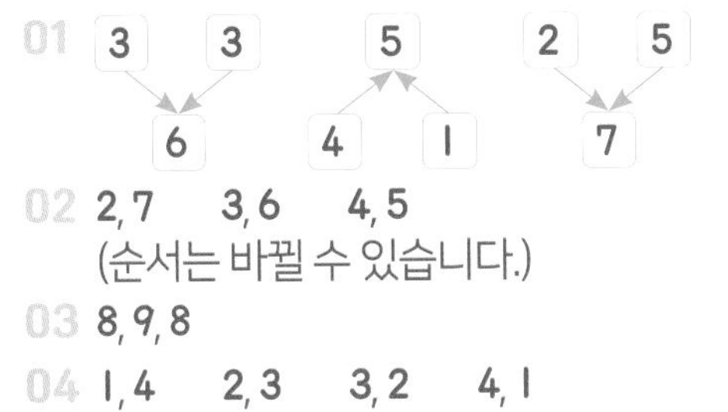

02 2, 7　3, 6　4, 5
(순서는 바뀔 수 있습니다.)
03 8, 9, 8
04 1, 4　2, 3　3, 2　4, 1

05

2	2	3
3	6	3
6	1	4

2	3	6
1	2	1
4	5	3

06 3, 3　4, 2
3, 4　5, 2

구슬은 색깔별로 가르기하여 3과 3, 크기별로 가르기하여 4와 2로 가를 수 있습니다.
인형은 종류별로 가르기하여 3과 4, 색깔별로 가르기하여 5와 2로 가를 수 있습니다.

Quiz Quiz ▶ 56쪽

PART 3. 덧셈과 뺄셈

12A ▶ 58쪽

01 3, 4, 7　02 5, 3, 8
03 0, 3, 3　04 0, 4, 4

▶ 59쪽

01 2, 3, 5　02 4, 4, 8
03 3, 3, 6　04 2, 2, 4　05 4, 1, 5
06 0, 4, 4　07 3, 1, 4　08 3, 6, 9
09 3, 4, 7　10 2, 7, 9　11 5, 3, 8
12 8, 1, 9　13 5, 2, 7　14 4, 5, 9

12B ▶ 60쪽

01 2, 4, 6　02 3, 2, 5
03 3, 0, 3　04 5, 0, 5

▶ 61쪽

01 3, 6, 9　02 1, 2, 3
03 8, 1, 9　04 4, 3, 7　05 4, 4, 8
06 5, 2, 7　07 6, 0, 6　08 3, 3, 6
09 5, 3, 8　10 4, 2, 6　11 2, 5, 7
12 2, 3, 5　13 2, 7, 9　14 4, 5, 9

13A ▶ 62쪽

01 9, 9　02 7, 7　03 8, 8
04 7, 7　05 6, 6　06 9, 9
07 8, 8　08 8, 8　09 5, 5

▶ 63쪽

01 7　02 8
03 9　04 6　05 7
06 9　07 8　08 5
09 7　10 6　11 8
12 4　13 9　14 6
15 5　16 3　17 9

13B ▶ 64쪽

01 8　02 7
03 9　04 9　05 6
06 7　07 6　08 8
09 9　10 4　11 7
12 8　13 8　14 9
15 3　16 9　17 6
18 7　19 5　20 8

▶ 65쪽

01 6　02 9
03 7　04 7　05 8
06 4　07 8　08 7
09 9　10 6　11 4
12 5　13 9　14 9
15 7　16 8　17 5
18 9　19 6　20 8

14A ▶ 66쪽

01 7　02 4　03 5
04 9　05 9　06 8
07 9　08 2　09 6
10 4　11 7　12 8
13 9　14 6　15 3
16 5　17 9　18 7
19 6　20 8　21 8

▶ 67쪽

01 7　02 5　03 9
04 9　05 8　06 6
07 9　08 4　09 9
10 9　11 7　12 4
13 6　14 4　15 7

PART 4. 받아올림과 받아내림의 기초

23A ▶ 104쪽

01 10 4, 6	02 10 1, 9	03 10 3, 7
04 10 5, 5	05 10 6, 4	06 10 8, 2

▶ 105쪽

	01 6, 4	02 3, 7
03 7, 3	04 9, 1	05 2, 8
06 4, 6	07 5, 5	08 1, 9
09 8, 2	10 3, 7	11 6, 4

23B ▶ 106쪽

01 10	02 1	03 10
04 9	05 10	06 4
07 5	08 8	09 6
10 7	11 10	12 2
13 10	14 3	15 5

▶ 107쪽

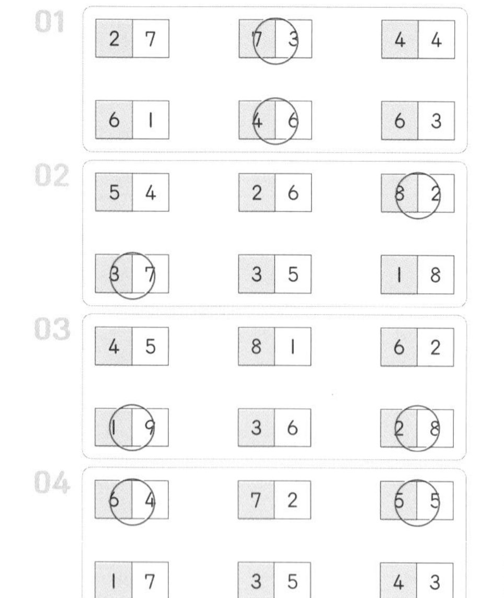

24A ▶ 108쪽

01	8	2
02	7	3
03	6	4
04	5	5
05	4	6
06	3	7
07	2	8
08	1	9

(순서는 바뀔 수 있습니다.)

▶ 109쪽

	01 7	02 3
03 2	04 5	05 4
06 3	07 9	08 1
09 8	10 6	11 4

24B ▶ 110쪽

01 9	02 6	03 8
04 7	05 5	06 3
07 4	08 2	09 7
10 8	11 6	12 4
13 1	14 5	15 2

▶ 111쪽

	01 3	02 6
03 8	04 3	05 9
06 5	07 4	08 4
09 2	10 2	11 7
12 8	13 6	14 1
15 1	16 7	17 5

25A ▶ 112쪽

01 8	02 10	03 2
04 10	05 7	06 10
07 3	08 10	09 4
10 10	11 5	12 10
13 6	14 10	15 1

▶ 113쪽

01
1 5 5
4 3 2
6 2 7

02
2 7 3
1 1 4
8 2 5

03
4 1 8
5 3 2
5 2 6

04
1 8 1
5 2 7
4 6 2

05
1 6 2
4 4 5
3 2 5

06
3 2 7
6 1 3
1 8 2

07
3 2 5
6 4 1
2 3 7

08
3 7 1
4 2 3
4 5 5

09
2 1 9
5 2
4 3
6 1 4

10
4 2 8
5 2
3 4
5 5 2

11
1 8 1
5 2
3 6
4 3 7

25B ▶ 114쪽

		01 10
02 6	03 7	04 8
05 2	06 3	07 10
08 10	09 5	10 1

▶ 115쪽

01
1 8
5 4
3 2

02
5 9
1 6
2 7

03
5 3
1 5
8 6

04
7 9
2 3
5 4

05
8 1
4 5
3 6

06
5 9
6 2
3 7

07
8 4
3 1
9 5

08
2 7
6 8
5 1

09
5 6
8 9
7 4

10
9 5
2 3
4 5

11
3 6
5 1
2 7

26A ▶ 116쪽

01 13	02 14	03 16
04 15	05 12	06 19
07 17	08 18	09 11

▶ 117쪽

	01 15 10, 5	02 18 10, 8
03 14 4, 10	04 13 10, 3	05 16 10, 6
06 18 8, 10	07 17 10, 7	08 12 10, 2
09 11 1, 10	10 14 10, 4	11 19 9, 10

26B ▶ 118쪽

01 4	02 6	03 9
04 10	05 5	06 10
07 10	08 2	09 8

▶ 119쪽

	01 13 10, 3	02 18 10, 8
03 15 10, 5	04 16 10, 6	05 17 7, 10
06 13 3, 10	07 12 10, 2	08 14 10, 4
09 17 10, 7	10 19 9, 10	11 11 10, 1

27A ▶ 120쪽

01	2 8 4	14
02	9 3 1	13
03	7 5 3	15
04	3 9 7	19

05 6 (8) (2) 16
06 2 (6) (4) 12
07 7 (5) (5) 17
08 (1) (9) 8 18
09 (4) (6) 5 15
10 (7) (3) 1 11

▶ 121쪽

01 (7) (1) (3) 11
02 (2) (9) (1) 12
03 (2) (4) (8) 14
04 (9) (4) (6) 19
05 (5) (1) (9) 15
06 (6) (8) (4) 18
07 (5) (5) (3) 13
08 (3) (7) (4) 14
09 (4) (6) (7) 17
10 (2) (7) (3) 12
11 (8) (2) (6) 16

27B ▶ 122쪽

01 8
02 1
03 9
04 5
05 3
06 6
07 7
08 5

▶ 123쪽

01 5
02 7
03 8
04 8
05 1
06 7
07 4
08 7
09 2
10 8

28A ▶ 124쪽

01 12 1
02 12 3
03 13 2
04 13 1
05 11 2
06 11 3

▶ 125쪽

01 14 1
02 17 1
03 14 2
04 13 3
05 16 1
06 11 3
07 13 2
08 15 1
09 12 3

28B ▶ 126쪽

01 14 1
02 13 3
03 15 1
04 12 3
05 14 2
06 11 3
07 11 1
08 13 2
09 14 3
10 12 2
11 13 1

▶ 127쪽

01 11
02 15
03 12
04 13
05 12
06 13
07 14
08 16
09 11
10 13
11 12
12 11

29A ▶ 128쪽

01 5 2
02 2 1
03 6 2
04 5 3
05 4 2
06 7 1

▶ 129쪽

01 9 1
02 7 3
03 4 2
04 6 3
05 7 2
06 4 3
07 5 2
08 5 1
09 8 1

29B ▶ 130쪽

01 7 1
02 3 2
03 6 3
04 7 2
05 5 2
06 5 3
07 2 1
08 4 1
09 8 1
10 6 1
11 6 2

▶ 131쪽

01 7
02 8
03 6
04 3
05 5
06 3
07 4
08 5
09 6
10 2
11 4
12 6

30A ▶ 132쪽

01 8 2
02 9 1
03 8 2
04 9 1
05 8 2
06 9 1

▶ 133쪽

01 8 2
02 8 2
03 9 1
04 8 2
05 8 2
06 9 1
07 9 1
08 7 3
09 8 2

30B ▶ 134쪽

01 8 2
02 7 3
03 8 2
04 9 1
05 9 1
06 8 2
07 7 3
08 8 2
09 9 1
10 8 2
11 9 1

▶ 135쪽

01 9
02 9
03 7
04 8
05 8
06 9
07 8
08 8
09 9
10 9
11 9
12 9

31A ▶ 136쪽

01 14
02 6
03 14
04 6
05 13
06 9
07 11
08 14
09 7
10 9
11 8
12 12

▶ 137쪽

01 6
02 11
03 9
04 13
05 15
06 8
07 7
08 7
09 13
10 11
11 17
12 9

31B ▶ 138쪽

01 9
02 15
03 8
04 12
05 5
06 12
07 7
08 13
09 9
10 11
11 8
12 13
13 8
14 12
15 7

▶ 139쪽

01 12, 9
02 3, 14
03 6, 13
04 13, 8
05 12, 8
06 8, 13
07 11, 8
08 9, 11
09 4, 13
10 12, 8

32A ▶ 140쪽

01 9
02 11
03 5
04 13
05 9
06 11
07 12
08 14
09 14
10 8
11 7
12 9

위 그림과 같이 다른 부분이 있습니다. 따라서 모두 7 군데가 다릅니다.

PART 2. 모으기, 가르기

05A ▶ 28쪽

01 4
02 5
03 5
04 4

▶ 29쪽

01 4　02 5
03 5　04 3　05 4
06 2　07 5　08 5
09 5　10 4　11 3

05B ▶ 30쪽

01 8 / 2, 6　02 5 / 3, 2
03 7 / 4, 3　04 8 / 4, 4　05 7 / 2, 5
06 9 / 6, 3　07 8 / 5, 3　08 7 / 1, 6

▶ 31쪽

01 9　02 5
03 6　04 8　05 7
06 8　07 9　08 8
09 7　10 6　11 8
12 7　13 9　14 9

06A ▶ 32쪽

01 7　02 6　03 8
04 9　05 8　06 5
07 7　08 9　09 6
10 8　11 4　12 9
13 6　14 9　15 7

▶ 33쪽

01 (위 7, 왼쪽 4, 오른쪽 9, 아래 6)
1 5 2
3 5 4
4 2

02 (위 9, 왼쪽 7, 오른쪽 6, 아래 6)
1 6 3
6 5 1
3 3

03 (위 8, 왼쪽 7, 오른쪽 3, 아래 8)
4 3 5
3 2 1
6 2

04 (위 8, 왼쪽 5, 오른쪽 5, 아래 9)
3 4 4
2 1 4
2 7

06B ▶ 34쪽

01 8　02 5　03 9
04 9　05 7　06 8
07 6　08 9　09 6
10 4　11 7　12 8
13 8　14 3　15 7

▶ 35쪽

01 9　02 8
03 7　04 8　05 7
06 9　07 6　08 8
09 3　10 6　11 9
12 6　13 9　14 5

07A ▶ 36쪽

01 4
02 2
03 1
04 2

▶ 37쪽

01 3　02 1
03 1　04 2　05 1
06 2　07 4　08 1
09 3　10 3　11 1

07B ▶ 38쪽

01 7 / 4, 3　02 8 / 4, 4
03 9 / 7, 2　04 6 / 3, 3　05 8 / 7, 1
06 7 / 5, 2　07 8 / 6, 2　08 6 / 2, 4

▶ 39쪽

01 2　02 1
03 4　04 6　05 5
06 2　07 5　08 3
09 1　10 2　11 1
12 3　13 3　14 2

08A ▶ 40쪽

01 3　02 6　03 3
04 2　05 2　06 4
07 3　08 4　09 1
10 2　11 1　12 1
13 8　14 4　15 4

▶ 41쪽

01 7, 6, 4
02 4, 5, 3　03 3, 6, 2
04 4, 6, 5　05 3, 1, 2
06 5, 4, 3, 1　07 5, 4, 6, 3
08 4, 1, 3, 7　09 1, 6, 4, 3

08B ▶ 42쪽

01 7　02 3　03 5
04 1　05 6　06 4
07 1　08 3　09 5
10 3　11 1　12 6
13 2　14 2　15 4

▶ 43쪽

01 5　02 1
03 5　04 1　05 4
06 5　07 4　08 6
09 4　10 1　11 5
12 1　13 7　14 2

09A ▶ 44쪽

01 7 / 5　02 7 / 6
03 9 / 4　04 8 / 4

▶ 45쪽

01 7
02 8　03 7
04 5　05 7
06 9　07 9
08 8　09 6

09B ▶ 46쪽

01 5 / 3　02 7 / 2
03 6 / 4　04 4 / 1

▶ 47쪽

01 3
02 1　03 1
04 2　05 3
06 1　07 3
08 4　09 3